“博学而笃志，切问而近思。”

（《论语》）

博晓古今，可立一家之说；
学贯中西，或成经国之才。

作者简介

刘海贵，男，1950年9月出生于上海。现任复旦大学新闻学院教授（专业技术职务二级）、博士生导师、院学术委员会副主任、院学位评定委员会主席。

复旦大学新闻系毕业留校近四十年来，主要从事新闻传播实务教学和研究，先后主讲新闻采访写作、新闻心理学、当代新闻传播实务研究、新闻名家与名品研究等八门主干课程，主编《现代新闻采访学》、《中国现当代新闻业务史导论》、《中国报业集团发展战略》、《知名记者新闻业务讲稿》、《新闻传播精品导读》和合著《新闻心理学》、《新闻采访写作新编》、《深度报道探胜》等专著、教材近三十部。曾先后担任复旦大学新闻系新闻专业主任、副系主任、新闻学院副院长、中国新闻学会常务理事、中国新闻心理学会副会长、教育部新闻教育指导委员会委员等职；荣获上海市优秀新闻工作者、上海市“育才奖”等称号，兼任三十余所高校、媒体兼职教授、特约研究员和顾问，享受政府特殊津贴。

新闻与传播学系列教材／新世纪版

新闻采访教程

（第二版）

刘海贵　著

JC

復旦大學出版社

内容提要

《新闻采访教程》（第二版）系统讲授了新闻采访的特点以及必备的知识、方法，阐述了新闻工作的要求、条件，介绍了新闻采访在实施和运作过程中的种种策略和应变手段。作者还结合新闻事件的变化，对近年来媒体频频出现的连续报道、深度报道、批评性报道、预测性报道、精确性报道和媒介融合等，作了精彩的阐释和讲评。

本书作者从事新闻采访研究和教学近40年，他所编著的《中国新闻采访写作教程》、《当代新闻采访》等教材的发行总量接近50万册，被全国500余所高校新闻传播院系列为首选教材。在这些著作的基础上，《新闻采访教程》（第二版）作了全新修订，体现出强烈的时代特征和中国特色。

本书可作为新闻传播学科的教材，宣传工作者、新闻爱好者的自学读物，也可供新闻业务进修、提高之用。

目 录

二版前言

自1923年邵飘萍先生率先出版《实际应用新闻学》（又名《新闻材料采集法》）专著起，近90年来，国人又相继推出新闻采访学教材或专著百余本。可以说，新闻采访学的学科研究体系已初步建立，理论框架也已基本建构。值得自豪的是，中国学者专家对新闻采访学的研究水准举世公认，众多西方新闻传播权威人士均承认这一事实。

但是，新闻采访学是一门应用性较强的学科，社会变化了，历史发展了，就需要其作出相应的反应。特别是当下已进入21世纪的"10年代"，这是一个传媒形态急剧变化、新兴传媒快速向数字化、网络化、移动化升级的年代，传统媒体也正处在实现新突破、完成新跨越的年代，传统新闻学理论正遭遇前所未有的挑战。因此，尽管国人前赴后继，几十年持之以恒地对其不断研究，且著作颇丰，但眼下也实难说这门学科的研究已经完全成熟，确实，许多领域亟待开拓，许多理论亟待建立。尤其是历史已跨入21世纪，上世纪对新闻采访学阐述的理论与方法，仍然具有生命力的，则毫无疑问地予以保留与坚持；实践证明是过时的，则毫不可惜地予以剔除与舍弃。如何本着与时俱进的创新精神，推出一本既体现传统特色又具有时代特色、切合当前新闻传播实际需要的新闻采访学教材，乃属当务之急。

笔者从学采访到研究采访，已经历近40个年头，先后撰写出版过数本新闻采访学教材，如今虽任复旦大学应用新闻传播学的教授、博士生导师，但认真审视自己对这门学科的研究，无论是广度还是深度，也无论是传统理论的继承还是时代特色的张扬，都还远远不够。近日又闻拙作《新闻采访教程》等发行量已近50万册，500余所高校新闻院系将其作为首选教材，欣慰之余更觉得责任不小。于是，尽早修订拙作就显得刻不容缓。

如今，《新闻采访教程》（第二版）终于问世了，总算对读者有了个交代。复旦大学新闻学院在新闻传统业务教学与研究上历来居国内领先水准，在新闻传播业务方面，许多前辈都有蜚声海内外的卓越建树，40多年来，我先后从陆诒、夏鼎铭、叶春华、郑伯亚、陆云帆、周胜林、张骏德等前辈教授处不断得到教诲。在致力本学科的研究中,不断得到国内外新闻学界和业界专家的指教。复旦大学出版社高若海教授、顾潜教授、章永宏主任也给了我不少指导。值此修订本问世之际,我对他们再次表示由衷的谢忱。

编写和修订此书,我工夫没敢少花,对新闻采访学科的研究作出了一定的开拓与创新,相比较自己以往编写的几本同类教材,水准也可能上了一个台阶,但按照该学科科学性、完整性、实用性等要求衡量,不足之处一定不少,恳请国内外同行与广大读者批评指正。在今后的岁月里,愿与同仁更加紧密携手,为这门学科的不断成熟,付出更加艰辛的劳动。

刘海贵

2011年夏于复旦园

第一章

总　论

新闻采访是新闻工作的主要组成部分，是新闻写作的基础、前提和保证，任何想办好报纸、广播、电视、通讯社、网络等新闻媒体的新闻从业人员，无不从加强、健全新闻采访着手。新闻采访学又是新闻学的主要分支，任何对新闻学的研究，也无不从新闻采访学开始。从一定意义上说，新闻采访是整个新闻工作的灵魂。

第一节　新闻采访的定义

中国乃至国际新闻界对新闻采访所下的定义，众说纷纭，含混不清。譬如，英国有人曾对50名颇有资历的记者作专项调查：请给新闻采访下一定义。结果约有30名记者答不上来，其余记者答案也是五花八门，无一准确。因此，开宗明义，何谓采访，又何谓新闻采访，这是首先要弄清楚的。

"采访"一词始见于东晋史学家干宝的《搜神记序》，比"新闻"一词早出现约三百多年。据《晋书·干宝传》记载："宝撰搜神记，因作序曰：若使采访近世之事，苟有虚错，欲与先贤前儒分其讥谤。"在古代，我国从事邸报、小报等工作的人，通常把采访称之为探访，且有内探、省探、衙探之称。从事采访活动的，不仅仅是记者（近代称"访员"、"访事"），史官等也常有此类性质的活动，如汉代司马迁著《史记》，其中相当一部分材料，是根据他亲自采访所得写就的。朝廷为了了解下情、外情，也常常派些官员下去采访，如唐代开元年间，曾专设了"采访使"，代表朝廷"考课诸道官人"；宋朝也有"遣司勋员外郎和岘往江南路采访"的记载（见《宋史·太宗纪》）。但不管怎么说，这类采访还不是真正意义上的新闻采访，至多只是反映出早期采访有点类似收集情报和一般材料的特征而已。

作为新闻工作的专门术语,新闻采访一词则是在近代新闻事业发展的基础上才予以肯定,并具有了充实、完整的内涵。

然而,包括近年来出版的诸多新闻采访学著作在内,对新闻采访所下的百余条定义,都比较繁杂,大多数欠科学、欠准确。其中,具有代表性的定义有两类。

一类是,新闻采访是记者认识客观实际的活动,或是主观认识客观的调查研究活动。这类定义虽有一定道理,如它说明了新闻采访是记者主观认识客观的活动,是一项具有某些或部分调查研究性质的活动。但问题在于,这类定义没揭示新闻采访的个性特征:这是什么样的主观认识客观的调查研究活动?它调查研究的目的是什么?等等,都未能明确、清晰地得到概括和揭示。因为任何形式的调查研究活动,都有主观认识客观的共性,如司法人员审核案情,历史学家考古,机关干部下基层检查总结工作等,都具有这一共性。从一般道理上讲,给A所下的定义,就只能解释A,若是拿到B、C、D等上都能用,那就不属于A的定义。特别应当指出的是,调查研究只是一个一般概念,是社会学的一种工作方式,而新闻采访却是一门有着专门研究对象、理论及方法的独立学科,长期以来将两者混为一谈的认识应当立即摒弃。因此,显而易见,关于新闻采访的这一类定义,是欠科学、欠准确的,因而是不宜成立的。

另一类是,新闻采访是调查研究活动在新闻工作中的运用。这类定义犯的是与前一类定义同样的毛病,除了将新闻采访同调查研究作为同一概念看待而外,还因为新闻工作仍是个大概念,它包括采访、写作、编辑、发行等诸多方面,谁能说除了采访,写作、编辑、发行等就不叫新闻工作?因此,这一类定义也是欠科学、欠准确的,也不宜成立。

在当前,给新闻采访下一个比较科学、准确的定义是:新闻工作者搜集新闻素材的活动。相比较而言,这一定义比较明确地揭示和限制了新闻采访的个性特征,使新闻采访不仅区别于司法人员审核案情、历史学家考古等一般的调查研究活动,也区别于新闻写作、编辑、发行等新闻工作。就好比眼睛、鼻子等虽同属于五官,但眼睛就是眼睛,鼻子就是鼻子,是具体的小概念,五官则是大概念,不能混为一谈。“眼睛是五官”,好像讲得通,但反过来说,“五官是眼睛”显然讲不通。同样道理,“采访是新闻工作”,勉强说得过去,但如果讲“新闻工作是采访”,则不通也。

综上所述,新闻采访虽与调查研究活动有某种联系,甚至方法上有某些相似之处,但分属两门学科,谁也涵盖不了谁;新闻采访虽属新闻工作,但只是其中某一阶段,不能替代整个新闻工作。

第二节　新闻采访的特点

在进行了上述分析后,将新闻采访与一般的调查研究相比较,新闻采访的特点就不难寻找和挖掘,具体有——

1. 目的的差异性

记者采访的目的是为了采集信息、传播信息,以满足人们对新闻的需求,而其他形式的调查研究则目的各异,如司法人员审核案情是为了正确判案,机关干部是为了总结经验教训,以便促进、推动下阶段工作。

2. 时间的限制性

应该讲,各种形式的调查研究都存在一个时间性的问题,都希望尽快将事物真相弄清楚。但相比较而言,有些形式的调查研究时间跨度可以大些,可以用几个月甚至几年的时间,历史学家则可能用毕生精力钻研一个史实。但是,新闻采访就不能这么做,它特别强调时效性,要求"在一定的时间内"完成采访、写作、发稿的全过程,规定今天完稿,就不能拖到明天,要求截稿时间前交出稿件,你拖到截稿时间后,或许就前功尽弃。这是因为,新闻是"易碎品",时过境迁,过时不候,人们已经知悉的事物,你再去传播,无异于雨后送伞。因此,这就要求记者在严格的时间限制下,思维敏捷,动作迅速,争分夺秒地将新闻采集到手,传播出去。上海东方电视台的名牌栏目《小宣在现场》的主持人宣克炅,多年来如一日,天天和衣而睡,一有通知或报料电话,哪怕是凌晨三点,外面天寒地冻,他也迅即起身,带上采访工具,火速赶往事件现场。常常到了编辑部截稿时间,但现场事态还在发展,小宣请示台领导,能不能推迟截稿时间,但台领导出于整体考虑,没有一次答应他的请求。

3. 项目的突发性

新闻采访除了部分项目是事先有计划、有准备外,其余相当部分项目是带有突发性的,即记者常常在毫无准备的情况下,忽地一个突发性事件的到来,必须立即赶赴新闻事件所发生的现场,迅速对其进行采访,如一场地震或龙卷风的到来、火车相撞、飞机失事等,皆属此列。2010 年上海"11・15"火灾事件和日本 9 级大地震等便是典型的事例。而调查研究的许多项目,早在几个月甚至几年前就可能拟定,等到真正着手调查研究时,还可先开几次预备会,确定一系列方案、措施等再下去,如果天气不好,还可能改期。

4. 需要的广泛性

在社会生活中,人人需要获得新闻欲、信息欲的满足。然而,每个人对新闻报道的内容、形式等方面的需求,又可能因职业、年龄、性别、经历、学历等因素的不同而有所偏爱。如有人喜欢看政治报道,可能他是干部;有人则爱看商品信息,可能她(他)是当家人;有人爱听简明信息,可能是因为公务繁忙;有人则一见长通讯或报告文学欲罢不能,可能他兼爱新闻和文学。于是,人们对新闻的这种多层次、广泛性的需求,就要求新闻报道的题材、体裁等相应地具有多样性和广泛性。这样势必辛苦了记者,说不定今天去机场、会场采访,明天则可能去农村、工厂跑新闻;这次是为了写篇几百字的短新闻去采访个把小时,下次就说不定要花上十天半个月而采写一篇长通讯。相比之下,对于其他形式的调查研究的社会需求,就没有这般广泛,往往只要满足一部分人的需要即可。

5. 知识的全面性

正因为新闻报道要适应人们多层次和广泛性的需要,加上新闻采访学本身又是一门综合性应用学科,而且,随着现代科学技术和社会生活的发展,又迫使这门学科同越来越多的学科形成日趋紧密的联系。因此,就要求记者的知识必须尽可能广博、全面,除了新闻学、传播学的专业知识要相当熟悉外,文、史、哲、政、经、数、理、化等知识,包括社会学、心理学、法学和新兴的边缘学科等方面的知识,也都应有一定程度的掌握。倘若不是这样,在采访时,记者就难以迅速有效地同各阶层的有关对象"酒逢知己千杯少"地访谈,也就更无从写出体现一定知识水准、适合不同层次受众需要的新闻,甚至闹出"狗出汗"、"初一夜晚明月当空"之类的笑话。有些学者提出:记者应当成为杂家。此话是颇有道理的。以记者知识全面性这一特点而言,其他社会科学或自然科学的调查研究人员则一般没有这么显著,对某一知识要求精深些的特点远高于广博与全面。

6. 活动的艰辛性

一般的调查研究,因为调查研究的项目和访问对象比较集中、单一,加之时间限制性、项目突发性、知识全面性并非主要要求,故其活动的艰辛性程度则相对较低。新闻采访则不然,报纸天天出版,电台、电视台、网络时时开播和运作,记者天天得去采访,风里来雨里去,跋山涉水,还得三天两头熬夜,人的正常生活规律全被打破,很少有喘息、休整的时候,加上采访的项目每次不一,采访对象的性格又千差万别,记者又必须在严格的时间限制下完成任务,新闻采访的艰辛性程度相应就高。撰写《第三帝国的兴亡》一书的前英国驻德记者威廉·夏伊勒,光是查阅德国外交部的档案材料,就达405吨;一位写有关美国空气污染问题报道的女记者,仅使用的访问录音带就有5英里长。美国前不久的一个调查统计数字颇能说明问题:在美国,70岁以上的长寿者中,占比例最小的是新闻记者;35岁以前因患各种疾病过早死亡的,占比例最大的是新闻记者。调查的结论是:记者是最短命的。英国曼彻斯特大学科技学院的工作负荷研究人员最近对150种职业的研究表明,记者的工作负荷量高居第三位。韩国圆光大学金钟仁教授日前在《有关职业平均寿命调查研究》报告中也指出:"韩国社会各界,平均寿命最长者为宗教界人士,政客和演艺娱乐界人士次之。最为折寿者则莫过于工作压力负担过重、精神长期处于高度紧张状态的新闻从业人员。"

近些年来,由于中国新闻业的竞争日趋激烈,新闻从业人员的健康状况每况愈下,过早躺在病床上的不为少数,三四十岁英年早逝也早已不是个别现象,这是应当引起警惕和重视的。

第三节　新闻采访的地位

纵观新闻采访、写作、编辑、发行等全过程,采访的基础性、决定性地位与作用实在不容低估。90年前,著名报人邵飘萍在《实际应用新闻学》一书中就强调指出,在报纸的所有业务中,"以采访为最重要","因为一张报纸的最重要原料厥为新闻,而新闻之取得乃在采访"。台湾许多新闻学者指出:"采访工作实为全盘工作的灵魂。"西方新闻界普遍认为:一流的采访者必定是一流的撰稿人。美国全国广播公司原新闻部主任弗兰克曾说:"采访是我们这一行的基本手段,没有它我们就无法生存。"采访的这种基础性、决定性地位与作用,主要应从采访与写作的关系上去认识。从新闻实践的角度看,两者的关系是既紧密相联又有先后、主次之分的。具体反映在四个方面。

一是反映在活动的程序上。从活动的程序上看,先有新闻采访,后有新闻写作。这一程序不能颠倒,否则,就违反了新闻工作规律,就不叫新闻活动,变成闭门造车之类了。

二是反映在活动的内在联系上。从新闻报道的材料来源和形成过程看,事实是第一性的,反映事实的新闻报道是第二性的,先有事实,后有新闻,两者之间的媒介是采访。离开采访,写作就成了无米之炊、无源之水。

三是反映在活动的性质上。新闻采访和写作的活动性质,一个是认识实际,一个是反映实际。只有正确认识实际,才能正确反映实际。从这个意义上说,采访决定写作,采访是写作的基础,写作则是采访的归宿。

四是反映在写作对采访的反作用上。实践证明,新闻写作常常反作用于新闻采访。记者从事新闻工作的年代长了,经验教训多了,常常在采访之前,就能凭借掌握的写作能力和丰富经验,清晰地知道采访如何才能更加有的放矢,如何才能有效地判别材料的真伪优劣和访问的深浅,可以避免不必要的失误和少走弯路。

长时期来,在相当部分的新闻工作者中存在重写作轻采访的倾向。据统计,我国大多数出版的新闻业务类刊物中,每期论述“如何搞好新闻写作”的文章要占到70%—80%,而论述“如何搞好新闻采访”的文章仅占到20%—30%;有些初搞新闻工作的记者往往把采访看得很容易、很简单,而对“生花妙笔”则看得很重。这种倾向是值得警惕的。要做一名称职的记者,是得有一支能“生花”的“妙笔”,但是,这支笔只有深深地扎在采访的土壤里,才会开出艳丽夺目、芳香扑鼻的花朵。否则,开出的只能是干瘪无生气的花,甚至可能是“妙笔生假”,生出塑料花。

在新闻实践中,必须坚持辩证唯物主义,反对唯心主义和形而上学,应当全面看待和正确处理新闻采访与写作的关系,确立新闻采访是新闻写作的基础的观念。同时,熟练掌握新闻写作的“十八般武艺”,一切从实际出发,深入采访,精心写作,才能不断提高新闻报道的水准。

第四节 新闻采访的方式

一般社会科学或自然科学的调查研究,因其调查研究的项目和访问对象相对集中、单一,故其活动的实施形式也相对固定,或可在办公室、实验室里进行,或可埋头于故纸堆、原始资料里实施。新闻采访因为具有特殊性,因此,其活动实施方式也具有侧重点和独特性。

从形式上分,具体为下述十种——

1. 个别访问

这是记者使用最普遍的一种基本活动实施形式,在平时的采访中,记者主要是靠这一访问形式从新闻人物或知情人物那里获取新闻材料,通常也称为“一对一”的访问形式。该形式的好处是:谈得具体,谈得深入,且记者容易把握主动权。

2. 开座谈会

俗称开调查会。记者可以就某个新闻专题,邀集有关人员座谈。此形式的好处是:记者可以在较短的时间内搜集较多的新闻材料;几个采访对象一起接待记者,心理比较松弛,不易紧张、拘束,采访气氛容易轻松和谐;有利于采访对象互相启发、补充,有关材料的真伪程度一般能当场得到修正或验证。一般涉及面较广的大、中型报道题材,采用此实施形式,效果较为显著。

3. 现场观察

俗称“用眼睛采访”。上述两种形式侧重用耳听,现场观察则强调记者必须深入新闻事件发生的现场,充分发挥视觉功能,对事物微观细察。记者采访后的新闻报道与其他性质的调查研究的最后体现形式不尽一样。其他性质调查研究的最后体现形式可以是一个实物,即使是文字形式,但只要事实准确,哪怕平铺直叙,甚至一二三四的“开中药铺”或干巴巴的几条筋,也可能通得过。但新闻报道则不然,事实不仅要准确,还应生动具体。因为看总比听真切,故记者非得深入现场,用眼仔细捕捉那些瞬息万变且能感染受众的生动细节。

现场观察已为新闻界越来越多的人士所注重。国际新闻界已普遍认为采访早已“到了现场研究者的时代”。不少专家学者指出:新闻报道应当“用脚跑、用眼写”。随着我国新闻改革的不断深入,各新闻媒体来自现场的目击性之类的报道比例必将日益加大。

4. 参加会议

一般而言,大凡会议都是集中总结、筹划一个阶段的工作情况,包括成效、经验、教训及问题等,与会者聚在一起讨论、建议,然后对下阶段的工作作出部署。所有这一切,往往可能包含着大量的新闻信息或线索。记者若是到会议中去“张网捕鱼”,一般都会如愿以偿。会议新闻采访主要通过这种形式采写的。

据统计,每年评定的各类好新闻获奖作品,有近三分之一是记者从会议上采集的。中国人喜好开会,因此,善于从会议中采集新闻,应当成为中国记者的一个基本功和主渠道。

5. 蹲点

即深入一个点,解剖麻雀,作深入扎实的采访。此实施形式通常适合于时间性不太紧迫但报道量较大、涉及面较广的报道题材,如解释性报道、调查报告、人物通讯、工作通讯、报告文学等。该形式能使记者较详细地搜集和取舍材料,通过几个反复过程,即由此及彼、由表及里、去粗取精、去伪存真的加工制作过程,进而抓取典型材料和揭示事物本质特点,写出有深度、力度和厚度的报道。新华社曾于 1982 年就强调:记者要蹲点,可以就一个问题作深入、连续性的战役性报道。随着广大受众对新闻求深心理需求的增长,蹲点这一采访活动方式日后的使用频率也必将日益增长。

6. 查阅资料

一般资料包括受众来信、基层单位的工作情况简报以及各类剪贴、原始材料的文字记载等。这些资料包含不少有价值的新闻事实和新闻线索,记者若能悉心从中查找,可确定不少报道项目,或可直接写出有意义的新闻。例如,故事影片《垂帘听政》放映后,广大城乡居民茶余饭后纷纷议论慈禧及其垂帘听政之事。垂帘听政这玩意究竟是不是慈禧首创?一记者通过查阅资料证实,慈禧并非我国历史上第一个垂帘听政者,最早的要推战国时期的赵太后,其次是唐朝的武则天,再则是北宋的高太后、南宋的谢太后以及与宋对峙的辽国萧太后,慈禧虽算第六个,但她垂帘听政时间最长,其间两度引退,三次垂帘,前后达 47 年之久。《历史上的六次垂帘听政》[①]一文登载后,广大读者争相传阅。

特别值得指出的是,“报纸传播新闻的工作现已进入解释性阶段”,因此,查阅资料正日益成为采访活动的重要形式。美国费城《公共纪事晚报》资料室前不久统计,该室的剪报在一年内被查阅、运用达十万次。由此足以证明新闻采访写作与资料查阅、运用的关系日益密切。近几年来,我国许多媒体十分重视资料室建设工作,这是十分有远见的举措。

7. 改写

即把某一新闻线索或一则现成的稿件,加以修改或补充而另成一则新鲜的新闻。在西方新闻界,日报常改写晚报的新闻,晚报也没少改写日报的新闻,报纸与广播、电视之间也常常彼此“借光”。美、英等国改写工作已形成制度,且有改写记者之设。由于新闻报道的需要,改写工作不仅能辅助采访的不足,甚至常常代替采访,改写记者一般通过电话获取新鲜材料,然后改写新闻。

8. 问卷

抽样调查的主要形式,即记者根据题材的需要,按照概率论和数理统计的原理,从全部研究对象中抽取一部分单位作为样本,然后以纸面的形式,

---

① 《长沙晚报》,1983 年 10 月 26 日。

拟定出若干个简洁明了的问题,在街头或挨家挨户发送到有关受众手中,外地的受众可将问卷邮寄其手中。这种形式有成本低廉、具有匿名性及便于受访者思考等优点。随着精确新闻报道的兴起,这一形式将会日益被广泛使用。

9. 电话采访

记者应尽量想法深入到现场去采访,不要浮在面上靠电话采访。但在现代化通讯工具日益发达的情况下,因种种原因无法到现场的情况下,电话采访也未尝不可,在某些特殊情况下,电话采访则可能是一种重要手段和有效的渠道。2011 年 1 月下旬,埃及连续发生大规模骚乱,社会治安形势急剧恶化,严重威胁各国侨民在埃及的生命安全,各国侨民纷纷涌向开罗机场,准备搭乘班机回国,但飞机航班一时满足不了要求,以致成千上万名旅客长时间滞留开罗机场,500 多名中国公民也在其中。1 月 31 日晚,上海东方电视台新闻节目主持人李菡通过电话采访国航有关负责人和中国国际广播电台驻开罗记者方文军,及时了解到国航将派三架包机飞赴开罗接回 500 多名中国公民的信息。在这种远隔千里、鞭长莫及的情况下,电话采访打破了距离、时空的阻隔,及时采得了真正的新闻。另外,在一些关系微妙的场合,电话采访还可深入重地得到真新闻。比如,美国广播公司(ABC)驻开罗的一名女记者,为了采得逃亡在埃及的伊朗巴列维国王的重要消息(巴列维当时重病在身),在无法进入宫室的情形下,买通了两名在埃及机构中供职的工作人员,充当“消息提供者”。一当巴列维去世,他们就通过电话、用暗语取得联系,并最先向世界发出了消息,据说比埃及中东通讯社还提前了 4 小时。在这里,电话这个特殊工具,又发挥了特殊的作用。

所以,电话采访是一种采访形式,在很多情况下它往往补其他采访之不足,使新闻得以真实、完美地报道出来。特别是很多重大的新闻,更是用电话新闻的形式报道出来的。

电话采访有一定的难度,实施时应当注意——

第一,准备要充分。电话采访时准备要充分,问题要事先拟好,要有个较为详细的纲目,不至于在几分钟的短促采访中,搞得手忙脚乱、丢东拉西。

第二,提问要凝练。电话采访中提问是门艺术,它比起平时从容不迫的交谈,来得更为急迫、凝练,有时甚至需要一点机智,因此更显示出“问”的难度。例如上海申花足球队每次客场作战时,上海电视台编辑部总要在赛前或赛后接通前方记者的电话,通过简洁、凝练的提问,让前方记者叙述一些比赛现场的情况。

第三,记录要及时。电话采访还要做好记录,尽量避免在忙乱中漏记一些重要的事实。重大题材的电话采访,记者不妨在话机旁放个录音机,以确保材料和新闻报道的真实。

随着电讯业的大力发展,可视电话已经诞生,相信用不了多久,这种更为便利、有效的电话即可普及,那么,电话采访将有可能成为新闻采访的主要形式。

10. 网络采访

近几年的实践证明,互联网作为一种新兴的传播工具,既是大众传播工具又是人际交流工具,既可以发布新闻,也可以用于采集新闻、查阅资料及收集新闻的背景材料等。譬如,人们可以通过各家网站浏览新闻,也可以通过 E-mail 与熟人亲友联系交流,甚至可以上 BBS 与陌生人就某一话题展开讨论。

网络采访相比较传统媒体采访,具有如下主要特点:

一是信息的广泛性;二是采集形式的多样性;三是新闻采写的即时性;四是信息容量的无限性;五是信息采集过程的交互性等。

网络采访的主要形式是——

直接转载信息。网上的信息可谓是应有尽有、取之不尽。我国众多报纸的信息注明是"采自互联网",我国发行量最大的《参考消息》,则已把网上信息作为其消息来源的重要渠道之一。

组织网络调查。即把问卷通过网络送到电子公告版上,不仅得到众多受众的关注,更可得到最快速度的反馈,这比传统的召开座谈会、面对面访问等形式,效果要好得多。如兔年春节日渐临近,外来务工者纷纷要回家过年,在高兴之余,也纷纷感慨"回一次家不容易"。某知名网站发起的"过年支出"的网络调查中,超过 50% 的网友自称"花销太多,有点不堪重负"①。

通过 E-mail 交流。以往受时空的限制,传统媒体的采访方式受到较大局限,所遇障碍也较多。而通过电子邮件进行采访,记者则可以较顺利地接触到你感兴趣的任何一位客体,包括名人直至国家元首,只要他在因特网上开辟了网页,设立了电子信箱。中央电视台《东方时空》自 1996 年上网打出自己的电子邮件地址后,网上来信的利用率竟高达 10% 。许多传统媒体的记者也深有感触,许多有价值的新闻线索都是亲友及时通过 E-mail 传送给他的。

---

① 上海《文汇报》,2011 年 1 月 7 日。

查阅收集资料。因特网是一个取之不尽、用之不竭的信息海洋，成千上万个数字化图书馆和各种类型的数据库，只需轻轻按上几个键，便可查阅任何资料。

因特网的问世给记者采访提供了莫大的空间和便利，如《北京青年报》的《电脑时代》版专设的“网上采访”栏目，就不断推出记者采访的成果。但是，也同时给记者的素质提出了更高更全面的要求，如除了会熟练地使用电脑以外，英语水平要尽快增强，因为这是网络的主导语言。另外，必须增强法制观念，遵守与网络相关的法规，不能随心所欲。再则，网上新闻的权威性与可信度不高，记者在进行网上采访时，更加应该遵循新闻真实性原则。

顺便提及，近年来我国已出现网络记者，这是一种新兴的记者种类，即专指为网络媒体采集新闻、组织报道的专职记者。曾代表《人民日报》网络版参与澳门回归报道的王淑军、罗华对自己的身份解释为：“我们被称为网络记者，这个称呼有这样两层意思：我们首先是中国传统媒体的记者，其次我们是在传统媒体兴办的网站从事新闻编采工作。我们既脱胎于传统媒体，又在以一种全新的方式进行新闻传播活动。”随着网络媒体的迅猛发展，专门的网络采编队伍将会形成和扩大，届时，网络记者的性质、任务及其解释必将发生变化。

新闻采访从性质上分，具体为下述六种。

1. 常驻采访

派驻外地或外国记者的日常采访活动。这种采访时间长，题材面宽，要求记者具有全局观念，从驻地的实际出发，注意采写既能反映当地实际又对全局有普遍意义的新闻；要有较强的独立社交能力和广博的知识；具有一定的外语水平；掌握采写各种新闻体裁的技能；同时，要尊重所在国家、地区的风土人情，遵守所在国家、地区的政策法令。

2. 突击采访

在事先无准备的情况下迅速对突发性事件所进行的采访活动。这种采访任务紧迫，事先无法从容准备，全靠记者的经验积累和临场发挥。具体要求是：记者必须闻风而动，迅速赶赴事件现场，要忙而不乱，冷静观察，尽快弄清事件的起因、性质和相关材料，并有“倚马可待”——立等可取的写作能力。突发性事件的现场一般要实行严密封锁，不让闲人进出，常常连记者也在被挡驾之列。此时，记者更要下定决心，调动自己平日建立的一切关系网，使用一切能够使用的手段，最终冲破封锁，深入现场采集新闻。

3. 交叉采访

在同一期限内对两个以上新闻事件交替进行的采访活动。与单打一的采访形式相比,交叉采访可以省去重复找人和路途往返所费的时间,是一种投入少、收益高的采访形式。交叉采访须讲究交叉艺术与要求:记者应根据新闻线索统筹安排,利用所在单位或地区的人员、交通、资料及通讯设备等便利条件,有先有后、有主有次、有条有理地进行交叉采访;记者头脑应冷静,决定应果断,行动应迅速,反应应敏捷。

4. 巡回采访

按照编辑部指示、沿着预定路线进行的采访活动。主要由记者根据编辑部总的报道思想灵活掌握,在巡回路途中连续不断地向受众进行系列报道。又称旅行采访。例如,如2009年1月《扬子晚报》等19家报纸在南京共同策划新中国建立60周年联合报道,会议商定,“把每一个省会城市的解放连起来,就是一幅新中国诞生的图景”。为尊重历史并还原历史,采取各家报纸接力采访报道城市解放的方式,即严格按当时城市解放的时间顺序,安排报道的刊发顺序。这既是一场气势磅礴的接力报道,也是一次壮观的新闻大行动。除了前来南京参会的19家报纸之外,另外12个省市自治区的12家报纸也加入进来,加上搜狐网,32家报网媒体组成了一个报道的超级阵容。每一篇“解放报道”,都在所有联动媒体的版面和网面上刊出,从而形成了超强的传播效果。

5. 隐性采访

不公开记者身份或不申明采访目的的特殊采访活动。通常适用于:潜入敌军、敌对分子、犯罪分子之中的采访活动;估计采访对象会拒绝与记者合作的采访项目;不宜公开记者身份的采访场合。采写揭露、批评性报道常采用这一方法。隐性采访是相对于公开采访、显性采访而言的,与“微服私访”相仿,通常也称作暗访。例如,今年春节以来,上海方浜西路路边摊贩云集,热闹如集市,短短50米路段中,竟混杂多个春药摊。记者实地暗访发现,城管执法车近在咫尺却视若无睹。《方浜西路:小贩公然叫卖春药》一文发表后,引起各方面极大反响①。

我国传统的新闻理论是视隐性采访为禁区的,这是同过去“左”的政治空气相适应的。随着市场经济体制改革的不断深入,社会生活与社会意识均呈现复杂化与多层次的态势及趋向,新闻采访手段也就必然相应地从单

---

① 《新民晚报》,2011年2月8日第A3版。

一化向多元化发展。可以预见，隐性采访的潜在价值将日益增大。

6. 易地采访

记者到分工范围以外地区的采访活动。记者长期在一个地方采访，有人熟、地熟、情况熟等好处，但也容易产生眼界狭窄、感觉迟钝甚至夜郎自大、固步自封等弊病。易地采访是克服这些弊病的有效方法，也是加强地区间、新闻单位间和各地记者间横向联系、优势互补的有效方法。易地采访的好处是：开阔记者眼界；帮助本地记者有效地发现新闻；促进各地记者互相学习、取长补短。注意事项是：不要自视高明，不要下车伊始，哇啦哇啦地指手画脚，要谦虚谨慎，甘当小学生；要利用易地采访机会，熟悉各地的情况，开拓自己的知识面，增强全局观念，与外地记者真诚合作，提高相互间的报道水平。易地采访应在编辑部统一组织下进行，一般侧重于某个专题，或几个人为一个小组，或单兵作战。应当看到，随着改革开放的不断深入，易地采访这一形式将日趋频繁，如，前不久党中央提出西部大开发战略后，《广州日报》一马当先，派出由 4 名记者组成的采访队赴宁夏采访，随后，北京、上海等东部省市均派出相应的采访小分队，上海则由报社、电视台、网站 3 个媒体 27 名记者组成了“2000 西部行联合报道组”，用车轮去“丈量”西部，用镜头去“挖掘”西部，用心灵去体验西部，采访车队沿 312 国道逶迤西行，途经陕西、青海、甘肃、新疆四省区，为时近 2 个月。

实践证明，易地采访日益成为舆论监督的新形式，某地发生的一些负面新闻，当地媒体出于种种考虑不便报道的，那么，外地媒体就可用易地采访形式进行报道。如 2011 年 2 月，各地媒体集中报道童丐现象。河南省太康县孟堂村是童丐的重灾区，上海电视台记者冷炜等深入该县采访，于 2011 年 2 月 19 日晚间新闻中播出《童丐，滴血的产业》一文，反响极其强烈。

思考题：

1. 什么叫新闻采访？
2. 怎样全面、正确认识采访与写作的关系？
3. 采访从形式、性质上各有哪些具体方式？
4. 新闻采访有哪些具体的特点？
5. 网络采访有哪些主要形式？
6. 什么叫隐性采访？
7. 易地采访的好处具体体现在哪些方面？

第二章

策划与准备(采访前期)

从辩证唯物主义观点出发看问题,人在社会活动中的相互关系组成了社会,其活动应是社会的活动,表现为人与自然、人与人之间的辩证关系。记者与采访对象构成的相互关系正是这样一种辩证关系,新闻采访活动正是这样一种社会活动。要使新闻采访这一社会的活动有效率,记者就必须具备良好的意志品质、个性与气质,熟练的活动技能与技巧,同时,必须使自己处于感觉、知觉、想象、记忆、思维、语言、兴趣及情感等正常心理活动状态之中。

新闻采访活动是一个系统工程,一般分为三个阶段,即采访前期、采访中期和采访后期。采访前期也即采访的策划与准备阶段。

凡事预则立,不预则废。新闻报道亦然。加之新闻报道是有目的的舆论传播手段,因此,更需要策划与准备。

所谓策划,就是有计划、讲谋略。所谓新闻策划,即对整个新闻传播过程的谋划设计。这是一种把看似孤立发生的客观事物,看似彼此没有内在联系的事物,看似零碎、片断的事物,通过系统、思辨的手段及严密的设想和规划,从内涵上把它们联系、串联起来的过程。

新闻策划的基础和前提是:充分了解中央的大政方针及地方党委和政府的阶段工作计划,清晰明了和切实掌握当前社会实际中先进的人和事、存在的问题及广大群众的想法、愿望和关注的热点。

实践证明,成功的新闻报道和有声誉的新闻媒体,无不注重和得益于精心的新闻策划。以《经济日报》为例,长期以来,其报道的题材之新、主题之深令人叹服。该报原总编辑范敬宜对此的体会是:注重策划。人民日报社在组织重大题材报道之前,上上下下必定经历一场精心策划过程,要求编辑记者善于从大局出发,观察形势,判别是非,视角独特,抓住要点,体现本质,要“决胜于社门之外”。该报原副总编辑李仁臣指出:“搞好重大题材报道的策划,是新闻单位领导者的责任。策划的好坏,对于重大题材报道的成败,关系极大……决胜千里,需要运筹帷幄。运筹帷幄就是策划。”我国大部分媒体目前均成立了专门的新闻策划部。

采访的策划与准备分散在采访前期的各个具体环节和程序中,具体阐述如下。

新闻信息是一种无形的物体,对它的接触、接受及传播,记者需经历一个艰苦而又非凡的感知过程,需要一种超拔的认识能力。实践证明,在日常工作与生活中,怎样及时、敏锐地感知和判别新闻,是新闻采访活动中一个十分重要的问题,也是记者称职与否的起码条件,也可以说,这是记者工作的第一步,没有这一步,以后所有工序皆无从谈起。1881 年 4 月 14 日,恩格斯在给爱德华·伯恩斯坦的信中写道:“对于编辑报纸来说学识渊博并不那样重要,重要的是善于从适当的方面迅速抓住问题。”著名记者李普也指出:“往往一条新闻的价值不在于文字上有多么优美,写作上有多么高明,而在于谁首先发现它、报道它。”“自己发现新闻、抓新闻,对事物价值大小能有正确判断能力,这是一个新闻工作者的最起码的条件之一。”而要较好地解决这个问题,则要求记者具有较强的新闻敏感能力,通俗讲,即具有发现和判别新闻的“特异功能”。美国著名报人普利策说得好:“新闻记者是什么人?假使国家是一艘船,新闻记者就是站在船桥上的瞭望者。他要注意来往的船只,注视在地平线上出现的值得注意的小事。”①

第一节　培养新闻敏感

所谓新闻敏感,即指新闻工作者及时识别事实所含新闻价值的能力,也就是指新闻工作者的感官对新闻人物、新闻事件、新闻事实所蕴含的新闻价值的敏锐感知能力。这是新闻工作者必备的能力,是一种职业敏感,是长期从事新闻实践的经验和结晶。新闻工作者能不能在纷纭繁杂、浩如烟海的新闻事实中,及时发现与敏锐分辨有价值的新闻事实,其直接着力点靠新闻敏感。西方新闻界通常称新闻敏感为新闻嗅觉,或称“新闻鼻”、“新闻眼”。美国《纽约时报》记者泰勒曾指出:“没有新闻鼻、新闻眼,请滚蛋。”

---

① 《新闻理论教程》,中国人民大学出版社 1993 年版,第 4 页。

一、新闻敏感的主要内容

有人感叹新闻敏感是看不见、摸不着、神秘又玄乎的东西。其实,新闻敏感并非虚无缥缈之物,而是可感可触、有着实在内容的。具体包括——

1. 迅速判断某一新闻事实对当前工作的指导意义

这通常称作记者的政治敏感,或叫政治洞察力。即当一个或数个新闻事实出现时,记者应马上站在党性原则上,将它们同党和政府的中心工作以及编辑部的报道意图联系起来考察,看其对推动当前工作和发展当前形势有何积极、重要意义。这是新闻敏感的主要内容。江泽民同志 1989 年 11 月在新闻工作研讨班上指出:"我们的新闻工作是党的整个事业的一个重要组成部分。因此,不言而喻,必须坚持党性原则。"他强调指出:"这是新闻工作的根本性的问题。"这是因为,新闻工作是一项政治性较强的工作,"新闻记者不是单纯的'写稿匠',他应该以一个政治家的眼光和态度去认识事物,并从中掘取能够解决社会矛盾、促进社会进步的'珍宝'。"例如,1999 年 5 月 8 日,以美国为首的北约悍然用导弹袭击我驻南斯拉夫大使馆,消息传来,举国震惊,亿万群众纷纷走上街头,抗议北约的这一野蛮行径,特别是各地的高校学生,手持标语,高呼口号,彻夜在街上游行示威。中央电视台迅速及时地对北京、上海等地大学生的游行示威活动进行了报道。第二天,全国各地上街游行示威的大学生队伍更长,口号声更高。中央电视台又作了详尽报道。许多观众不免有了几分担心,怕这样弄下去,一旦被不法分子利用,容易失控。正值此时,中央电视台又及时续播了上海复旦大学学生改上街游行为校内集会抗议的新闻,果然,第二天全国各高校学生均改为在校内集会。记者的政治敏感和新闻导向作用由此可见一斑。

2. 迅速判断某一新闻事实能否吸引较多受众

即指记者面对新闻事实,要迅速估量出其对广大受众的吸引力。新闻是写给人看的,每则报道能否引起较多受众的兴趣,无疑是一个重要问题。西方记者和新闻学者很重视这一点。在他们看来,新闻敏感首要、主要之点,乃指记者判断某一事实能否引起受众兴趣。随着这些年来的新闻改革,我国新闻界对这一点也日益予以关注,"一报就响",引起广大受众普遍兴趣的报道日益增多。但是,在新闻的趣味性问题上,我们与西方新闻界在认识上是有区别的,因为他们将此看成是衡量新闻价值的真正要素。因此,类似《60 岁老妇第五十八次结婚》、《猫接受百万元遗产》、《百岁老翁娶 14 岁妻子》等新闻占据大量版面,甚至更为低级、黄色的新闻也不时充斥版面。但我们所倡导的是健康、高尚的趣味,决非污染社会及人的灵魂的庸俗、低级的趣味,要力求有趣不俗、有益无害。如《经济学家赶集》、《副总理验锅》、《医院随意扔截肢,引来警员忙破案》等新闻,写得既有情趣,又有积极意义,令人思索、回味。

3. 迅速透过一般现象挖掘出隐藏着的有价值的新闻事实

有价值的新闻事实往往被一般表象,甚至假象遮盖着,如何凭借锐利的新闻眼,着力挖掘出这些有价值的新闻事实,是新闻敏感的又一内容。要做到这一点,记者就必须有相当的马列主义理论水平,要学会运用马列主义的立场、观点、方法去分析与解决问题,还应具有相当丰富的生活经验和新闻实践经验,具有较强的新闻追踪能力。同时,较好地发挥逆向思维也十分重要。例如,新闻界老前辈邵嘉陵早年任上海《新闻报》驻沈阳记者,住沈阳啤酒大饭店六楼。1947 年 10 月 8 日中午时分,他突然听见飞机轰鸣声,当时,沈阳的客机是很少的,且饭店离北陵机场又远,是很少听到飞机声音的。职业敏感促使他登上七楼饭店屋顶北望,只见天空有八架军用机分四队在盘旋。面对此情此景,邵嘉陵立刻意识到:莫不是什么人来了?且此人来头一定不小!他马上骑自行车上街转悠,同时盘算:蒋介石率一批人马正在北平,是不是他来了?如果是他来了,那么,这个新闻一定得抢!于是,他先来到电报局,随时准备抢发新闻。电报局前的东西向大街是通往国民党东北行辕、长官部、各种公馆的必经干道。邵嘉陵发现,附近军警加岗,便衣人员东张西望。不一会,一长串车队自东向西开来,警卫车驶过后,后面的一辆车上坐着三个人:左边是傅作义,右边是蒋介石,中间是宋美龄,宋还低头向外张望呢。邵嘉陵没等车队走完,连自行车都没锁,返身进电报局发出加急新闻电报。10 月 9 日,上海《新闻报》头条消息刊出"蒋主席昨午飞沈阳,八架飞机起飞迎接,傅作义随行"的电报全文。国民党败局已定,但妄想封锁消息,没想到记者这么准确、及时、迅速地报道了蒋介石的行踪,最高当局除了气急败坏以外,也只能无可奈何。实践证明,一个真正的记者必须具有突破表象、假象进而挖掘、追踪事物真相的能力。正如美国哥伦比亚大学新闻学教授麦尔文·曼切尔在《新闻报道与写作》一书中所说的那样:"记者好像是一个勘探者,他要挖掘、钻探事实真相这个矿藏。没有人会满意那些表面的材料。""他自己的观察一般要比那些没有养成观察和倾听习惯的消息来源更为可靠。"

4. 迅速在同一事物的诸多事实中,判断、鉴别出最有价值的新闻事实

常有这样的情况,几个属同一性质、题材且都有价值的事实摆在记者面前,能否从中判别、提取最有价值的新闻事实构成报道,显然,记者这一方面的新闻敏感强弱,就往往决定一切了。敏感弱的记者,或可能胡子眉毛一把抓,或可能拣了芝麻丢西瓜;敏感强的记者,则善于将这些事实认真进行比较,从而从中鉴别出“含金量最高”的事实予以报道。例如,十一届三中全会后,由于党的改革开放和现行农村政策得以顺利贯彻执行,各地农村和城镇都程度不等地发生了可喜的变化,一时间,报刊、电台、电视台冒出了难以数计的由穷变富的典型。今天报道这里农民买汽车,明天报道那里农民建机场,万元户、十万元户如雨后春笋般地冒出来。诚然,这些事实确有价值,也值得报道。但《羊城晚报》的编采人员棋高一着,派记者赴大寨采集新闻材料,不几日,记者向编辑部发了《大寨也不吃大锅饭了》[①]的专电,该报当日下午就予以刊载,在国内外激起了极大的反响。许多海外人士感叹:大寨是中国十年内乱时树起的一面红旗,连大寨的干部群众都衷心拥护共产党的现行农村政策,欢天喜地地分田分地,可以预见中国日后的变化和发展将是令世界瞩目的。在当年全国好新闻评比时,许多评委由衷地说:如果在获奖作品中再评选一篇当年最佳好新闻的话,非《大寨也不吃大锅饭了》莫属。

5. 迅速在对事物进展过程充分调查分析的基础上,预见有可能出现的新闻

这是指记者对新闻事实的发展趋势和本质作出科学分析时所表现出的一种素质,是一种见微知著的能力。在许多情况下,有些新闻事实尚未成熟,在客观世界中一时还没有形成原型,但是,这些事实构成新闻的元素却是存在的,况且,事物一般都有因果联系和产生、发展的过程。记者不是凭空想象,而是在对事物进行充分调查分析的基础上,能在大脑中建立起因果联系和事物发展过程构成的事物环链的模型,并凭借自己以往的实践经验和投入相关的智力,那么,当一个事实或事件略显端倪的时候,记者便可顺着这一环链,推测出事物的下一环,直至结局,从而有把握地对事物作出科学预见。这实质上是超前思维的内容。例如,1971 年“九·一三”林彪叛国出逃、自取灭亡的事件,最早报道的是一名对中国政治情况研究颇深的法国记者,该记者根据一段时间内北京的有关反常政治情况,于 9 月 15 日准确地作出判断并发了消息:在蒙古温都尔罕摔死的是林彪及其家人。

---

① 《羊城晚报》,1982 年 12 月 21 日。

在西方,预测性新闻已成为日益时髦的新闻体裁,且预测的内容日趋庞杂,范围日趋广阔,受众的注意力与预测性新闻的关系也日趋息息相关。对于这个趋势,我国记者应当予以注意。

二、新闻敏感的培养途径

新闻敏感不靠天赋,不靠聪明人的偶发性反应,也不靠到什么新闻学校去现成批发,而是靠记者在平时的实践中,自觉训练、培养和对经验教训的总结、积累。斯大林在《论工人通讯员》一文中阐述得很透彻:“在自己的工作进程中学习,并锻炼出新闻记者——社会活动家的敏感,没有这种敏感,通讯员就不能完成自己的使命,而这种敏感是不可能用人工训练的技术方法培养出来的。”根据实践的总结,培养的具体途径有——

1. 要及时学习、掌握党的新政策、新精神

记者要较好地发现与判别新闻,心中必须有把“尺子”。党的新政策、新精神就是这把“尺子”。记者心中只有装上这把“尺子”,发现与判别新闻才有依据,才能敏锐,否则,对有价值的新闻事实只能是视而不见,或不问新闻事实有无价值,只是凭空乱抓一气。

记者要注意系统地学习政治理论,在远离编辑部时要留心每日报纸、广播、电视的重要新闻和言论,在学习中央和上级党组织文件时,不仅要把自己摆在一个普通党员的位置上去认真学习、领会,还要放在一个新闻工作者的位置上,去留心其中的新政策、新精神,从中找到发现、判别新闻的“尺子”。久而久之,记者的新闻敏感,特别是政治敏感,就自然会增强。

为了避免局限,记者要主动创造条件,多与负责报道所在地的党政领导接触、交谈,要与总编、部主任保持热线联系。一位老记者曾说过:“一个不了解省长和总编想什么的记者是当不好记者的。”此话很有道理。

2. 要立足全局看问题

常言道:心中有全局、眼力自然强。记者只有立足全局,才便于把某条战线、具体单位的事实和问题,置于全局范围进行考察、比较,从而才能敏锐地把有价值的新闻事实鉴别出来。不少长期在记者站和基层报道组工作的同志常遇此种情况,手中掌握的材料不少,却觉得没什么好报道的,等到其他地区记者站或报道组采写的新闻发表了,方感到有遗珠之憾:“哎呀,这种典型我手头也有啊!”显然,这是心中没有全局以致敏感力不强所造成。因此,记者平时要善于掌握对全局清晰了解的程度,要养成把具体事实置于全

局范围进行考察、比较的习惯,时间一长,新闻敏感自然得到增强。

3. 要十分熟悉"点"上的情况

在掌握了新政策、新精神和全局动向之后,新闻敏感的强弱就看记者是否深入实际,是否熟悉实际工作、生活中的问题和群众的呼声,即要知道在具体工作、生活中,存在些什么问题和矛盾,哪个最突出,哪个次之,各问题、矛盾之间有些什么联系,已经报道到哪一步,群众反映如何等。记者只有对这些情况了如指掌,才能当一个新闻发生时,迅速与党的新政策、新精神及全局情况形成联系和比较,从而敏锐地对该事实是否具备新闻价值作出判断。若是对点上的情况心中无数,即使"尺子"和全局在胸,新闻敏感也难以体现。

4. 要不断增强知识素养

一个记者是博学多识,还是知识贫乏,发现和判别新闻的敏感能力的体现效果往往会截然不同:若是知识广博,就能及时、敏锐地从对方的叙述中,判断出哪些是有价值的材料,哪些是没有价值的材料,并能根据对方的谈话,触类旁通,浮想联翩,将采访节节引向深入;若是知识贫乏,人家说这个,你不懂,说那个,你又摇头,那么,一是容易造成"话不投机半句多"的尴尬局面,二是人家谈的是很有价值的新闻材料,但你因为缺乏这方面的知识,故而不能敏锐判断和捕捉。例如,上海有位记者有次采访著名史学家吴泽,吴先生向该记者谈及了对唐末农民大起义的看法及对农民领袖黄巢、王仙芝的评价。这是当时我国史学界研讨的重点、热点,很有新闻和学术价值。但由于记者这方面史学知识贫乏,报道中未涉及这一问题,而是叙述了一些非重要的问题与事实,令史学界人士颇感遗憾。人们知道,人的手指很敏感,即使闭上眼睛,但不管触摸什么物体,冷的还是热的,硬的还是软的,都能迅速敏锐地产生反映和认识。是何道理? 那是因为手指上密布着血管神经。同样道理,记者大脑里若是密布"知识神经",新闻敏感自然会强。仅就这一意义上说,记者平时也必须勤奋学习钻研,不断拓宽知识面,不断增强知识素养,以求新闻敏感性不断增强。

三、新闻敏感与新闻工作责任感的关系

从总体上说,新闻敏感与新闻工作责任感都十分重要,但从根本上看问题,记者的新闻工作责任感是比新闻敏感还要重要的东西,也可以说,新闻敏感是新闻工作责任感派生出来的。有些记者发现不了新闻,首先缺少的

恐怕不是“新闻鼻”、“新闻眼”之类,恰恰是工作责任感,即缺少那些对实际工作呼吸相关的感情和求“新”若渴的工作态度,因而对党和人民的利益、群众的疾苦无动于衷,对新闻工作抱“守株待兔”的态度。概言之,是惰性在作怪。

之所以这样看待新闻敏感与新闻工作责任感的关系,这是因为,新闻采访是发现新闻的一个根本手段,而新闻采访的深浅,则主要取决于记者的工作责任感。责任感强了,记者才会像潜水员一样,长期活跃在五光十色的海底世界,觉得有写不完的题材,觅不尽的“宝”;责任感强了,有才华的记者才不至于因仰仗自己聪明,而忽略学习理论、政策及各类知识,不注重艰辛的新闻采访,以致弄得“双耳失灵,双目失明”;责任感强了,才思不怎么敏捷的记者,才可能不断增强顽强学习与积极思考的自觉性,通过深入细致的新闻采访,以弥补自己的不足,收取勤能补拙之效。总之,只有责任感强了,才能酷爱新闻工作,才能时时、处处做有心人,才能使发现新闻的“雷达”一刻不停地运转。例如,上海电视台有一档节目叫《小宣在现场》,凡当日、隔夜发生的突发事件,记者宣克炅必然赶到现场采集新闻。这档节目和宣克炅在上海几乎是家喻户晓,深受观众欢迎。为了做好这档节目,一年三百六十五天,宣克炅晚上几乎都是和衣而睡,长达十年的时间里,几乎没有睡过一个安稳觉,始终处在紧张的待命状态。每当有人问及:“你是如何坚持下来的?”小宣总是笑答:“责任重于泰山。”

第二节 熟识新闻价值

记者在发现、判别新闻的同时,必须要作出下述处理,即面对众多的新闻素材,哪些值得报道,哪些不值得报道,哪些可以大做文章,哪些则只能作一般处理。当记者在作出上述判断和选择的时候,实质就是在运用新闻价值规律行事了。

一、新闻价值的定义

新闻价值原是西方资产阶级新闻学的一个基本概念,被称为记者的“第六感官”,即一个记者懂得了什么是新闻价值,在实际工作中又能熟练地运用,与平常人相比,除了眼、耳、鼻、舌、身以外,犹如又多出了一个感官。

在什么叫新闻价值这个问题上,历来争论颇大,粗略归纳,主要有下述两方面争论——

1. 前后之争

即新闻价值究竟是在新闻写成之前,作为记者衡量事实可否成为新闻的标准,还是在新闻写成之后,作为编辑衡量新闻质量的标准,或是新闻在发表以后,受众评价新闻产生的作用、效果的标准。因此又产生了两种看法:一是"鼻子论",即注重判断标准,主张新闻价值存在于新闻记者的"鼻子"里,是记者判断、识别什么是新闻的标准;二是"心坎论",即注重实际价值,主张新闻价值存在于受众的心坎中。

2. 主客观之争

即新闻价值究竟是事实本身决定的,是一种客观存在,还是由人的主观认识水平、表现能力决定,或是主观和客观的统一物。

应当说,新闻价值是新闻事实所固有的某些属性,是一种客观存在。某个事实有没有新闻价值,不是记者、编辑、受众等任何人可以随意决定的,而是要看新闻事实本身提供的信息能否为社会上多数人所接受,要让事实本身决定。新闻工作者可以发挥主观能动性去发现、挖掘乃至表现某个事实的新闻价值,但决不能制造、扩大或拔高其新闻价值。"提高新闻价值"等说法实质上是荒谬的。一个本身没有多大新闻价值的事实,任你怎样扩大、拔高,都不可能指望其在报道后得到多大效果。譬如,一个普通人去世,尽管其亲属悲痛欲绝,或尽管报纸的广告栏里也登了讣告,但恐怕不见得有多少人关注;而赫鲁晓夫、蒋介石等去世,尽管出于政治上的考虑,有关报纸只是在不显眼的地方登了一句,但人们也会予以特别注意。同时,世界上每时每刻发生的事实多得不可计数,是否都应报道、都能报道?没必要,也不可能。那么,什么样的事实才能构成新闻进行报道呢?由此便产生了一个对事实进行选择、衡量的标准问题,这个标准就是新闻价值。综上所述,新闻价值的定义应当是事实构成新闻诸因素的客观存在,是记者判断事实可否成为新闻的尺度。

二、新闻价值的诸因素

一般说来,新闻价值应含有下述五个因素——

1. 重要性

是指新闻事实具有震动人心、能在某种程度和范围内产生较大影响的特质。重要性是新闻价值的主要因素,也是核心因素,记者要掌握新闻价值,首先应当抓住这一因素。重要性包括了我们通常所说的思想性、指导性和针对性等要求和内容。无产阶级与资产阶级在新闻价值观上的一个显著不同之处正在这里,即资产阶级是以趣味性为新闻价值的核心和基础,而无产阶级则以重要性为新闻价值的核心和基础。其他不说,仅以我国历年评选出的全国好新闻为例,这些冠之以“全国好新闻”的新闻,如果仅从写作角度分析,也许其中有些未必够格,但有一个显著的共同之点,即都具有重要性这一因素。

2. 显著性

是指新闻人物和事件具有引人注目的特质。很显然,这是指新闻人物或新闻事件有非同寻常之处,即这些人所处的社会地位比一般人要高,这些事发生的场合及性质非一般事可比,否则,就构不成新闻价值。曾在西方流行一时的“新闻数学公式”很能解释这一因素。这个公式基本形式是:

平常人 + 平常事 = 0

譬如以下水游泳为例,张三或是李四,都是平常人,加上下水游泳,也属平常事,就等于零,构不成有价值的新闻。根据这个基本公式,可派生出下列公式:

不平常人 + 平常事 = 新闻

同样是下水或游泳,因下水者或游泳者身份不一样,如毛泽东畅游长江,就构成了有价值的新闻。

当然,也不是平民百姓就永远成不了新闻人物。上述基本公式还可派生出另一公式:

平常人 + 不平常事 = 新闻

例如,上海青年女工陈燕飞怀孕近 6 个月,还奋不顾身下水救人,这一事件的意义就非同寻常,因此就构成了有价值的新闻。

资产阶级新闻学通常把暴力、犯罪、两性、金钱等都看做是显著性的内容,一味崇尚“名人即新闻”,这显然是我们不能全部接受的。我们对上述新闻题材,包括对党政要人、社会名流的重要言行,一般是以于国于民是否有关联和益处为前提才决定报道与否的,更不会去着意渲染。

3. 时新性

是指新闻发生的根据具有确定新闻事实的最起码的特质。有些教材把新闻价值的这一因素只是解释为时间性,这是不够科学和全面的。时新性因素应当理解为两层意思:

一是时间性,即新近发生的新闻事实才有新闻价值,也就是说,新闻的发生与发表之间的时差越小,新闻价值就越大。试举例如下:2011 年 1 月 8 日晚,在卡塔尔举行的第十五届亚洲杯开幕的当天,连主教练高洪波都自认为“亚洲三流”的中国男足干净、利索地以 2:0 的战绩完胜亚洲一流强队科威特,中央电视台、中央人民广播电台将喜讯传出,国人为之一振。若是将这一新闻推迟三天发,新闻价值就小得多,即便是球迷也不会感到激奋,因为对这一消息早已通过其他渠道有所耳闻了。

二是新鲜性,即新闻题材新鲜感强。常有这样的情况,事件本身虽然时间性较弱,或因记者发现晚了,或因某种原因压了,但相比较同类题材,却是最先见报的,且具有新意或合乎时宜,因而同样具有新闻价值。如 1976 年 7 月 28 日,唐山发生了大地震,由于某些原因,死伤人数及许多内情当时未予公布。时隔三年,即 1979 年 11 月下旬在大连举行的中国地震学会成立大会上,才宣布那次地震死亡 24.2 万余人,重伤 16.4 万人。这些见报的数字皆鲜为人知,故人们仍争相传阅。记者在处理这类时间上过时、题材内容仍属新鲜的事实时,应特别注意寻找新闻根据,即新闻之所以成立和发布的依据,也即新闻由头、新闻引子,以求巧妙地将事实带出来。通常情况下,新闻根据一般从时间上找,或从事物的发展变动中寻,然后由近及远、以新带旧。如地质工作者杨联康徒步考察黄河,当他从黄河源头出发时,有关新闻单位未能及时进行报道。于是,有关记者悉心寻找新闻根据,当杨联康已考察到黄河中下游交界处郑州时,记者便以此为新闻根据,然后在新闻的主体部分再带出这次考察的开始日期、考察的目的意义等等。

4. 接近性

是指新闻事实具有令人关切的特质。这种接近主要是指地理、职业、年龄、心理及利害关系等方面的接近。一般情况下,离受众身边越近、关系越密切的事,就越为他所关注,新闻价值也就越大。这是因为,受众在接受新闻信息强度、对比差异、时新、趣味等因素刺激外,求近心理也是一种重要心理定势。譬如,以往的法网女单决赛,因为都是外国选手参与,故中国观众兴趣不大。2011 年 6 月 4 日晚上九点举行的法网女单决赛,因为中国姑娘李娜参与争夺,因而吸引了亿万中国观众。临近深夜,当李娜夺得冠军,五星红旗在法网赛场上冉冉升起时,亿万中国观众欢呼雀跃,北京、上海等很多城市观众还燃放起烟花、爆竹,是何道理?接近性在其中起作用也。早在 1931 年,毛泽东在《普遍地举办〈时事简报〉》一文中就根据受众的求近心理指出:“登消息的次序,本乡的,本区的,本县的,本省的,本国的,外国的,由近及远,看得很有味道。”①

5. 趣味性

是指新闻事实具有引人喜闻乐见的特质。西方资产阶级新闻学一般都把读者兴趣作为新闻的基础和试金石。因此,在他们看来,衡量新闻价值的真正要素,乃是趣味性。有时为了追求刺激性、趣味性,不惜让低级、黄色的新闻充斥版面。

我们也讲趣味性,特别是随着这几年新闻改革的逐步深入,情趣横生的新闻报道也日见增多,但我们所倡导的趣味性的原则是健康、高尚,有趣不俗,有益无害,决非污染社会及人的灵魂的庸俗、低级的趣味。

第三节　严守新闻政策

经记者发现了的、有价值的新闻事实,并非个个都能报道,能否值得报道,还需要记者凭借新闻政策去逐个进行鉴别。

一、新闻政策的含义

所谓新闻政策,即指关于新闻报道政策界限的规定。新闻政策具体包括:能报道什么,不能报道什么,着重报道什么,一般报道什么,以及报道中应注意些什么等等。新闻政策中外都有,只不过形式、内容有所不同罢了。新闻政策的某些重要内容,若以法律形式加以规定,就成了新闻法。

我国自1949年以来,至今还没有制定新闻法,也缺乏完整的新闻政策条文,但是,有关的新闻政策规定、原则等还是很多的。例如,从20世纪50年代的《中央人民政府新闻总署关于改进报纸工作的决定》、《中共中央关于改进报纸工作的决议》至80年代的《中共中央关于当前报刊新闻广播宣传方针的决定》,党的十二大通过的新党章第十五条中的有关规定,1996年9月26日江泽民同志视察人民日报社的讲话等,均属党的新闻政策的范围,在新中国的新闻法规尚未制定之前,这些新闻政策对我国的新闻事业,均起了积极的作用。

---

① 《毛泽东新闻工作文选》,新华出版社1984年版,第29页。

二、新闻价值与新闻政策的关系

如前所述,记者发现的新闻并不意味着都能报道,还得靠新闻政策予以判别和制约。也就是说,某个新闻事实能否值得报道,要看新闻价值与新闻政策的关系如何处理。新闻价值与新闻政策的具体关系是:新近发生的某个事实能否报道,一要看其是否具有新闻价值,二要看其是否符合新闻政策,两者兼备,就报道,缺一,就不报道,两者之间应当相辅相成,互为制约。例如,2009 年 2 月 10 日,《北京青年报》报道了广东"自缢男童"来京治疗的消息,除文字稿外,还同时刊登了该男童的大幅照片;中央电视台在播发的相关节目中,镜头也长时间地对准这个男童。按照我国《未成年人保护法》第三十九条规定:"任何组织和个人不得披露未成年人的个人隐私。"这一法规明确告诉我们,有关该男童来京治疗的文字报道可不可发,尚且要慎重考虑,大幅照片和长时间镜头则一定是不允许的。尽管新闻价值很大,但不符合新闻政策,只能忍痛割爱①。

分析以往的有些新闻报道,有两种不良倾向值得我们注意。

一是偏重新闻政策,忽略新闻价值。在相当长的一个时期内,这种现象几乎泛滥成灾,为了某种政治需要,毫无新闻价值的"新闻"也上了版面,许多头版头条均为这些毫无实在内容、近乎是某个文件或讲话的改头换面的文章所占据。从新闻实践考察。一则新闻报道后,即产生两种社会效果,第一效果是读者阅读率的效果,第二效果是读者读后的反映如何。一般而言,影响和制约第一效果的是新闻价值,影响和制约第二效果的是新闻政策,而第二效果则必须建立在第一效果的基础之上。摆不正这两个效果的位置,报纸就成了"官报",新闻就成了文章,于是就吸引不了读者。

二是只求新闻价值,不顾新闻政策。应当承认,许多事实的新闻价值确实很大,但不符合新闻政策,或因涉及有关机密,或因与全局利益、政策规定相悖,此时,记者理当忍痛割爱。如美国原国务卿基辛格第一次来华,为两国首脑的正式会见作预备性谈判,此属特大新闻,但中美都未发表新闻,因为各自均从自己国家的利益考虑。同样,苏联卫国战争期间,由著名记者波列伏依采写的苏军某坦克部队用大批拖拉机冒充坦克借以蒙敌、以寡胜众的通讯,也因可能泄漏苏军战斗力薄弱的机密而被取消了。但过去我国有

---

① 《新闻战线》,2011 年第 2 期,第 82 页。

不少新闻报道,则往往是顾此失彼。例如,有一篇赞扬“大包干”的新闻,说有个农村妇女李培莲,去世的丈夫虽给她留下6个孩子,“大的只有十来岁,小的还在吃奶”,但实行包干后,一年起早贪黑地干下来,她和6个孩子不但没有“成天喝粥”,照样“富得满嘴流油”。颂扬党的农村现行政策,却不顾计划生育这一基本国策,这种做法显然是不足取的。江泽民同志1989年11月在新闻研讨班上谈到“透明度”问题时说:“什么可以透明,什么不能透明,什么可能增加一点透明,都要以党的利益、国家利益、民族利益、人民利益为标准,要看是否有利于社会的稳定、政局的稳定、经济的稳定、人心的稳定。”陆定一同志1957年9月在新华社讲话时也指出:“我们这样做,资产阶级同样也是这样做的。你看美国大资本家洛克菲勒给艾森豪威尔的信,隔了一年才发表,……资产阶级也有新闻、旧闻和不闻的。他也是从政治上来考虑问题的。”因此说,新闻价值并不能左右一切,它必须受新闻政策的制约。

综上所述,新闻报道应是新闻价值与新闻政策的结晶,失去其中任何一个,都不是合乎要求的新闻报道。当新闻价值与新闻政策发生矛盾时,在我国目前的一般情况下,应当服从新闻政策;如果新闻政策有缺陷,则通过一切可行办法,力促有关部门进行修订。总之,服从科学,又服从纪律,两者辩证统一。

值得补充的是,新闻价值的理论反映的是新闻工作的一般规律,且有相对的稳定性,任何国家皆可通用,但在选择和判断上却为阶段性所左右。新闻政策则存在多变性。因为它受国家政治制度和法律的制约,因此,各国的新闻政策皆不同。同时,即使同一国家的不同历史时期,新闻政策也因当时情况的变化而不断变化。记者只有深切地熟悉和掌握上述各个方面,发现新闻才能更为敏锐,判别新闻才能更为准确,敏感性、洞察力等才能不断增强。

第四节　明确报道思想

报道思想通常是指新闻报道的目的以及实现这一目的的范围、内容、方法。它是编辑部依据党和政府在一定时期内有关的宣传报道方针、政策、策略而规定的新闻报道所要达到的目的,以及要达到目的的方式方法的大体框架。其中,既体现、包含了新闻从业人员以往科学实践的经验和盲目实践的教训,又在正确揭示客观事物各种规律的基础上,给采编人员指出了日后采写新闻报道时如何克服盲目性、明确目的性的大致方向。

一、新闻采访目的受报道思想制约并服务于报道思想

与动物相比,人不是消极地、被动地适应外界环境,而是根据自己的需要,有计划、有意识、有目的地积极地改变着客观现实。无数实验证明,人在从事某项活动之前,活动的结果实际已作为行动的目的、观念存在于头脑之中,并以这个目的来指导自己的行动。即发动有机体,使其作出符合于目的的某些行动,同时又制止不符合目的的某些行动,把它当做规律来规定自己行动的样式和方法,使自己的意志从属于这个目的。没有这个明确而又自觉的目的,则失去了人类有意识改造世界的前提。

显然,记者在每次采访之前,明确该次采访的目的,则成了整个采访活动的指南。然而,要明确采访的目的,必须受报道思想的制约。也就是说,记者不能游离于报道思想之外而随意确立采访目的。这是因为,报道思想是实践的科学总结,是对客观事物的各种规律较为正确的揭示,是党和政府在一个时期内的方针、政策、策略在新闻报道中的体现和指导。因此,采访目的的确立若是偏离了这些约束,就容易导致活动的盲目性,就难免犯主观随意性和片面性、表面性的毛病。

采访目的的确立,既受报道思想的制约,同时,它又忠实服务于报道思想。这是因为,目的是行动的结果,确立的目的越明确、越妥当,报道思想也就越明确、越妥当,从而便越具社会效果,所引发的意志行动便越大,采访中便越能抓准典型和突出主题思想。具体讲,因为意志行动的所有环节,如行动计划和方法的采取,执行行动的决心和意志表现等,都受行为目的的影响。如果目的的选择、明确同自己的愿望与兴趣相一致,而且由于目的的实现还可以给个体带来某种满足,这时,个体就会表现出满腔热情的行动,轻松敏捷的动作,勇往直前的活动状态,最终使活动获得较好的效率和结果。从这个意义上讲,采访目的的明确,则一定有助于报道思想在采写活动中的顺利兑现。否则,记者在采访活动中则会表现得反应迟钝,或是对事物冷漠、消极,最终导致采访失败。例如,湖北荆州地区有一年从地下挖掘了一批极有价值的文物,包括从江陵望山 1 号楚国贵族墓出土的一件震惊世界的文物——越王勾践青铜剑,虽然在地下深埋了 2 400 多年,但出土时完好如初,寒光逼人,荆州博物馆向湖北各有关新闻单位发出邀请,让记者先睹为快,尔后发新闻。一家在湖北很有影响的报社的一位记者,持请柬匆匆赶

去博物馆,漫无目标、走马观花地草草看了一遍。当博物馆几位老先生围拢他问及观感如何时,只见他漫不经心地脱口便答:“没啥意思,一堆破破烂烂!”几位老先生被弄得瞠口结舌。殊不知,有价值的文物,其价值或许正在“破破烂烂”中。当其他新闻单位都相继发了消息,盛赞这批出土文物价值时,唯独这家有影响的报纸没有声息。事后问询,这位记者并非无能,只是事先未能明确采访目的从而导致采访失败。

二、报道思想要符合客观实际

采访目的要服务于或服从报道思想,同样,报道思想又得符合客观实际。新闻报道必须注重实际,反映实际,这是根本的大前提,包括报道思想在内的所有新闻活动环节均不能违背。况且,报道思想毕竟是主观的东西,究竟有无道理,最终当受客观实际的检验。

有人把报道思想与主观“框框”看成是对立的东西,认为报道思想是客观实际的产物,而“框框”则是主观臆测的、唯心的、不可靠的东西。从问题的实质考察,这是一种误解。报道思想与主观“框框”实质上是一回事,只不过是一个问题的两种说法而已。从新闻工作规律来讲,采访之前,记者应当明确报道思想,脑子里应当设计“框框”,然后带着报道思想及“框框”深入实际。恐怕问题的焦点不在要不要带“框框”下去,而在于是将“框框”作为深入实际的指南和依据,并让它接受客观实际的检验,还是将“框框”看成一成不变的教条,硬让客观实际屈从“框框”。

认识并理顺了报道思想同“框框”以及客观实际的关系,具体采访时则应当注意——

(1)报道思想和“框框”都是主观的产物,它能够引导记者更好地深入实际,有效地挖掘新闻事实,但这仅仅是就一般情况而言。有时,报道思想与“框框”同客观实际也有不符的时候,此时,记者则应当相机修订或改变采访计划,要“入乡随俗”,要“框”而不死,断不可将“框框”当成教条去硬套客观实际,甚至看成是现成的结论,带到客观实际中去按图索骥,那么,势必违背事物的规律,失去报道思想和“框框”的存在意义,颠倒客观实际同报道思想和“框框”的主从关系,从而使活动无效率可言。

(2)报道思想和“框框”虽然是对以往实践的科学总结,是指导记者深入实际的指南和依据,但这毕竟总还是属于“上面的”。作为记者,对这“上面的”当然要重视,但相比较而言,记者则应当更重视“下面的”,即来自客观实际的第一手材料。记者只有理顺、摆正了“上”和“下”的关系,才能不把报道思想与“框框”当教条,才能在深入实际后,广泛接触各类采访对象,采集、挖掘丰富、扎实的第一手材料,并迅速加以分析研究,从而使“上面的”和“下面的”得以有机地沟通和统一,采写出既体现报道思想又符合群众意愿的新闻报道来。

第五节 获取新闻线索

从心理学角度讲,如同其他所有认识事物的活动过程一样,整个新闻采访活动过程必须从感觉这一比较简单的心理活动开始。感觉是人们认识任何事物的开端,是认识的起点,是一切复杂、高级心理活动的基础。获取新闻线索,正是处在感觉这一心理活动阶段。

一、新闻线索的地位与作用

所谓新闻线索,即指新近发生的事实的简明信息或信号。新闻线索不等于完整的新闻事实,不能现成地拿来构成新闻报道。它比较简略,没有细节,没有事物的全貌和全部过程,常常只是一个片断或概况,它只是将事物的个别属性反映在记者的头脑之中。

获取新闻线索在整个采访过程中,位置是处在明确报道思想和进行采访准备之间。当一个记者在明确报道思想和采访目的后,应当立即为此收集大量线索和信息。如果把记者获取线索后即着手准备制定采访计划看成是一个决策过程的话,那么,获取线索就是决策的基础。再则,获取和掌握的线索、信息越多,制定可供选择的采访方案就越多,记者的活动选择余地就越大,那么,决策就可谓达到了最优化。

新闻线索虽然只有某个事实的片断或概况,但它的重要作用不容低估:它可以给记者指明到哪里采访、采访什么的大致方向和范围,给记者提供了感知直至认识整个事物的前提和基础。对于记者来说,若是新闻线索源源不断,则采访活动不断;若是新闻线索干涸,“吃了上顿没下顿”,则日子就难过。区分一个记者称职与否的标志固然很多,但手头是否能及时获取和储备较多新闻线索,则是一个重要标志。新闻界常有人这样评价:某某记者是“派工记者”,“脑袋瓜长在编辑部主任肩上”。意思就是指这些记者尚不能主动、及时地获取新闻线索,而是靠编辑部给题目,靠别人给“米”下锅。长此以往,这样的记者是当不好的。

长时期来,新闻界的一部分同志存在忽略新闻线索作用的倾向,这是必须扭转的。要顺利搞好新闻采访与写作,记者除了其他扎实的业务功底外,及时获取并正确使用新闻线索,是一个重要因素。新华社时任总编辑南振中曾说过:“一个优秀的新闻记者,除了睡眠,随时随地都在留心各种各样的事情,随时随地都在发现新闻线索和新闻素材,也可以说,一个合格的新闻记者随时随地都在自觉或不自觉地进行着采访活动。”“采访不仅是记者的工作,而且是记者的生活。”①

二、获取新闻线索的主要渠道

明确了新闻线索的地位与作用,并不意味着新闻线索就会自己跑上门来,要及时地感知并捕捉它,还得通过一定的渠道。根据实验证明,人们若要产生感觉,得靠刺激物的一定量的强度,既然感觉是直接作用于感觉器官的客观事物的个别属性在人脑中的反映,那么,在平时的工作、生活中,记者则应提高眼、耳、鼻、舌、身等这些感觉器官对周围刺激物的感觉能力,以不断扩大、丰富新闻线索的获取渠道。作为刺激物的新闻线索,其获取的主要渠道有——

1. 通过党和政府的政策、决议及负责同志的活动、讲话获取

这是因为,这些方面一般都概括和预示着:当前政治形势、经济建设及文化生活等方面的主要情况和问题;政策动向和新的任务等。这些都直接预示着一个时期内即将发生的重要事情,是记者采写新闻的重要、可靠依据。我国著名记者李普曾采写过不少有影响的报道和评论,据他回忆,许多题材是他当随军记者经常与刘伯承、邓小平一起散步时,从他们的交谈中获取或得到启发的。

2. 通过各种会议、简报获取

大凡会议,一般是与会者汇总各方面的情况、问题、建议等而聚在一起讨论;所谓简报,一般都是基层单位工作情况的简单汇报。会议和简报里含有大量重要、有价值的新闻线索,记者只要留意,是会如愿以偿的。例如,《“救活”鸳鸯换取外汇》、《餐桌上的假左真右要打扫》等全国好新闻,其线索皆出于此。

---

① 南振中:《我怎样学习当记者》,新华出版社 1999 年版,第 26 页。

3. 通过记者耳闻目睹获取

记者看东西,听东西,都应当与一般人不同,无论到哪里,不管接触什么人和事,都必须从"能否出新闻"这一角度,去认真看一看、听一听。所谓"目不斜视、耳不他闻",从采访这一角度来说是与新闻记者无缘的,因为它无益于记者感觉能力的提高。古人云:"处处留心皆学问。"总结新闻实践的经验教训,也可以说是"处处留心皆新闻"。例如,2008 年 9 月初,《扬子晚报》一记者从朋友处听说南京儿童医院收治了好几个患肾结石的婴儿患者,婴儿患肾结石的病例非常罕见,该记者敏锐感到这是一条重要线索。通过初步采访,记者发现这些患儿都食用同一品牌的奶粉,又通过对相关泌尿科专家的进一步采访,证实了这些患儿的肾结石与这类奶粉之间的必然关系,随后立即做成报道在《扬子晚报》上发表,这在江苏乃至全国关于"三鹿奶粉事件"的报道均属最早的[①]。

与此相反,疏忽则是敏感的天敌。例如,1972 年美国总统尼克松访华前夕,举行了专门记者招待会。作为美国总统他在会上第一次使用了"中华人民共和国"的提法,这意味着美国第一次公开承认中华人民共和国,中美关系将有重大转折。在场的多数外国记者都相继感觉到这一提法的重大意义,抢奔出去发新闻,而在场的中国记者却未能及时感觉、捕捉这有意味的新闻事实,颇为遗憾。

4. 通过记者对日常情况的积累获取

记者日常所接触的有些材料,常常看上去小而零碎,暂时派不上用场,但如果把他们悉心存放和积累起来,并密切注意事物的发展,随着刺激物强度的不断增加,说不定到了某个时候,便能触发记者产生感觉,从这些积累的材料中提取新闻线索。例如,1935 年初,希特勒撕毁了凡尔赛条约,加快重整军备的步伐,迫不及待地企图挑起二次大战。一天,他看到英国军事记者、评论家贝尔特鲁德·耶可普写的一篇长文章后大发雷霆。这篇长文章详尽、准确地记述了希特勒德国秘密重整军备的军令系统和总参谋部的组织人员,其中包括从各军司令部到刚建立的坦克师指挥下的步兵部队的编制,以及 168 名陆军各级司令官的名单和经历。希特勒怀疑有人将这些机密泄漏给了耶可普,于是下令将他绑架到德国秘密审讯,追查是谁向他提供了机密军事情报。当审判官审问其情报来源时,耶可普从容不迫地答道:"我从一条讣告新闻中,得知最近换防驻在纽伦堡的陆军第十七师,师长是

---

① 《新闻战线》,2011 年第 2 期,第 76 页。

哈泽少将;从一条婚礼的新闻里,发现新郎修滕梅鲁曼是个通讯官,而其岳父是第二十五师第二十六团的威鲁上校团长,参加婚礼的有第二十五师师长夏拉少将,师部在斯图加特。”所有材料几乎全部得自公开的新闻纸,言之凿凿,历历可查,使审判官及希特勒不禁为之瞠目结舌。

5. 通过广大受众、亲友的提供和与他们的接触获取

相比较而言,这是获取新闻线索的一个永不枯竭的源泉。不管怎么说,一个记者接触社会的面总是有限的,加之凭空而降的机缘实在太少,而受众、亲友则遍布或生活在社会的各个角落,直接参与社会生活,记者若是密切同他们的交往与联系,那么,触角就多,如此,感受新闻线索的机会就多,感觉能力也就越强。因此,记者应同各界人士广泛地建立私人友谊,私交是一种非常神秘的武器,能常使记者有意外的收获,甚至可使记者一举成名。

同时,记者不应仅仅把自己看成是写稿匠,还应看成是社会活动家,要主动接触社会。记者要学“李向阳”,到处建立生活点、联络站,以致松井到张庄抓他,他却在李庄出现;特务闻讯到饭店想给他来个突然袭击,他却又去火车站炸毁敌人军用列车。弄得敌人屡屡扑空,是何原因?是广大群众及时向他通风报信之故。抗日战争期间,著名战地记者陆诒有次去重庆曾家岩五十号找周恩来,谈及新闻题材空乏、新闻线索缺少的问题。周恩来对他说:“当你新闻线索实在贫乏之时,不妨到茶馆里去坐坐,听听群众在谈论什么,想些什么。”陆诒大受启发,随即去访问几个擦皮鞋的儿童、嘉陵江渡口的船夫和市内公共汽车售票员,写了不少访问记和特写,受到读者欢迎。记者是这样,媒体也是同理。目前我国大多数媒体开通“报料热线”,广泛向受众征集新闻线索,极大地开辟了新闻源。如河南省洛阳日报报业集团,于2008年2月开通了66778866百姓一线通新闻热线,配备14名经过严格培训的人员,全天24小时人工接收新闻报料和各类建议、诉求,为集团所属报刊及时提供了大量鲜活的新闻线索。

6. 通过互联网搜索获取

随着互联网的日益发达,如今可谓是进入了自媒体时代,博客、微博为媒体的信息传播设置了无数议程,在人人都有麦克风、人人都能通过自媒体发布新闻和意见的今天,海量的信息和线索每时每刻都在滚滚而来,使新闻报道的视野和新闻线索的获取渠道空前地得到拓展,且呈愈演愈烈之势。据国外机构研究称,到2010年底,70%左右新闻事实的第一发布人是博客和播客。专业新闻工作者对此应有足够的认识,并学会从中掘取新闻线索。

就新闻线索来源的团体、个人及地点而言,上述六个渠道尚可细分为:

中央政府及其附属机关;省市县政府及其附属机关;警察单位;消防单位;司法和检察机关;交通机关如邮局、电信局、铁路局、交运局、航空公司以及气象台等;公用事业机关如水厂、电厂等;民众团体如工会、商会、同乡会、联谊会及俱乐部等;社会慈善机关如红十字会、救济会、赈灾会及福利会、养老院、托儿所等;金融财政机关如银行、证券交易所、进出口商行及市场等;文化教育团体如学校、宗教团体、文化艺术团体、研究机构及图书馆等;体育团体如体育协会、竞赛会及体育场馆等;经济生产机关如农村、工厂、矿场、渔场、林场、牧场等;党政机关以及其他对政治有影响力量的团体;公共集会场所如纪念堂、礼堂及广场等;特种行业如殡仪馆、影剧院、舞厅、夜总会、旅馆、医院、餐馆等;外国领事馆及国际组织、通讯社;资料室及各机关单位自动供给新闻单位的宣传资料和公报等①。

三、运用新闻线索时的注意事项

由于新闻线索来得不易,加上感觉并不是感知,更不能代替对整个事物的认识,因此,对新闻线索应当务求正确处理、物尽其用。具体应注意——

1. 注重验证,不硬顺藤摸瓜

顾名思义,新闻线索毕竟只是线索,它只是新闻事实的简明信息和信号,绝对不是新闻事实本身。它能起到促使记者萌发顺藤摸瓜的欲望,但"藤"上究竟有"瓜"没"瓜",或是有什么样的"瓜",则要靠采访实践证实。记者或许摸到了一只"好瓜",但也许不能如愿,因为作为新闻事实的简明信息和信号的新闻线索,常常仅是事物的表象和假象,或是因为记者采访迟缓了,新闻事实原先的信息和信号已经"变质",以致被记者的采访实践所否定。因此,新闻线索只能是驱使记者去采访的引子或向导,能激发记者对采访活动产生注意、兴趣和需要心理,记者以此可以也应该去顺藤摸瓜。但究竟有"瓜"无"瓜",是"好瓜"还是"坏瓜",则一定要靠实际去验证,千万不可不管三七二十一,一定硬性要摸出个"好瓜"来。

2. 尊重规律,不要拔苗助长

有些记者一旦获取某个新闻线索,便急切希望摸出个"大瓜"来。这种愿望固然是好的,但新闻事实的产生与发展有其自身的过程和规律,这些记者则不尊重这个规律,等不及这个过程,当新闻事实还处于不成熟、不丰满

① 王洪钧:《新闻采访学》,台北正中书局1955年版,第14页。

阶段时,或拔苗助长,或采用某种“催生术”,自欺欺人地将新闻线索当做新闻事实去报道。结果,奉献给人们的只是一只“生瓜”,甚至是“假瓜”。此方面的教训,是不胜枚举的。

3. 讲究时宜,不要大材小用

有些新闻线索,即使只是事实的某个片断或概貌,但根据以往的经验可以看出,只要稍加采访,就可摸出个“大瓜”、“好瓜”来。但新闻工作的规律告诉我们,即使是有价值的“大瓜”、“好瓜”,也不是随便抛出去就可卖上大价钱的,得讲究时宜,即通常讲的,新闻报道要讲究“火候”,要密切配合形势,要吻合人们的需要心理。例如,党的十一届三中全会以后,我国农村发生了翻天覆地的变化,包括山西大寨大队的干部群众,也从内心拥护党的现行农村政策,因而使大寨大队也发生了可喜的变化。从新闻角度看,这可谓是只“大瓜”。处于千里之外的广东《羊城晚报》编辑部的领导,一眼便盯上了这只“大瓜”。但他们没有轻易动手,而是将其存放在手,静候良机。终于在全国农村普遍推行生产责任制之机,而且就在大寨大队的干部群众欢天喜地分田分地的当天,《羊城晚报》派往大寨的三位记者恰巧赶到,结果,大寨大队上午发生的事实,《羊城晚报》下午就在显著位置刊载了记者发回的专电——《大寨也不吃大锅饭了》。此文在中外读者中引起了强烈反响,“大瓜”终于卖出了“大价钱”。原因何在?讲究时宜,物尽其用也。

4. 合理安排,不要齐头并进

作为记者,平时手头握有若干新闻线索,这固然是好事,但若处理不当,不顾自己的精力、能力限制,不善于对新闻线索分别轻重缓急,而是同时撒网、齐头并进,结果就可能顾此失彼、丢东拉西。这是因为,人的注意是有限的,在同时面对几个新闻线索时,记者必须根据他们的成熟难易程度,予以适当处置。或是先易后难,或是先近后远,或是先采写动态性新闻后采写非动态性新闻。否则,将可能都是蜻蜓点水式的接触,肤浅模糊般的认识,即使是重要的、有特别价值的新闻线索,也可能因为得不到合理的、特别的处理,产生不了清晰、深刻的认识,而作了一般化的报道。

总而言之,记者在明确报道思想的基础上,应当视野开阔,广泛获取新闻线索,然后正确处理,认真求实。美国新闻学家麦尔文・曼切尔曾指出:“消息来源是记者生命的血液。”作为一名记者,不应把脑袋瓜长在别人肩上,不应满足当“派工记者”,而应把生活及各项社会活动当靠山和源泉,从中不断获取新闻线索。

第六节 精心采访准备

报道思想的明确和新闻线索的获取,并不意味着采访活动的顺利,更不意味着采访目的的实现,要使采访效率顺利得以兑现,除了精心策划外,还必须精心做好采访准备。正如新华社上海分社集体撰写的《采访问题》一文中指出的那样:“事先有研究、有准备,是采访深入、效率高的关键。”

采访是一门综合性应用学科,采访活动进行得好与坏,是对记者理论、政策、知识及各方面能力、经验的综合检验。因此,采访的准备,既包括临时准备,又包括平时准备,即既要“临时抱佛脚”,又要“平时多烧香”,提倡“平战结合”,从而将采访活动推向最佳境地。

一、平时准备

兵要用得好,得千日养之。采访活动要有效率,得依赖平时的各方面准备与积累。平时准备的内容主要有——

1. 理论的准备

即记者要根据形势发展的需要,有计划、有系统、有针对性地学习马列主义、毛泽东思想,掌握基本理论,熟练运用马列主义立场、观点、方法去研究实际问题,解决实际问题。缺乏理论素养是存在于记者队伍中的一个普遍性问题,这一问题不重视,或不抓紧弥补,必将影响新闻报道质量,甚至损害党的新闻事业,迟早要遭受历史惩罚。这是因为,记者若是个理论上的盲人,实践中必然是个瞎子,或是不辨风向,人云亦云;或是起点不高,问题看不透,只能写一些一般化的稿子,水准总是不见提高。新华社老记者郑伯亚说得好:“提高记者采写水平的决定性环节是提高记者的理论水平。”复旦大学新闻系有一毕业生,在校学习数年间,对马列基本理论的学习几乎到了迷恋的程度,以致使得有些同学不能理解:“划得来吗?”该同学毕业后分到广西新闻单位当记者,几年下来,人们逐渐感觉到:同样的题材,同样的稿子,大家都写,总是他的报道更见深度、力度和厚度。后来,年仅30岁的他,被破格提升为一家大新闻单位的副总编。

2. 政策的准备

从一定意义上说,记者是宣传党和政府方针政策的人,因此,对党和政府的方针政策,记者理应比一般人学习得好一些,理解得透一些。作为一个新闻记者,除了熟悉党和政府的总方针、总政策外,对一个时期的现行政策,特别是自己分工负责报道的所在战线、行业的具体政策,更应学习、领会和掌握。否则,采访中就没有依据,容易失去方向,不但宣传不好党和政府的方针政策,甚至可能采写出违反方针政策的报道,造成不良影响。例如,有些外贸方面的报道,一家较有影响的报纸大搞"一家引进,遍地开花"、"引进、消化、推广"之类的报道,违反了知识产权、专利法,弄得我国有关方面负责人与美国方面多次费尽口舌,才得以打破谈判僵局。山东《大众日报》老记者庄云达认为:"从熟悉党的方针政策这一点上看,大学生比不上记者和通讯员好使,大学新闻系要加强政策教学。"这一认识对改进大学新闻教学是颇有教益的。

3. 情况的准备

记者工作不能单打一,要搞"立体作业",正如新华社上海分社记者吴复民所说:"在同一个时间里,记者应该既有正在写的稿件,又有若干报道线索正待采访,又要密切注意本行业新发生的情况。"

记者要留意与采访写作有关的各种情况:完整的,零碎的;正面的,反面的;上面的,下面的;本地的,外地的;自己经历的,别人介绍的;已经做了的,计划实行的等等。实践证明,积累、熟悉这些情况,采写新闻时能更好地了解过去,认识现在,预测将来,使新闻报道有新意、见深度、上水平。例如,《人民铁道报》记者朱海燕,20 世纪 70 年代曾去大西北采访铁道兵某部广大指战员的英勇业绩,有两个情况在当时发表的长通讯中未用进去。一个是某团团长为了招待他,将亲友寄来平时都舍不得吃的一条咸鱼蒸熟后端上桌,该团长 10 岁的儿子高兴得直拍小手叫道:"今天可以吃到鸭子啰,好高兴哟!"另一个是某师任务完成转调内地,当火车驶出大沙漠,铁道两旁闪现一棵棵树时,师政委 17 岁的女儿拉着父亲问道:"爸爸,爸爸,窗外这一棵棵是不是树啊?"两个孩子都是父辈进军大西北后生养的,智商并不低,只是缺教育、少见识。8 年后,当党中央发出进一步开发建设大西北的号召时,朱海燕在又一篇《建设大西北的壮举》的长篇通讯中,将这两个情况用上了。通讯发表后,社会反响极大,同行也称赞这篇通讯主题深刻、有突破:广大指战员为了人民的事业,不仅将自己的青春年华奉献出来,而且还将自己的下一代也搭上了。

在新闻素材的准备方面,我们不妨学学蒲松龄的"摆茶摊"精神。他 20 年如一日在家门口设一茶摊,免费向路人提供茶水,细心收集路人所述的各种情况,终于写就《聊斋》这部流芳百世的佳作。

4. 知识的准备

记者是博学多识,还是知识贫乏,采访中往往会产生两种截然不同的效果,正如著名记者范长江在《怎样学做新闻记者》一文中所说:“新闻工作之所以可贵,是因为知识广博。”具体而言,平时的知识积累与准备如何,采访时会直接产生如下功效:

第一,有助于同采访对象迅速有效地交谈。记者与采访对象若要迅速有效地谈到一块,恐怕并不完全取决于采访的经验、方法之类,常常起关键作用的,则看记者对采访对象的职业所涉及的知识有否积累和准备。例如,美籍华裔著名学者杨振宁教授有一次到上海访问,上海某大报派了两位资深记者前往宾馆采访。没谈一会儿,采访就告吹了。是何原因?是因为两位记者对杨振宁所研究的领域太陌生,事先又未作认真准备,以致对方尽管拣最基本的知识谈,两位记者也毫无反应,那就只好“话不投机半句多”了。两位记者吸取教训,马上驱车前往复旦大学,请教复旦大学同杨振宁研究同样课题的教授。在知识上作了一番认真准备后,两位记者再次约请杨振宁接受采访,谈着谈着,虽然说不上是专家,但已谈在道上,令杨振宁顿生“士别三日,当刮目相看”之感,于是双方谈得很投机。

第二,有助于敏锐捕捉有价值的新闻事实。记者若是知识功底扎实或准备充分,那么,采访对象所述的材料,哪些有价值,哪些无价值,就不难作出判断。否则,就容易导致两种情况的出现:要么搞拣到篮里都是菜,要么让有价值的材料失之交臂。

第三,有助于深刻揭示新闻主题。欲使新闻主题得到深刻揭示,方法固然不少,但记者知识准备充分,看问题能达到一定的高度、深度,则深刻揭示新闻主题就显得更为有效。例如,两位实习记者有一次采写长沙市新建的机械化养鸡场的报道,起先,他们对新闻主题是这样提炼的,即党和政府为了改善和提高人民的生活水平,办起了这个规模颇大的养鸡场。这个主题过得去,但很难说深刻。后来,他们花了一整天时间查阅历史资料,终于找到并在报道中穿插了一段历史知识:唐明皇李隆基晚年昏庸,迷于声色,酷爱斗鸡,于是,在两宫间筑起鸡坊,养雄鸡千数,选五百名官兵教饲之,当时凡是善斗鸡和送鸡的人都得到唐明皇宠幸,耀武扬威。经过这一衬托,该报道主题顿时得以生动而又深刻的体现。

第四,有助于避免犯知识性错误。有些记者由于对相关知识不掌握,又想当然,因而常常导致采访中闹笑话,或是报道中出现常识性错误。在全国“两会”期间,有一位年轻的女记者几经周折,约见了著名经济学家吴敬琏,一上来就问:“现在各地竞相发展重化工业,化工厂建多了,环境怎么办?”吴老哭笑不得,向她“科普”了重化工业和化工业的区别后,转身而去。

综上所述,采访决不是一手执纸、一手执笔,然后一问一答一记而已,这仅仅是采访的现象。真正意义上的采访或谈话访问,是采访双方知识的互换和情感的交流。

二、临时准备

新闻采访作为一种复杂的意志行动,还包括记者头脑中对采访对象相关材料的收集、熟悉,采访活动计划的拟定等复杂心理活动过程,不经历这一过程,采访的目的是难以实现的。再则,采访对象的情况是千差万别的,计划和方法是多种多样的,要求记者作出全面、合理的权衡,制定和选择对实现采访目的最为有利、适宜的计划和方法。因此,除了重视并做好平时准备外,临时准备也必须认真施行。

临时准备又称专题准备或专项准备,具体方面有——

1. 收集新闻事件的相关资料,打有准备的仗

毫无准备,仓促上阵,很可能陷于“盲人骑瞎马,夜半临深池”的尴尬、被动局面。相反,再艰巨的采访任务,精心准备了,相关材料收集了,便可完成得很好。例如,无论是世界著名的女记者法拉奇,还是中国著名的女主持杨澜,她们每次采访都井井有条、游刃有余,最终都能获得圆满成功;其实,在每次成功背后,都有她们精心准备的辛劳,或是几天,或是几个星期,收集被采访对象的各方面材料,仔细拟定采访计划等,然后从容上阵。

2. 熟悉和研究采访对象的基本情况,找准心理差异

采访中,常会出现这样的情形:某记者与某采访对象谈了半小时乃至一小时,费了好大口舌仍谈不到一块,甚至冷场,出现僵局,最后不得不结束交谈。其原因固然不止一个,但采访突破口未选准,是其中的重要原因之一。采访突破口能否选准,直接依赖记者对采访对象特定的心理差异有准确的判断,而这一判断又直接取决于记者对采访对象基本情况的熟悉和研究程度。采访对象的基本情况通常包括:性别、年龄、职业、经历、学历、特长、兴趣及有关各类文字材料等。这方面的准备相当重要,记者对采访对象的基本情况了解得越充分、研究得越仔细,对其特有的心理差异的判断就越为准确,从而就可以因人因时因地制宜,调用适当的访问形式和技能,迅速在感情上与对方相通,最终打开采访通道。例如,已故我国领导人邓小平和伊朗

宗教领袖霍梅尼,两人生前均被誉为世界政治风云人物,世界上数以百计的记者曾先后采访他们,或是成功一个、失败一个,或是均告失败。这是因为,在这些记者看来,邓小平与霍梅尼似乎是同一类型的人:在国内拥有至高无上的权力,铁面无私,十分威严等等,于是便采用同一采访手段处理。自称“世界政治访问之母”的意大利著名女记者法拉奇,经过详尽收集、研究两人的有关情况,找准了两人的心理差异。在此基础上,法拉奇特制了两把启动霍梅尼、邓小平话匣子的“钥匙”,最后成功地做到了一把钥匙开一把锁,使采访成功,令同行为之叹服。

3. 拟定采访计划和调查纲目

这是记者主观愿望与客观实际更能趋向一致、实现采访目的的不可缺少的一步工作。因为活动意识、目的等只是人的主观心理状态,要使采访活动顺利进行并实现预定目的,就必须使记者主观愿望符合事物发展的客观规律。因此,在进入目的的真正实现阶段之前,必须制定达到目的的行动步骤、途径和方法。这是新闻策划与准备的重要一环。

所谓采访计划,即指大体的活动方式,确定要访问的部门、人员及其先后顺序,设想一下写什么体裁,多少字,采写周期等。所谓调查纲目,即指所要提问的大纲细目。

要特别强调调查纲目的拟定问题。采访时若备有细致、周密的调查纲目,就可使记者的思维心理活动过程得到可靠保证,始终处于主动地位,也不至于因采访对象可能出现的干扰而使自己的心理活动产生紊乱。相反,当采访对象心理活动不正常,叙述材料显得杂乱无章时,记者还可及时给予适当调节,以使采访活动顺利进展。值得提醒的是,有些记者缺乏良好的意志品质,单凭经验行事,采访前懒得下工夫去制定采访计划和调查纲目,采访时信马由缰,由于与活动规律相悖,结果势必实现不了采访目的,甚至弄得一败涂地。例如,有两位女实习记者有一次去山东省掖县镁矿采访,到达目的地后,镁矿有关同志送上不少有关这个矿的文字材料。晚饭后,她们照理应该翻阅这些材料,尔后制定第二天的采访计划与调查纲目,但她们竟跑到县影剧院看了一场电影。第二天采访时,当矿长、书记等矿上领导认真接受访问时,记者竟这样发问:“请问你们矿的煤年产量及开采设备,与山西大同煤矿、安徽淮南煤矿等相比有什么不同?”竟将镁矿误认为煤矿! 顿时,弄得采访对象啼笑皆非,产生了反感心理,好端端的采访气氛给破坏了。

既然下工夫拟定调查纲目,不妨拟得详细些、具体些,以免临时抓瞎。西方记者很注重这一点,他们认为,每采访一分钟至少要准备十分钟的交谈内容,比例为十比一,“准备过度胜于准备不足”,即使对方只同意谈几分钟,只要记者提问得体,也常常破例。例如,美联社记者尤金·莱昂斯有一次采访斯大林,事先有人告诉他,交谈时间为两分钟。莱昂斯回忆说:“两分钟过去了,我发现斯大林并不着急,而我却没有一个提问题的提纲。我在斯大林的办公室待了差不多两小时,但在这种令人兴奋的最佳环境中,我却没能提出意义重大的问题,对这一点我永远感到内疚。”

许多老记者在采访中之所以能审时度势、从容不迫,写作时能一气呵成且颇有深度,均与事先拟好调查纲目有关。新华社记者在采写非事件新闻时,一般都有先去资料室“泡”半小时左右的习惯,在本子上、脑子里填上一些要提问的大纲细目,然后再出门,这一做法是值得借鉴的。

4. 检查有关物质的完备情况

上述各项准备俗称“软件准备”,有关物质的准备则俗称“硬件”。中外采访学著作都指出,采访前的准备工作、项目还应包括行装、笔墨纸张等方面的准备。若是到偏僻的农村、连队、山区、矿区、牧区、林区采访,还要带上雨具、常用药物、干点心等,甚至连鞋带也要备上一副,以防万一。如果随身带相机、录音机、摄像机等,应先试一试机件是否完好,录音磁带、胶卷、电池等带足了没有,备用灯管带上没有。这是因为,这些方面稍有疏忽或出现意外,就会干扰记者正常的采访活动,影响采访对象的活动热情,最终影响采访效率和目的的实现。

第七节　剖析对象心理

人的心理是客观事物的反映,一切心理活动都是由内外刺激引起,并通过一系列变化来实现和在人的各种实践活动中表现出来的。采访对象接受记者采访,本身就是接受一种外来的刺激,会由此产生一系列心理活动,其中既有主体的心理外部表现,也有内在的心理感受。要使采访活动效率得到提高,记者就必须对采访对象在采访活动中表现出的各种心理特征和内心活动予以准确地掌握并积极地调节,同时对记者自身的心理活动也进行适时、必要的调节。

采访对象遍布社会各阶层,由于各自的生活经历、职业需要、所处环境、知识水平、道德修养、性格习惯、兴趣爱好等不同,因此,其心理状况形形色色,心理活动纷繁复杂。在有限的采访时间里,记者很难对其进行全面的探索与掌握(当然也没这个必要),我们只是摘其主要的、共有的心理现象予以剖析,以便记者掌握对方的心理活动规律,在采访时做到知己知彼,把自己的心理活动与采访对象心理活动融为一体,以使采访活动获得最佳效益。

一、掌握采访对象心理的必要性

记者掌握采访对象的被访问心理,可使访问准备工作做得更有针对性和更趋完善。这是因为,如果不知道将要采访的对象的基本情况和被访问心理,只是按照一般程序作一般性的访前准备,这种准备在很大程度上就会带有盲目性,就可能搞事倍功半的低效益活动。因为记者失去了把握采访对象在接受采访过程中心理活动及变化的依据,而采访对象的访前心理决不能指望到采访时再去调整和掌握。有经验的记者都应有这样的体会:对调节、自控能力较强的采访对象所外露的表情动作等,并不能完全、真实地当做其心理活动所认识。察言观色虽属必须,但也难免有失误。因此,要使记者的访前准备更趋完善,使采访者和被采访者双方能在真情实感之中进行一场协调的有效采访,记者就不能不剖析并掌握采访对象的访前心理。

二、采访对象访前心理的分类

从性质内容上看,采访对象的访前心理可分为——

1. 先期性心理

即指采访对象对新闻事业、新闻单位、新闻记者及新闻采访活动的观念。这一观念是构成采访对象访前心理活动的基础。先期性心理通常由采访对象对新闻记者的信任、尊重、爱戴和对记者职业的神秘感、好奇心等所具体组成。社会主义制度给新闻工作造就了优越环境和条件,形成了记者与采访对象之间同志、朋友式的平等、互助、合作的关系。我国的记者应该充分利用并积极发展这一优势。

2. 临访性心理

即指采访对象接受记者采访请求后的心理,通常也称作采访对象临访期间的原始心理。这一心理一般主要由采访对象对自己在某一新闻事件中所处的"新闻位置"(即中心人物、边缘人物、局内人物、局外人物、新闻素材提供人物、新闻素材佐证人物等)和临访心境组成。采访对象对"新闻位置"的认识如何,在采访中直接起着加剧或减弱其情绪程度、心理活动内容的广泛程度和接受采访意愿的积极程度等作用;采访对象由于工作、学习、生活、身体等因素引起的心境的好坏,会使其情绪分为顺境和逆境,会感染采访对象对一切的体验和活动,以致直接影响采访活动效益。

从表现形式上看,采访对象的访问心理可分为——

1. 积极配合型

即采访对象积极按照记者的要求提供素材,显得十分主动热情。究其动机,或出于对新闻事业和记者工作的支持,或出于对本单位、本部门工作的需要,或感到个人能够名利双收、实现自我,或纯粹为了交友求知的需要。

2. 一般协作型

即采访对象公事公办,不冷不热,采访活动平静无高潮。究其原因,或是认为记者要了解的事与己无关,出于礼貌与工作关系才接待一下,或可能对记者的作风及做法有看法,但因是上级委派来的,不得不接待,表现出敷衍、漫不经心的态度。

3. 蓄意应付型

即采访对象根本不愿意接待记者,态度冷漠生硬,拒不回答或故意讲错,甚至与记者唇枪舌剑,挖苦嘲讽记者。究其原因,或可能是怕记者批评揭露,故力图掩饰自己的错误、劣迹与违法乱纪行为,或与记者早有矛盾,成见颇深,因而拒不配合。

世界上有专门从事采访职业的记者,却没有以接受记者采访为职业的专门采访对象。因此,对于采访对象来说,记者总是一种突然闯入的因素,或多或少会影响与改变采访对象原有的心理状态与活动方式。虽然记者力图选择采访的最佳时机,采访中又千方百计地倾心相待,但也难以保证每次都能与采访对象和睦相处、谈到一块。为此,每次采访前和访问中,记者对采访对象的基本情况与访问心理作一番研究,以便采访时能知己知彼、提高效率,实在是一步必不可少的工作。

第八节　借力网络传播

近些年来,网络传播发展迅速,给传统媒体既造成生存、发展的威胁,也带来新的历史发展机遇。在采访写作及编辑等业务层面如何有效地建立互动平台,新老媒体互相学习借鉴,在积极健康的竞争中,共同拓展各自的生存、发展空间,特别是传统媒体如何以战略眼光,充分借力网络传播的优势,使自己的相关业务水准有历史性的提升,实属紧迫课题。

一、有效强化从网上获取新闻线索的意识

传统媒体在采访、写作等业务上虽然有着行之有效的传统方法和手段，但人工成本太高，且常常显得势单力薄。随着网民的不断增加和微博传播的发展，使得每个人都是信息的生产者和消费者，每个人都可能成为新闻线人和"自媒体"，他们通过网络论坛发帖、写博客和微博，每时每刻都在提供大量且有价值的新闻资源，特别是微博传播呈蔓延式传播形态，其核心在于转发，传播速度快、范围广，这就无疑成为传统媒体获取新闻线索的有效借力途径。因为微博的特征之一是遵循"微"原则，每条字数在百字左右，加之其他的天然属性，就决定其信息披露有不完整、不充分的缺陷，所以，越来越多传统媒体的记者编辑将其作为新闻线索，从中选择更有价值的信息，然后通过自己的采写手段予以加工处理。这应当成为现今新闻传播从业人员的意识，即网络传播的迅猛发展，给传统媒体的新闻传播从业者带来的不仅是技术手段的更新，更应是意识和理念的提升。

二、积极注入网络元素

相比较而言，网络语言个性突出，更具有直观性、通俗性等特性，若是运用得当，符合汉语言的表达规范，能使新闻报道的语言更加生动活泼，也常常能使新闻标题更加吸引眼球。近些年来，包括党报在内的我国传统媒体为了使得新闻报道更加贴近生活、贴近读者、贴近时代，在话语体系的建构上着力寻求突破和创新，甚至解放思想，大胆追逐潮流。如"给力"一词是网络走红的语言，类似于"带劲"、"促进"、"有力道"等意思，2010 年 11 月 10 日，《人民日报》头版头条新闻《江苏给力文化强省》，意想不到用了"给力"一词，产生了奇效，近八成网民盛赞《人民日报》编辑的思想解放，感叹党报也"潮"了。香港著名媒体人杨锦麟在微博上也发表评论："《人民日报》微笑了"，一时间，一则新闻标题引发了一则更意味深长的"新闻"，读者普遍感到"给力"。当然，网络语言的运用应严格执行国家的语言政策，不仅注重语言的创新，也要注重沟通的顺畅和表达的理性，应适度、适量运用和引用，那些"餐具"、"杯具"、"菌男"、"霉女"一类的完全网络化的网络词汇，媒体则不宜引用。

三、善于采用网络内容

在传统媒体的采编业务实践中,越来越多地吸收、整合网络传播内容,以丰富自己的报道形式和内容,已日益成为一个趋向。如 2011 年 5 月 6 日的上海《文汇报》,当日共出版 12 个版,刊发新闻的版面为 5 个,在刊发的新华社两篇长新闻中,均大量引用网络内容,一篇为《杭州叫停"南宋皇城遗址上建豪宅"》,另一篇为《"醉驾入刑"真能管住酒杯?——网民聚集"醒(刑)酒"三问》①。

在通常情况下,采用网络内容的方式主要有两种——

一种方式是将网络内容引用为自己稿件的新闻根据。如上海《青年报》2011 年 5 月 6 日刊登的《常德官方称:市长看望赵本山是对文化名人的敬重》一文的开头便写道:"近日,民航资源网发布的一则名为《遭遇雷雨,赵本山商务包机紧急备降常德机场》的消息引发多方关注。"然后再将本报记者采集的相关事实陈述其后②。

另一种方式是将网络内容引用为自己稿件的新闻背景。如上海《青年报》2011 年 5 月 6 日刊登的又一篇消息《本报记者专访"五道杠"黄艺博的父亲》中,记者则几乎用了近一半的篇幅,引用了近几天里黄艺博父母微博上的详细内容,通过这些背景材料的衬托,让受众对黄艺博及其父母有了全面、客观、真实的了解③。

随着媒介融合的进一步发展,传统媒体和新兴媒体在传播内容的相互引用上,相信会有更加广阔的前景。

思考题:

1. 怎样认识新闻采访策划与准备的重要意义?
2. 新闻敏感有哪些主要内容?
3. 新闻价值的主要要素是什么?
4. 怎样认识新闻价值与新闻政策的关系?
5. 什么是新闻线索?它的获取渠道有哪些?
6. 平时准备与临时准备各有哪些主要内容?

---

① 上海《文汇报》,2011 年 5 月 6 日。

②③ 上海《青年报》,2011 年 5 月 6 日。

7. 怎样认识知识准备与采访功效的关系?
8. 在性质内容和表现形式上采访对象各有哪些访前心理?
9. 传统媒体应当从哪些方面借力网络传播?
10. 传统媒体采用网络内容的方式主要有哪几种?

第三章

实施与运作(采访中期)

采访活动中,报道思想的明确,活动目的的确立,新闻线索的获取,采前准备的完成等,这只是处在采访活动的初始阶段,或称作意志行动的决定阶段。采访活动的实质性阶段,则在采访的中、后期,或称作意志行动的执行阶段。这是一个采取实际行动的阶段,是意识作用的外化和主观见之于客观的阶段。在这当中,行动时的一系列熟练的动作和技巧、技能,就成了意志行动的必要因素和行为方式。本章和下一章各节中阐述的采访方法和技巧、技能等,就是这意志行动的必要因素和行为方式。

第一节　创造访问条件

在采访活动即将进入执行阶段时,除了一些必要的采访方法、技能、技巧要掌握外,应特别注意创造一系列必不可少的、良好的辅助条件,这是采访活动有效率的重要保证。

一、为什么要创造良好的访问条件

古人云:功夫在诗外。从某种意义上说,要搞好采访,有时功夫在采访外。从心理学角度看问题,任何活动要收到预期的效果,必须要创造一系列相应的良好条件并服务于活动前和活动中。

人们常讲新闻采访有相当的"难度",而这个难度则主要表现在访问上。因为记者要在有限的时间内,最大限度地挖掘出所需要的事实材料,然而,采访对象的性格等心理反应又各不相同。譬如:有的心理反应倾向外部,显得开朗、活泼、善交际和言谈,顺应性也强;有的心理反应则倾向内部,显得保守、沉静、不善交际和言谈,顺应性也弱。愿谈的采访对象则又表现种种:滔滔不绝却谈得不在路上的有之;谈得抽象而不具体的有之;转弯抹角不吐真情的有之;当面撒谎尽讲假话的有之。不愿谈的采访对象也有多种表现:怕难为情不敢谈的有之;谦虚谨慎不多谈的有之;自恃高傲不屑谈的有之;怕批评揭露拒谈的有之。面对这心理反应不一的采访对象和种种复杂的采访局面,记者又要限时限刻、有质有量地完成访问任务,除了掌握熟练的采访方法、技巧和具备良好的意志品质外,访问前和访问中还必须创造各种良好的访问条件,否则,访问效益实难兑现。

二、创造哪些良好的访问条件

1. 商定较适宜的访问时机

人们从事任何一项活动,必欲先对这项活动产生注意继而靠一定的注意稳定性去支配从事这项活动的兴趣和热情。采访活动也概莫能外,欲使采访对象接待并配合记者采访,就得先使其对采访活动产生注意和一定的注意稳定性。注意和注意稳定性是心理学的概念。所谓注意,是指人的心理活动对一定对象的指向和集中,即人们在某个时候将心理活动有选择地指向和集中于一定的活动对象,而同时离开其他活动对象。注意是一切活动的向导,是外界事物进入心灵的"唯一的门户"。所谓注意的稳定性,是指人在一定的时间内,把注意稳定、保持在一个活动对象上。

注意能否产生及其稳定性程度如何,常常与活动时机选择得适宜与否有直接联系。因此,要使采访对象有兴趣和热情接待记者采访,先决条件之一就得看其注意力能否指向、集中并稳定到接受记者采访这一活动上来,而其中的关键又在于记者对访问时机的选定。

新闻界至今有个倾向,即单方面、一厢情愿地由记者决定访问时间,如或是打电话通知对方,或是带口信告诉对方,甚至"不宣而战",强行闯入,如2008年汶川大地震时,某电视台记者在直播时强行进入手术室,执意要采访已消毒完毕、即将投入伤病员抢救的医生,甚至不顾医生的一再抗议,拦截正欲走向伤员的医生继续提问,造成极坏影响。俗话说,强扭的瓜不甜。记者若是强求人家接受访问,对方即使勉强作陪,也一定是心神不定,那么,活动效率可想而知。因此,访问时机应由记者与采访对象商定。

由于采访对象所从事的职业、所处的社会环境不同,工作、生活规律也就不尽相同,所以,记者很难在访问时机上作出统一的规定。根据有关原理,结合因人、因时、因地制宜的原则,适宜访问时机的选择,有两个环节应掌握——

一是让采访对象自己约时间。这样做可以直接产生两个功效:第一,采访对象自己约的时间,一般是其感到最空闲、最方便的时间,因而便于注意的指向、集中和稳定;第二,对方一旦约了时间,人皆有之的守信心理随之产生,在这一心理的支配、驱使下,对方届时便会守约,即使临时又有"程咬金杀出",采访对象因考虑有约在先,也会自觉排除干扰,保证注意的指向和集中。当然,新闻报道有个时效性问题,若是对方所约时间太迟,影响了新闻时效,记者则应说明情况,要求对方适当提前;若是不影响新闻时效,记者则应尊重对方的约定。

二是与采访对象一起工作或生活片刻。常有这样的情况,对方约的时间太迟,记者不能接受,而记者约的时间,对方又不能产生注意,此时此刻,记者不妨"入乡随俗"、"客随主便",与采访对象一起工作、生活一段时间。对方一旦感觉到记者在体谅自己,容易产生动心现象,会形成心灵交感:"哎呀,我这人真不应该,人家记者也是为了工作,我怎么能为了自己而耽搁人家的工作呢?"于是,对方便可能作出决定:将其他事先搁一搁,等接受记者访问后再说,这样,采访的注意也就产生了。例如,我国著名女中音歌唱家关牧村有一次随团到上海演出,笔者以新华社记者的名义多次采访了她,并写就了一篇近4 000字的通讯。因文中两个数字要进一步核实,稿子当晚又要发到总社,故笔者只得再次去剧场约见她。没等笔者将来意讲完,关牧村便不耐烦地说道:"我马上要化妆,等演出结束后再接待你。"虽说两个数字的核实连半分钟都用不上,但我只得花两个小时耐心等了。十分钟后,关牧村化妆完了,看笔者一副无奈的模样,便主动提出:"现在我有十几分钟空闲,咱们谈谈吧。"一分钟后,采访结束,她准备登台,我回分社发稿,双方皆大欢喜。

西方记者通常很注重访问时机的商定原则。在他们看来,贸然打电话给采访对象,让人家马上给你半小时或更多的采访时间,这是不明智的举动。他们特别认为,事先约定采访的时间,能便于采访对象有时间做思考准备。例如,美国记者马克斯·冈瑟有一次采写关于儿童自杀的报道,他拜访了一家精神病医院的院长,约定三天后正式采访。院长对他说:"欢迎你来找我,可我实在觉得不能给你多大帮助。"然而当三天之后再次造访时,院长满面春风,露出一副成功的笑容。冈瑟说:"三天之中,他与其他医生进行了交谈,为我搜集了齐全的采访对象名单,不仅如此,他甚至还为我跑了图书馆。他递给我一张纸条,上面开列着刊载儿童自杀病例的医学杂志的参考目录。”

2. 设计较得体的仪表风度

对美的追求是人类的一种共性需要,也是增进采访双方关系的重要和最能发生影响的因素。经社会学家有关调查和实验表明,陌生人相互初次见面时,对对方外表的魅力与想再次与之见面的相关系数为0.87,远高于个性、兴趣等相关系数。通常人们称此为“首因效应”,或是“第一感觉”、“第一印象”,它关系到交往双方对对方的评价,关系到彼此的交往能否持续。一般而言,若是首因效应或第一感觉、第一印象好,交往双方就会产生较强烈的交往愿望,反之,则厌恶交往。

首因效应或第一感觉、第一印象,是关于对外表特征的效应、感觉和印象,主要包括容貌、穿戴、气度等。外表的魅力虽与容貌等“爹妈给的”先天因素有关,但主要因素不在这里,它是人的一切外在美的总和,说透彻点,主要是指人的服饰打扮。

在有些记者看来,服饰打扮是小事一桩,不值得大做文章,“我从来不讲究打扮,不是照样当记者”。殊不知,这个小小的条件具备程度如何,往往会对采访活动产生奇特的效应。例如,在美国前总统里根举行的记者招待会上,若要引起里根注意而被邀请提问题,记者就得穿红色衣衫,其根据是《华尔街日报》提出的理论:要想引起里根总统注意,就得穿上总统夫人喜欢的颜色的衣服。实验和实践证明,穿戴是一门学问,是一种语言,通过穿戴打扮,可以了解一个人,也可以让人了解自己。美国已有学者在研究、创立穿戴学;中国记协在1993年也已召开过记者服饰的专题研讨会。这都是值得广大记者关注的。

一般说来,记者的服饰打扮有个原则,即主要不是指华丽、漂亮,而是指得体、大方,主张同采访的场合与采访对象的服饰习惯相吻合。正如有些记者所说的那样:做记者的在穿戴上是没有个性可言的,记者应当是什么衣服都能穿的人。具体而言,记者的服饰打扮从两个方面予以设计。

一是若到机场、会场、剧场、宾馆等场合采访外宾、领导、专家、演员等,不妨着意修饰、装扮一番,面料、款式、品牌应有所讲究,甚至连擦去皮鞋灰尘、抹点鞋油等细节也不应忽略。

二是若到车间、大田、连队、矿井、牧区等场合采访普通群众,则尽可能朴素平常,若是修饰过头,则恐难在情感上与普通群众沟通。

著名记者范长江采访“西安事变”前后的服饰装扮很能体现这一原则。20世纪30年代,范长江在冬天总是披着黑色皮斗篷加一顶水獭皮帽子,这一装束在当时是流行的“官服”,几乎可以成为出入国民党机关衙门的“通行证”,要上百块银元制作一套。但为了混入戒备森严的西安城以采写“西安事变”的真相,他不惜以物易物,将它们换了一身劳动人民的棉裤、棉袄,趴在煤车上进了西安城,因为西北军不盘查老百姓,更何况当时范长江的模样已完全酷似一个“难民”。

3. 讲究较文明的言谈举止

在采访中,记者稍有不慎,或是一句话,或是一个动作,便可能导致双方正常交流受阻。这通常是因为这句话或动作刺伤了对方的自尊心,使采访对象感到受信任程度突然削弱,以致作出改变交往方式和“信息编码”的反应。实质上,此时双方的相互需要并没有减弱,只是采访对象的情感心理发生了较大变化,以致感到受辱、困惑,因而报之以气,或报之以怨。譬如,有些记者在交谈中,会突然摸出打火机和香烟,边点烟边听对方叙述,或是掏出指甲钳修剪指甲;有些记者则表现得粗声粗气:“希望你们谈得紧凑些,我得连夜赶回县城招待所”,“你这位同志的记忆也真是,怎么才发生几天的事情就想不起来了。”试问,这些言谈举止的出现,采访效益能好吗?

4. 调节较融洽的访问气氛

人们从事任何活动都会产生一种情感,而且,什么样的情感便能导致什么样的活动气氛与效率。情感通常表现为两极性,即肯定或否定、积极或消极、热情或冷漠、紧张或轻松等对立性质。同样是对待记者采访,有些采访对象表现得热情和轻松,有些则表现得冷漠和紧张。

情感的两极性可以在一定的条件下互相转化,即消极可以变积极,冷漠可以变热情,紧张可以变轻松,反之也一样。转化的条件便是使用得体的调节技能。老记者习惯称这一做法为“拆墙”,即拆掉堵在记者与采访对象之间情感上的墙,从而使沉闷的采访气氛变为融洽。

通常情况下,采访对象对记者来访表现消极、冷漠的只是少数,表现较多的是紧张,特别是一些基层群众,一见记者来访,往往紧张、拘谨得不知所措,甚至见记者镜头对准、录音机开始录音,连原先早已背得滚瓜烂熟的话语一句也搜索不出来。据有关实验测定,这类采访对象由于受紧张情感的支配,视觉和听觉会在相当程度上出现呆滞、失灵,连正常的呼吸比例也严重失调——吸得短而呼得长,甚至出现呼吸暂时停止的“屏息”现象。由此造成的沉闷气氛,对记者顺利打开采访局面十分不利。此时,记者若是不按照科学规律行事,还是站在那里向采访对象谈一大通有关采访的来意、要求之类,或是连叫"别紧张"、"放松"之类,那么,事情只能越弄越糟:一是采访对象被紧张的情绪缠绕,一般已听不进或听不周全记者所说的内容,二是只能加剧采访对象的紧张程度。此时,记者应在情感上进行调节。

调节应遵循原则与步骤有序地进行。原则是先避开正题,拣对方最熟悉、最感兴趣、最易回答的事物和问题为话题,与对方闲聊片刻。步骤则一般分为三步:一是只需简单表明身份和来意,如"我是新民晚报记者,来采访的,"然后自己找个地方坐下来,因为紧张、僵持的双方如果都站着,只会加剧紧张,一方坐下来,可以顿时缓解紧张气氛;二是趁落座之机,迅速用眼光扫视一下室内环境的布置和装饰,然后将视线停留在某一物体上,如或是墙上挂的全家合影照片,或是一幅山水画,或是茶几上放的一只花瓶等;三是以这一事物为话题,与对方闲聊片刻。正如美国一位新闻学者所说的那样:"谈些无关宏旨而可能引起对方兴趣的事,让他忘掉这是采访。除了那些大忙人以外,对于所有的采访对象来说,谈论琐事都可以顺利地打破僵局。"待对方紧张情感消除后,气氛融洽了,记者再相机行事,即转正题。所谓磨刀不误砍柴工,说的正是这个道理。例如,上海市浦东新区龚路乡有位农村妇女,有一次在给《文汇报》的一封信中写道:她的三岁的儿子掉进粪坑,救上来时已浑身发紫,呼吸停止,村上的人都说孩子死了,让她赶快张罗丧事。还算孩子命大,正在探亲的福州某部军医秦医生闻讯从家中奔出,给孩子一按脉搏,有救!秦医生即刻俯下身,口对口一口口地将孩子嘴里、鼻子里的粪便吸出。她多次请求秦军医喝口凉开水漱漱口再吸,但秦军医连连摆手,一刻不停地抢救,最后,硬是从死神手中夺回了孩子的生命。这位农村妇女恳请报社表扬这位军医的事迹。《文汇报》当即派一记者前往采访,拟将来信改为小通讯发表。当记者大汗涔涔赶到这位妇女家时,这位农村妇女并没有像记者想象中的那样赶紧端茶、让座,一听说记者来访竟紧张得站在那一动不动。记者见状,便着手调节气氛,随即以窗台上晒放的一簸箕萝卜干为话题,请教腌制方法。该妇女答道:"这很便当",随着关于腌制方法的叙述,该妇女放松多了,气氛也慢慢融洽了,谈话随即进入正题。

在采访重要事件和重要人物时,有些记者也常会表现出紧张。要战胜别人,首先要战胜自己。此时记者也必须进行调节,调节的原则与方法同对采访对象的调节基本相同。正如美国一位学者建议的那样:"在走进他的房间之前,舒展一下身躯,作几次长长的深呼吸。某些不安和紧张的心情就会消失。在走进去的时候,面露微笑,不要匆匆忙忙'言归正传'。不妨闲聊几句——即使谈谈天气也好。”一位美国记者有一次采访美国前总统艾森豪威尔的夫人时,显得有些紧张,于是记者沉住气,挑总统夫人的宝贝小孙子为话题先闲聊起来,结果,夫人高兴得无话不说,气氛十分融洽。

5. 摆正较合理的相互关系

采访中,记者与采访对象之间的关系怎么处理,往往也是关系到采访效益的一个重要条件。而在这个问题上,记者的态度端正与否则是关键。记者应当自尊与尊重采访对象。只有自尊,才能产生提高自身修养的需要;只有尊重对方,才能有深化交往、发展关系的基础。

应当特别强调记者要尊重采访对象,因为这是对对方的自我价值的肯定行为。采访对象如果感觉到记者对自己不尊重,那他就会因自己的自我价值未得到记者承认而感到委屈和不快,随即便会对记者产生厌恶情绪,以致使原有的需要心理减弱和转移,使采访受到影响。而相互尊重,则给人的心理以强化作用,使交往双方因对方对自己的肯定行为而提高了与对方交往的需要。例如,范长江新闻奖、全国十佳新闻摄影记者“金眼奖”获得者、中国《法制日报》摄影部主任居杨,去年去监狱拍摄《重刑犯》组照。这些拍摄对象都是重罪在身,杀人、抢劫、贩毒等,应有尽有,根本没有人愿意接受居杨的采访和拍摄。从第一次进监室起,居杨就尽力调整自己的心态和态度,尽可能以平和的语调、语气与他们聊天,她认为,犯人也是人,也应受到尊重。在一个多月的时间里,经过一次又一次的交心,这些重刑犯终于去掉了敌意和戒备,愿意接受采访和拍摄,居杨这才端起相机,顺畅地完成了组照的拍摄。特别值得提及的是,出于对这些重刑犯人格的尊重,居杨尽量回避拍摄面部,为了不惊扰他们,也没有用闪光灯,就靠窗户透进来的那一缕光。《重刑犯》组照后来在平遥国际摄影节上展出时,深得国际国内同行赞赏。

综上所述,记者处理自己的态度和摆正与采访对象的关系的总的原则应当是:不卑不亢,谦虚庄重,对任何采访对象都应扫除等级观念,除少数敌对者外,均应以礼相见,以诚相处。具体可从两方面看此问题。

一是见了外宾、领导、名人、专家等采访对象,不要低三下四、阿谀奉承。自卑自贱和奉迎拍马者不会给对方留下好印象,反而会招致对方心理上对记者产生厌恶和不信任感,以致作出不屑作谈的心理反馈。因为人家一般不会相信感情虚伪的记者能写出真实可信和有分量的新闻报道。无数实践证明,记者一旦失去了采访对象的信任和尊重,其采访结局一般是糟糕的。例如,一位记者去武汉钢铁厂采访,转了一圈后,该记者说开了:“参观了武汉钢铁厂之后,真是大开眼界,武钢规模宏伟,果真是全国最大的钢铁基地呀!”该厂领导连忙纠正:“不,不是最大的。”记者说:“噢,是全国最老的钢厂了。”对方又连忙否认:“也不是最老的。”记者又说:“嗯,对了,那总该是最先进的。”对方更不能接受:“比起宝钢等钢厂,我们差远了。”记者脸上泛起了红晕,但仍坚持吹捧说:“嗨,你们别谦虚了,各有千秋嘛!”厂里同志微笑但十分认真地回答说:“这不是谦虚,是实事求是。”经这一折腾,厂方接待该记者采访的热情锐减,最后,这位记者果真没有写出有关报道。

记者遇到上述采访对象若是出现胆怯、气短等紧张心理,可以通过调节使之恢复正常。同时,可在脑子里强化这一意识,即自己是党、政府派往各地的新闻工作者,是人民的记者,而不是到处求人施舍的乞丐。坐在你面前的采访对象,不管其级别、身份多高,多么有钱有势,从某种意义上说,都是同志或朋友。这样,记者便会感到理直气壮了,记者的自信力一强,对方的心理便会受到感染,不会讨厌你,更不敢轻视你,从而开诚布公地倾心交谈。退一步讲,为了愉悦对方或活跃气氛,记者即便要夸、捧对方几句,也要掌握原则,即对事不对人。譬如,“哟,王教授,我觉得您真了不起,知识渊博,著作等身。”——愚蠢,要坏事;“王教授,您最近出的新闻写作教材,我正在看第二遍,听说新华书店这本书早已卖完了。”——策略,对方容易接受。

二是见了基层普通群众,也不要眼睛朝天、盛气凌人。在这类采访对象面前,记者越是以“无冕之王”、“钦差大臣”自居,对方的自尊心理就越受损害,一旦形成心理反馈后,就越不买你的账。在普通群众面前,记者应特别讲究“自己人效应”,尽量以普通人姿态与他们交往,努力淡化角色差异,从而使采访对象将记者看做是自己人,那么相互关系自然就和谐、融洽了。我国许多老记者、名记者下乡采访时,不坐小汽车,脚蹬自行车,不住宾馆,跟老乡睡一个炕,这种精神是应当继承和发扬的。

中国近代著名记者邵飘萍生前留下这样一句名言:“谦恭不流于谄媚,庄严不流于傲慢。”这是他在采访对象面前处理自己形象与态度的座右铭。应当说,此话至今仍是至理名言。

6. 穿插较丰富的形态语言

记者与采访对象交谈时,并非只是通过言语形式作为唯一交流手段。只要留意观察,同时展开交流的还有一种形态语言手段,通常也叫做“非言语手段”,新闻界有人称之为“无声谈话”。实践与实验都证明,在采访所获得的信息中,来自语言的大概有七八成,剩下的二三成,则基本靠形态语言手段。人是通过自己的整个身体表达信息的,采访者在这方面也要充分地调动五官去感受。采访的妙不可言之处正在这里。这种语言主要由表情手段构成,具体为三个方面。

一是面部表情。这是人类最主要的表情动作,在采访活动中起着重要作用。该表情主要集中在眉间、眼睛和嘴这个三角区内,而以眼睛表情最为丰富。心理学家确认,女记者比男记者与采访对象交换目光更频繁,因而所得的答复与材料更多,男记者从男采访对象那儿所获材料相对少些。

二是体态表情。人的站、坐姿态和举手投足等,均可表达一定的信息。

三是手势。这是人们在交谈中用以加强言语效果的表情动作,恰到好处的手势既可传递信息,又可产生强烈的感染力。

在采访中,记者不应只顾埋头记录,恰当地运用形态语言,常常可以收到口头言语难以达到的效果。譬如,在采访交谈初期,有些采访对象愿意提供材料,但不知道什么是有价值的和记者需要的,故虽谈兴很浓,却有一种不安的心理流露出来,正如古人所云:“有思于内,必形于外。”流露的形式便是形态语言:或是眼睛直勾勾地看着记者,或是用手下意识地拉拉衣领,忙乱地交叉着手指等,“言”下之意不外乎是:“记者,虽然我在谈,但不知道谈得对路不对路?”此时,记者则应及时、适当地通过形态语言给对方以信息:若是觉得对方谈得对路,那么,或是目不转睛地全神注视对方,或是递上一个会心的微笑、肯定的点头,也可做一个肯定的手势,或可俯下身去,在笔记本上紧记几笔,都立即会增强对方的谈话信心;若是觉得对方谈得不在路上,那么,一个皱眉、咂嘴,一个漫不经心的眼神,或是一个示意停止的手势,再不就推开采访本、直起身子等,对方的谈兴便顿时会落下去。趁此机会,记者则可用婉转的口吻重新提问和引导,将对方的说话思路调节到记者需要的轨道上来。顺便提及,做笔记决不是负担,而是记者有效采访的一张王牌。

总之,在交谈中,记者切忌表情呆板,态度不能过于严肃,不能停留在“公事公办”的神情上,应注重情感的双向交流及与谈话的有机结合。可以断言,记者若是一副泥塑木雕般的面孔,是不可能指望获取较好谈话效果的。

7. 掌握较灵活的注意转换

心理学把注意一般分为两种,一种叫有意注意,即指有自觉目的和通过一定努力、自制产生的注意,如采访对象绞尽脑汁、搜肠刮肚地向记者叙述材料就属这种注意;另一种叫无意注意,即指那种自然发生、不需要任何努力、自制而产生的注意,如记者与采访对象正在交谈时,一个外来的声音,或一个人推门进来询问什么事等,皆会立即引起交谈双方的自然关注,从而分散、转移了原先的注意力,这种现象就属无意注意。在一定的条件下,这两种注意对采访活动都会发生积极和消极的效果,两种注意且随时都能转换,记者若能在采访中灵活机动地处理,则能提高采访活动效益。具体做法如下:

一是强调采访意义。当记者与采访对象刚见面,采访对象的注意力还没有转入有意注意状态时,记者可反复强调这次采访的意义,促使对方明确活动的目的和自身需要的满足程度,因为目的和需要是引起及保持有意注意的主要条件,目的和需要越明确,采访对象对采访活动的愿望才会越强烈,注意力才会越集中。

二是约束神情语态。当采访对象注意力高度集中、谈兴正浓且谈得对路时,记者的表情不宜过于丰富,动作不宜过多,包括倒茶、点烟、吐痰等,能忍则尽可能忍耐一下,因为这些都可能使采访对象产生无意注意,从而影响活动效益。

三是排除外来干扰。记者与采访对象交谈时,常可能发生外来干扰,譬如,记者在某公司采访某经理,忽然秘书推门而入请示、汇报某件事,或是突然来个电话等等,使采访对象产生分心而不知所云或停止谈话。遇上这类现象,记者干脆搞些无意注意,如借机倒茶、点烟等,过片刻后,可用慢节奏语调启发对方,如:"刚才我们谈到哪里啦?噢,谈到……好,请接着谈吧。"这样,就可促使对方有效地进入回忆状态。在这里,倒茶等动作属无意注意,而慢节奏语调的启发和引起的回忆心理状态则属有意注意,两种注意经如此转换使用,原先分散、转移的注意力,即可重新转换、集中到原来的话题上来。

四是变换活动方式。靠有意注意维持的活动,经实验和实践证明,一般不能维持太久,通常在一二个小时之内。因为这种注意是靠紧张、自制的努力维持的,过了一定的时间限度,人们便会产生疲劳,引起一系列功能性紊乱,从而降低活动效益。

若要克服、消除疲劳,此时则应适当调用无意注意,双方放松一下,并根据需要和客观条件的许可,交换活动方式,就可立即生效。如记者可当机立断地宣布休息,站起来走走,舒展一下身子,或是变原来在室内坐着谈的形式为室外走着谈的形式。只要这么做了,双方都会顿时感觉轻松,那么,接下去的采访活动效益又可得到保证。

上面涉及的诸条件,一般都是客观物质的东西,但是,均靠主观努力去创造。因此,要使一系列良好的访问条件得以创造、具备,记者除了必须掌握采访学、心理学、社会学,人际关系学等基本原理外,主观能动性的发挥,则成了决定因素。

第二节 掌握提问技能

提问,实质是运用谈话的方式研究采访对象心理的一种方法,是记者采访活动的主要实施形式,也是关系采访活动成败的关键。2011 年 1 月 29 日下午 3 点 22 分,上海浦东三林镇一民宅爆炸,造成一死二伤的严重后果。一名大二女生正在家做作业,父亲在床上休息,女儿被炸得生命垂危,父亲也是伤痕累累。从街上赶回来的一名中年妇女,目睹女儿和丈夫此时的惨状,伤心万分,向记者哭诉说:“已买好去湖北的车票,全家明日正准备回老家过年,现在可怎么办哟?”一电视台记者随即询问:“看来这个年你们要在上海过了,请问有何打算?”问得这位妇女面对镜头和话筒,目瞪口呆了半晌才答道:“还能有什么打算?”采访就此打住。

采访中,记者要较好地组织起提问,确实不是件容易的事。老记者周孝庵在《访问》一文中指出:“访问不难,发问实难”,“发问之如何,足以卜访问之成败”。著名记者柯天也有同感,他在《怎样做一个新闻记者》一文中指出:“采访是一种应世最高的艺术,也是新闻学最微妙而又最困难的技术。说起来并没有什么一定的格式,只可说,‘运用之妙,存乎一心’”。因此,为了提高提问的效率,保证整个采访活动的顺利进行,记者必须熟练地掌握提问的技能以及注意事项。

翻开中外采访著作或教材,涉及提问技能或方法的,或许不下几十种。本书不想就这几十种技能或方法一一展开论述,一是觉得搞那么几十种不见得科学,二是觉得讲那么多,不便于记者特别是初搞新闻工作的同志的实践操作。基于采访的原理并综合心理学的有关原理,对此专题侧重从两个方面予以阐述。

一、提问的三种形式

一般说来,提问的主要技能与方法皆可纳入下述三种形式,即正面提、侧面探、反面激,而且,各种类型的采访对象也分别适用这三种形式。

1. 正面提

即提问要开门见山,直截了当,单刀直入,不要转弯抹角兜圈子。此形式一般适用于两类采访对象,一是记者熟悉的;二是干部、学者、演员、外宾等。前者因为熟悉,情感交流早已建立,过于客套、寒暄反而显得见外;后者则有相当的社交经验和社会经历,顺应性一般较强,容易领会记者意图,再则,他们一般公务较忙,惜时如金,因此,记者过于寒暄或启发引导,反而显得多余,甚至招致对方反感。

这一形式是提问的基本形式,使用难度一般不大,只要注意提问切题即可。但是,应当强调的是,即后一类采访对象由于工作、职业习惯,回答问题时往往习惯一二三四地谈原则和条条,虽条理清楚,却比较抽象,具体、实在的东西较少。因为新闻报道要反映的恰恰是具体、实在的东西居多,因此,对这一类采访对象的提问,记者除了事先准备大纲细目时要周密、具体些以外,谈话时还应当有意识地按步骤引导与深入挖掘。例如,笔者曾采访随团到上海演出的歌唱家关牧村,所问的第一个问题是:"上海观众正急切地盼望观看您的演出,请问对此有什么感想?"关牧村笑着回答:"请转告上海观众、听众,对我不要抱太大的希望,希望越大,失望也越大。"笔者注意有步骤引导与深入挖掘:"上海观众、听众的艺术欣赏力是较高的,相信您这次来上海一定是有备而来的?"关牧村坦诚回答:"是的,正因为我深知上海观众、听众的欣赏水平,所以我这次从青岛乘船到上海,不敢休息,抓紧时间对着大海练嗓子,有两支歌还没公开唱过,这次是作为特别礼物献给上海观众、听众的。"由于笔者注意引导与挖掘,这次采访比较成功。

2. 侧面探

即运用启发引导的原理和技能,旁敲侧击、循循善诱地促使采访对象对以往的新闻材料产生回忆。好比打仗一样,正面攻不下来,就采用迂回包抄,从侧面佯攻。该形式通常适用于想谈但一时对往事不能产生回忆的采访对象。在多数情况下,记者采写的是非事件新闻,因而就涉及采访对象必须通过良好的回忆过程,对已发生的新闻材料进行回忆性叙述。但是,往往事情发生已久,加上人皆有遗忘性,采访对象往往对往事一时难以产生回忆,因此,记者必须通过积极启发引导,打开对方记忆的闸门。

每遇这样的采访现象,记者万勿着急,更不应误判,以为采访对象是不想谈、不合作,而应摆出一个内紧而外松的态势,即思想、心理活动仍需积极进行,外部神态则轻松自如,然后发挥"磨功",与采访对象"闲泡",力争做到:他紧张你轻松,他冷淡你热情,他言者无意你听者有心,抓住机会,一举突破。

启发引导通常也称为联想,有具体规律和方法可循。

一是接近性启发引导。即记者凭借经验,对在空间或时间上相接近的客观事物形成联系,而使采访对象通过一事物回想起另一事物。

二是相似性启发引导。即记者凭借经验,假设、列举出在性质上相似的一些客观事物,而使采访对象通过这些事物回想起另一些事物。

三是对比性启发引导,即记者列举、假设出在性质上相反的一些客观事物,而使采访对象引起对另一些事物的回想。

上述三种启发引导的具体方法,可以单独使用,也可以交替使用,只要使用得当,效果将十分显著。例如,在我国一次边境反击战期间,第二军医大学长征医院军医吕士才,身患直肠腺癌,但他瞒着组织,写下决心书,坚决要求上前线,并出色地完成了党交给的救护伤病员的任务。回国不久,他不幸因病去世。中央军委根据他的表现,命名他为“模范军医”。消息传出,《解放军报》、《健康报》、《解放日报》等新闻单位均相继采写发表了长篇通讯,《文汇报》则在稍后时间派记者去接触这个题材。后发制人比先发制人有难度,将别人烧出的并已冷却的饭再炒出滋味来,显然不是易事。《文汇报》领导派了颇有经验的记者章成钧前往长征医院。当他与曾同吕士才一起前往前线参加救护任务的有关医护人员一坐定,果然不出所料,难度一个个出现了:一位采访对象抱怨说,我们从前线回来,一天都没有休息,天天从早到晚应付门诊还来不及,又得接连不断地接待你们记者,你们各家记者为什么不约好一起来呢?另一位采访对象说得更干脆,你《文汇报》记者再采访,也问不出更新更深的材料了,何不把人家报纸已经发表的报道拿来转载一下,不是大家都省事吗?章成钧虽然不这么认为,但他也承认:这些采访对象疲劳了,对记者采访的厌烦心理已产生了,况且,前线的事发生已久,加上当时大家忙于完成任务,并没对吕士才的事格外予以关注,一时难以产生回忆,也只能停留在各报所用的几个材料上,如“吕士才一手捂住身上疼痛部位,一手握紧手术刀,坚持手术”、“他实在疼痛难忍时,便匆匆吞几粒止痛片,又返身上手术台”。于是,《文汇报》记者没有再“穷追猛打”,而是摆出一副内紧外松的姿势,继而向采访对象示意:既然如此,诸位也不要过于为难了,我坐一会便走。所有采访对象听此一说,均放松了。记者随即看似轻松随便实质是颇有用意地与对方“闲泡”了。他说,一般人平时有个头疼脑热的,吃和睡都不太正常,吕医生癌症到了晚期,疼痛是那样的难忍,吃和睡一定是不正常的吧?其实,记者此时已开始有意识地启发引导了。果然,一采访对象回忆起一个细节:有一次吃饭,坐在他一旁的吕士才边吃边嘴里发出“嘶、嘶”的声音,他侧头一看,只见吕士才在大口大口吞嚼辣椒,并难受得满头大汗。记者眼睛一亮,顿感机遇来了,但耐住性子,进一步“闲泡”道:这能说明什么问题,或许吕医生有吃辣的习惯。这一下,几乎所有的采访对象都争着发言了。一医生抢先说道:吕士才是浙江绍兴人,没有吃辣的习惯,在上海当兵18年,我们也从来没见过他有这个爱好。记者感到“火候”已到,便加大启发引导力度说道:“吕士才作为一个军医,应该十分清楚,他患的癌症和因劳累造成的肛瘘大量出血,此时此刻应该忌酸辣还来不及,为什么还要吞吃辣椒?”又一位采访对象抢先解释道:“因为疼痛的折磨,吕士才同志难以吞咽食物,造成体力严重不支,做手术时手臂在不停地抖动。为了保证手术质量,他知道辣椒开胃,于是便一口辣椒一口饭,硬逼自己吃东西。”采访对象回忆的“闸门”终于被撬开了,类似的材料一个个回忆出来。由于采访手段得当,《文汇报》所发表的关于吕士才的通讯,虽属后发制人,但成功了,材料新颖,主题深刻,读者评价很好。

3. 反面激

即记者通过一定强度的刺激设问,促使采访对象的感觉由“要我谈”转变为“我要谈”,从而打开采访通道。此形式通常适用于谦虚不想谈、有顾虑怕谈或自恃地位和身份高而不屑谈等采访对象。

采访中常遇这样的现象,即有些采访对象并不是不善谈,而是因种种原因不愿谈。一般说来,人的任何活动都依赖于感觉,对于某项活动,人们对它不感兴趣,感到与自己的切身利益无关紧要,那他就不会积极去进行这项活动。反之,若觉得有兴趣,或与自己关系密切,他就会积极去进行。有关实验又证明,感觉不是固定不变的,它依赖于刺激,通过一定强度的刺激,感觉可以朝原来方向发展,也可以朝相反方向变化。针对上述谦虚、有顾虑或高傲等不愿谈的采访对象,记者则可采用一定强度的刺激设问,促使对方在感觉上发生变化,从而使采访活动顺利进展。

在具体实施时,反面激形式又可从两个方面掌握。

一是激问。即记者在其所假设的问题中,投入一定强度的刺激,迫使对方感觉朝相反方向转化,然后乘势追问。例如,河南平顶山矿务局四矿通讯员于志琦一次到北京出差,住在海淀区的花园饭店。晚饭后散步时,发现院内有两辆汽车车窗上贴有峨眉电影制片厂《咱们的领袖毛泽东》摄制组的标牌,又听说扮演毛主席的特型演员古月同志就住在这里。顿时,他产生了采访古月的念头,并将古月曾经演过的影片在脑海中一次次地回忆,得出其中的成功和不足之处,并将记忆中有关古月的材料全部“调”出予以整理,为采访做好一切准备。那天晚23点,他在饭店三楼服务台见到古月,快步迎上去开门见山地说:“胡学诗科长,咱们能交谈一会儿吧?”古月眉毛一扬地说:“你怎么对我的情况这么了解。”于志琦不慌不忙地将古月在从影前的事说了一些,并说:“当年你搞文化宣传当科长,我是宣传干事,说起来还算是一条战线的人哩!”古月被这句话逗笑了,燃着一支烟想走。于志琦忙就古月在《四渡赤水》、《大决战》、《开国大典》等影片中的表演为话题谈起,并直言不讳地说他在《大决战》中的表演远远不如《开国大典》成功。原先想谢绝采访的古月立即被此话吸引住了。就这样,两人相互交谈了40多分钟,古月猛然想起第二天早上五点还要外出拍片,只好抱歉地起身离去,临走,主动在于志琦的采访本上题字留念。殊不知,在此之前,即使中央级新闻单位的记者要采访古月,也都是事先约定的。

二是错问。该方式的刺激强度超出激问,而且,要求记者从事实的反面设问,如煤球明明是黑的,记者故意将其说成白的,促使对方的兴奋程度倶增,迅速产生要否定错误、澄清事实的感觉,于是便讲真话、吐实情。台湾学者称此为以误求正法,即记者若不能从正面得到事实真相,则可故意从事实的反面问些问题,使对方觉得记者所知的是不正确的消息,若不急于改正,便有被刊出、坏名声的可能。例如,江苏《新华日报》有一记者,根据国务院关于搞好安全生产的指示,有一次去南京某厂采访。这是一个数千人的大厂,因安全措施落实得好,已连续七年未发生过一起安全事故。由于记者事先得知该厂领导有思想顾虑,不愿在报上张扬,并曾婉言谢绝过其他记者对这一题材的采访,故记者一坐下来就使用错问手段:“记不清在哪里听说了,你们厂今年二月份因为安全措施没落实,曾经触电死过一个人,是不是?”接待采访的是该厂的一位副厂长和厂办主任,本来想通过“打太极拳”再次婉言谢绝记者采访,但听此错问后,顿感十分震惊和委屈,相互看了看后,两位厂领导几乎不约而同地转向记者答曰:“我们厂? 二月份死过人? 不可能!”记者紧追不舍:“为什么不可能?”副厂长显然激动起来,一边示意厂办主任打开文件柜,把该厂历年有关安全生产方面的总结报告取给记者看,一边拉大嗓门站着向记者叙述厂领导抓安全生产的一条条具体措施。采访通道就此顺利打开。

当然,错问虽属一种采访技巧,但容易造成采访对象的误解,故记者切记不可离道德太远,在采访结束时,切记要说明原委,不要留下后遗症。仍以上述实例为例,记者在采访结束时就作了如下解释:“你们厂七年没有发生安全事故,是因为厂领导抓安全生产有具体措施和方法,我们记者如果要使每次采访获得成功,也得调用各种方法,譬如对你们这些谦虚的对象,提问时故意把事实颠倒就是一种方法。”在一阵会心的笑声中,对方的误解消除了。

二、提问的注意事项

为了保证采访活动效率的顺利兑现,在提问三种形式的实施过程中,还应当注意下述事项。

1. 提问宜简洁

记者对每个要提的问题,事先在其用语的长短上应当精心设计、推敲,原则是宜短勿长。这是因为,人的记忆能力有限,提问一长,采访对象容易前记后忘,以致常常出现这种局面,当记者长长的提问一通后,采访对象只能要求记者:“对不起,请您把刚才的问题前面部分再重复一遍。”

有些记者提问不能简洁明了的一个主要原因是,不善于将所提问题同大段背景材料分开处理,而是像“包饺子”似的将大段背景材料硬塞在问题的中间,以致效果不好。譬如,假设以高校目前校风状况为题材,某记者是如此向某校长提问:“校长先生,您认为造成目前我国高校相当部分的学生整天逃课甚至纷纷退学而去经商以致学校的教学秩序日趋混乱的局面的主要原因是什么?”那么,这个问题就很可能令采访对象难以接受,因为是既不简洁也不明了,问题中间塞了一大段背景材料。如果学生的有关背景材料抽出,放在前面先陈述,然后记者再问:“请问校长,您认为造成这一局面的主要原因是什么?”效果就一定要好得多。

西方记者一般很注意如何提问,善于将问题设计得简短、明确,他们懂得“报酬递减率”,即提问越长,回答越少,甚至有去无回。

2. 提问宜具体

任何事物都是错综复杂的,且有个形成、发展、结束过程,记者如果笼统、抽象地提问题,采访对象就犹如老虎吞天,难以回答。因为这不符合人的思维及心理活动规律,思维活动不是一下子能完成的,得有个具体过程,而具体化是思维的主要组成部分,能促使人们对事物的认识活动更深刻、有序地发展。根据这一原理,记者在提问时就应按照事物形成、发展到结束的全过程,将一个大的、总的问题破开,化成若干个具体问题,一个一个地细细问清了,也就是说,提问具体化了,大的、总的问题也就自然解决了。例如,周总理逝世不久,一位记者去采访周总理的警卫员李建明,刚一坐定,记者劈头就问:“老李,请谈谈周总理给你的印象?”对方沉思了好大一会儿才答道:“总理好啊好总理!”尽管记者再三要求对方具体谈谈,但因为自己并没有破题细问,故这位警卫员仍是一个劲地重复“总理好啊好总理”,最后,这位朴实的警卫员竟双手捂住脸失声痛哭起来。记者被弄得手足无措,加上感情受到感染,竟也一起陪着流泪,结果,这次采访就以采访者与被采访者哭成一团而告失败。在老记者指点的基础上,该记者在第二次采访这位警卫员之前,就将第一次采访时所提的大问题,从各个侧面化成十余个小问题,如“为什么说周总理生活十分俭朴”、“为什么说周总理时刻把人民群众的安危装在心里”等等,然后在采访时请对方通过一个个具体实例予以说明。结果,采访进展得十分顺利。

3. 提问宜间接

在具体发问时,可以是直接发问,即就新闻要素中的“什么”要素发问,这属封闭型发问。如“你午饭吃了吗?”、“吃几两?”等等,这种发问方式固然简洁明了,但对方遇此发问,限制性较强,不欲多言,一般以“是”或“不是”之类片言只字了之,新闻内涵较少,交谈形式也较呆板。例如,曾有一美籍华裔花样滑冰运动员随队来中国访问,其心情格外高兴、激动,因为一来可以看看中国,加强两国运动员之间的交流,二来可以探望长期居住在中国的母亲。在北京机场一下飞机,某电视台记者手执长话筒,以直接发问的方式采访了这位运动员:“这是你第一次来中国吧?”对方答:“是的。”记者问:“心情一定很高兴、很激动吧?”对方答:“是的。”记者又问:“听说你母亲在中国居住是吗?”对方还是答:“是的。”记者再问:“这次回来一定要看看她了?”对方再答:“是的。”显然,这样的谈话提问形式是单调的,也无多少信息量可言。若记者把采访对象看成是积极能动的主体,将提问换成间接发问,即针对“为什么”这个要素发问,变封闭型发问为开放型发问,则对方就不能以“是”或“否”答之。如,记者不妨这样设问:“看得出,对此次来中国访问和表演,你比其他运动员更高兴、更激动,请问为什么?”

4. 提问宜深刻

特别是在采访干部、专家、学者等对象时,提问应有深度,这样,对方才有思考的空间,答得才有深度,往往可以出其不意地掏出颇有价值的材料来。如新民晚报社有位记者有一次采访作家王蒙,从第二天见报稿《我们有笑的必要和权利》一文中不难看出,记者事前对对方有较深的研究,采访层层深入,引出一些有深度又有情趣的内容来。请看报道末尾的问答:“《青春万岁》是王蒙的长篇小说,可是为什么要让《被爱情遗忘的角落》的作者张弦来改编成电影呢?”临走,记者又提出一个问题。王蒙略作思索后笑答:“早在50年代我就推荐过张弦;再说我不大喜欢写电影,倒不是怕‘触电’,而只觉得与其在自己的作品上改来改去,不如再搞个新的小说。”作家似乎言犹未尽,又补上一句:“当然,我这是嫁‘祸’于人啊……”王蒙笑了,记者也笑了。这种良好的采访效果,显然与记者提问有深度有直接关联。

5. 提问宜自然

记者提问与采访对象作答,实际是在进行一场谈话,既是谈话,就必须受“谈话法”的基本方法支配。记者采访的目的在于了解情况,提问则是了解情况最直接、最简捷的方式,问题提得好,不善言谈的采访对象也可能滔滔不绝,反之,极善言谈的采访对象也会守口如瓶。因此,提问是谈话能否顺利进行的关键,提问艺术是记者谈话艺术的概括和集中。采访是真正寓问于谈的交谈式,还是搞成一问一答的僵化式,这是检验一个记者成熟、老练与否的标志,也是采访深入、报道深刻与感人的前提。既是谈话,首先就得有亲切、自然的谈话气氛,而解决问题的关键,则是要求记者将所要发问的问题设计成讨论式的,然后,双方就这些问题展开讨论,就容易谈得自然、亲切、深刻。例如,国画大师刘海粟生前十上黄山时,《黄山旅游》杂志一记者请求采访,刘夫人再三挡驾,最后破例给了十分钟时间采访。该记者巧妙地从谈对黄山的印象入手,将提问设计成交谈式,刘海粟先生兴致上来了,一谈便是一个半小时。

6. 提问宜节制

到一个地方采访,记者不能以“无冕之王”自居,谈话提问不能随心所欲,要有一定的节制和自我约束。具体分为两个方面——

一是谈话提问要得体、贴切。谈话提问的语气处理得如何,直接影响到采访的效果。例如,中央电视台要搞一组访精神病患者康复的专题报道,一节目编辑问一原是小学教师的女患者:“你什么时候得的这个病啊?”对方十分敏感地反问:“什么病?”该编辑随口便答:“就这个精神病呗。”对方感到刺激太大,立即起身离去,节目制作只能暂停。作为当时节目制作组组长的赵忠祥则改为委婉、和蔼的口吻问道:“你在医院住多久了?住院前觉得怎么不好呢?”一下子,该患者感到记者亲切、可信,便在回答一系列提问后说:“最近,我快出院了,我非常想念我的学生们。我真想快点治好病,能为教育孩子贡献我一份力量。”于是,节目顺利拍摄成功。

二是谈话提问要讲究分寸。这是指谈话提问的内容,要有分寸,不能漫无边际,还得增强守密观念。例如,一实习记者有一次到海军舟山基地采访,俨然像一个大首长视察,大问人家的装备和火力配备情况,还强行向基地首长索要舟山海军的火力配备图,直到上级组织闻讯后,才制止了这场“无法无天”的采访。

第三节　主持调查座谈

采访活动的基本形式除了个别访问外,通常还采用开调查座谈会的形式。

一、调查座谈会的效果

比较采访活动的其他形式,调查座谈会形式能产生下述明显效果。

1. 节省时间

比较个别访问及其他采访形式,调查座谈会可以用较少的时间迅速收集较多的新闻线索和材料,大型及综合性报道的采访若采用此形式,收效则尤为显著。

2. 互相启发

个别访问时,采访对象若一时产生不了回忆,得靠记者启发引导,虽也能见效,但因为情况不太熟悉,故难免受到局限,记者也颇感吃力。熟悉情况的几个采访对象一起座谈时,若是某人对有关材料回忆不出,知情者们稍加启发或提示,便可产生回忆。美国学者奥斯本曾倡导一种集体发挥创造性的方法,即“头脑风暴法”,又叫脑力激荡法,它使人们在小组的集体中思考,互相启发,产生连锁反应,最后引导出创造性意见。这种方法也就是开调查座谈会。

3. 及时验证

个别访问时,仅凭采访对象一人谈,即使带有主观偏见或弄虚作假,记者一时也很难鉴别这“一面之词”的真伪。几个人一起座谈时,一个人说得不全面或说错,众人可以补充或纠正;某人想要糊弄记者,即使是说谎老手,脸上不露一丝痕迹,但记者只要心细,也可以从知情者脸上,或多或少地捕捉到“此人在说谎”的信息,以便及时对所述材料进行验证。古人云:“心不正则眸子眊,心正则眸子瞭”,即眼神是任何时候都做不了假的。例如,某记者在县委书记等领导的陪同下参观该县一座大型扬水站,站长说:“我们这个扬水站可以浇地五万亩。”说话前,该站长先望了一下县委书记等领导,说话时目光游移、神情犹豫,县委书记等领导的神态也有些不自然。记者及时察觉这些眼神及神态,于是当即追问:“是已经浇地五万亩,还是可能浇地五万亩?”站长的表情更不自然,连忙答道:“是可能,是可能。”于是,一次失实报道终于避免。因此,这一形式既可以缩短思维心理活动过程中验证期的周期,也可以使因当场得到验证的材料既真实可靠又客观全面。

二、主持调查座谈会的技能

调查座谈会既然是个收效明显的采访活动形式,那么,作为调查座谈会主持人的记者,就必须掌握开好调查座谈会的技能,否则,就产生不了应有的效益。主持调查座谈会的所含技能有——

1. 事先通知对方

即记者要在采访前把座谈的内容、目的及要求告诉对方,以使对方早有准备。前面已经提及,明确活动的目的,是活动有效率的前提和保证之一。参加座谈的采访对象,只有事先明确了要谈什么、为什么要谈及怎样谈等事项,才能尽早地集中自己的注意力。

2. 精心选择参加座谈人员

参加座谈的采访对象不是张三李四皆可充数的,记者得精心选择。通常记者应选择下述三类人员参加:一是要选择具有代表性和知情者参加,这是记者了解事物来龙去脉、详细占有材料的首选人员;二是选择对某事物持不同意见的人员参加,这样,可以促进记者对某一事物思维的正确性,从而达到全面认识事物的目的,即所谓的兼听则明;三是要选择那些不仅了解情况而且对新事物热情、对新闻报道工作支持的人员参加,否则,参加座谈会的人员虽然了解情况,但对新事物冷漠无情,对新闻报道工作无动于衷,那么,调查座谈会也活跃、热烈不起来。

3. 控制参加座谈会的人数

每次座谈会的人数以三五人或六七人为宜,实践证明,这个人数可以保证谈得深刻、具体,记者也容易主持。若是几十人参加座谈,则就难以收到预期效果。例如,有两位记者有次去上海港某作业区开个调查座谈会,由于事先没有向所在单位明确这一要求,只是在电话中说:“了解内情的都请参加。”结果,对方给他们安排了有150余人参加的座谈会,任凭两位记者一再启发引导,就是没人开腔,会场内只不时地听到“叭哒、叭哒”的打火机声。因为参加座谈的人员一多,容易导致采访对象这样的依赖心理:“反正有这么多人,我不讲有人讲。"再则,一些采访对象不善于在大庭广众面前讲话,故也就免开尊口了。

4. 不要轻易下结论

调查座谈会就某个问题展开讨论,甚至发生争论,是常有的事,也是正常的事,此时此刻,记者千万不可轻易表态或作结论,只能因势利导。这是因为,正在争论的双方,此时正处在极度兴奋状态之中,记者的表态或结论等于是个刺激,一经这刺激,采访对象出于对记者的尊重和迷信,心理上就会产生反射——"记者表态、下结论了,我们就不要再争了"。于是,兴奋状态便立即转化为抑制状态,座谈会就可能出现冷场。正如美国一新闻学家说的那样,有时,记者制服了一个盛气凌人、不服从引导的采访对象,但访问本身却失败了。再则,对某个事物有不同意见的争论,既是记者全面认识事物所必需的,也是采访对象思维活动积极的体现,记者若是轻易表态和下结论,既堵塞言路、破坏对方的积极思维,又有碍自己对事物获得全面、深刻的认识。

5. 做深入采访捕捉线索的有心人

座谈会上常会出现下述现象:某人叙述到某个问题或事实时,好像有难言之隐,显得吞吞吐吐;当某人在叙述某个问题或事实时,其他采访对象的脸上露出诧异、惊讶或不满等神情。"有思于内,必形于外",这都是某种心理活动的反应,其背后一般都掩藏着什么,甚至有可能是很有价值的东西。记者只要做有心人,这方面的信息都可以捕捉到,然后将它们储存在记忆中,待座谈会一结束,再一一作个别的深入采访,往往能获得意想不到的收获。

第四节 强化现场观察

早在20世纪80年代初期,国际新闻界已把现场观察作为采访活动的主要手段与形式加以强调,日本等国的许多新闻学者都指出:现今的国际新闻界已到了现场研究者时代。美国一学者指出:如果你想当一个一流记者,你就必须到现场去。特别是在形象化的电视新闻的压力下,多采写现场目击性报道,是报刊、通讯社等与之抗衡、竞争的重要手段。我国新闻界在这方面也早有认识和动作,1989年10月中共中央宣传部委托中国记协举办"现场短新闻"评奖活动,北京地区22家新闻单位参赛,随后,各地相继展开此类活动,中央到地方报纸也纷纷开辟《视觉新闻》、《现场实录》、《目击录》

等专栏。

所谓观察,它是一种有目的、有计划的知觉行动,是人对现实感性认识的一种主动形式,是人们直接用肉眼或者借助于仪器获取信息的过程。所谓新闻采访的现场观察,是指记者的大脑及眼、耳、鼻、舌、身感觉器官同时运作,以眼为主从而使主观认识与客观实际相一致的现场采访形式。通俗讲,就是指记者用眼睛采访。显而易见,记者在进行现场观察时,如何强化视觉功能,有其突出的意义。

一、为什么要强调现场观察

所谓现场观察即主要指强化视觉功能。以往谈及用眼睛采访的重要性,总离不开耳听为虚、眼见为实及看比听真切一类的道理,这些话没错,只是道理浅显了一些。从有关原理出发,我们应当这样认识这个问题——

(1) 人的一切认识活动都必须靠感觉开始。离开感觉,人的一切认识活动都无法进行,记者的采访活动,究其实质是认识客观实际的活动,因此,也必须从感觉开始。

(2) 感觉是由人的感觉器官与客观实际相联系的反映。例如,闭上眼睛,用手触摸物体,碰上纸,知道是纸,碰上木头,可分辨是桌子或椅子。

(3) 视觉是最灵敏的感觉器官。比较其他的感官,视觉是认识事物最灵敏的感官,因而也是最主要的感官。据有关实验证明,人们所获得的知识,几乎都是由光输入;人的各种感官从客观现实中接受的信息,约85%是由眼睛完成的。因此,在采访活动中,记者应当自觉强化视觉功能。

二、现场观察在采访中的具体功能

反映在采访活动中,现场观察所具有的独特功能具体有——

1. 能核实新闻事实的真伪,增强新闻的可信性

《吕氏春秋·察传》中指出:“闻而审,则为福矣;闻而不审,不若无闻矣。”许多新闻报道失实,或是人们感到可信性程度不强,其主要原因之一,是记者仅凭采访对象的口头介绍或摘编文字简报进行报道。记者没有到现场去看个究竟,心里就不实在;心里不实在,笔下就不实在,故报道的可信性程度难免不强。若是听了之后再去新闻事件发生的实地看个究竟,事实的真伪就容易验证,笔下出来的新闻报道就能具体、实在且具有真情实感,人

们也就信服了。例如,美国社会曾一度传闻纽约伯勒克威尔岛疯人院存在虐待患者的严重不法行为,简直到了骇人听闻的地步。但由于疯人院对外控制十分严格,事实真相难以搞清楚,故人们对此传闻将信将疑。该国女记者勒丽·蓓蕾精心装扮成疯子,让人送入了这个疯人院。在入院的近 4 个月的日子里,她经历了一次又一次令人难以忍受的虐待,目睹了疯人们的非人生活。当她把一切真相都核实清楚后,便又设法逃离疯人院。因为所有事实皆出于记者的亲自体验,可信性程度就极强,故一经报道,就引起社会的强烈反响,勒丽·蓓蕾也一举成名。

2. 能激发鲜明、生动地表达事物的灵感,增强思维的敏捷性

许多记者都常有这样的感受:有的时候,一般的材料有了,主题也较明确,但苦于找不到鲜明、生动的表现形式,若是细心观察,或许一个很平常的现象,也会触动心灵,使大脑豁然开朗,迅速把全部材料有机地组织起来,使观点、材料得到深刻而又新颖的表现。

这一现象涉及了人的思维心理活动过程中的豁朗期问题。人在认识事物的活动中,最后必然要进入一个高级思维阶段,这个阶段又具体分为准备、酝酿、豁朗和验证四个时期。苦苦思索某个问题时,说明思维尚处在酝酿期;心灵感到触动,头脑感到豁然开朗,则说明思维已进入豁朗期,灵感活动已出现。所谓灵感,是指人们对长期思考着的问题突然受到某种启示从而得以解决时所产生的心理活动,属感觉活动之一。所谓灵感活动,即指思维者由于对问题经过充分的酝酿期后,常常因一个细小的事物、场景和一句平常的话语等所触发,产生"牵一发而动全身"的效应,使原先苦苦思索的问题突然得到解决,思维者大有豁然开朗的感觉。例如,牛顿研究万有引力定律,费尽心血研究了多少年,就是不能成功,但于某日偶尔看见苹果落地的现象,触发了灵感活动的出现,万有引力定律也随之出来了。

灵感活动的产生通常表现为突如其来,事先不易预测和把握。但既然是科学现象,就有规律可循。突发性是以长久性的酝酿为基础的,即从表面看,人们对寻求解决的问题的思索已停止,但实质上已转化为潜意识,思维活动仍在进行,而且随着时间的推移,表面越趋平静,内部越趋激烈,一旦条件成熟,便会突发。灵感的产生虽然有诸多激发条件,但要数人的视觉因客观事物的刺激而产生的可能性为最大。例如,著名记者黄钢早在 1938 年就想写一写八路军在抗日战场上可歌可泣的英勇业绩,手头的材料也已收集不少,但就是苦于得不到鲜明、生动的表现形式,于是索性搁笔不写。1939 年春季的一天,组织上派他去八路军总部联系工作。到达总部所在地的当

天晚饭后,他出去散步,在总部旁的篮球场旁,他为这样一件小事所触动:篮球场旁排着长长的队伍,轮番上场打球,每场 10 人,打 15 分钟后再换 10 人。黄钢看见一位 50 开外的老军人也排在队伍里,轮到又一批人上场时,因老军人是排在第十一位,只见排在第十位的一名小战士转身对这位老军人说:"您先上吧,让我等下批。"老军人挥挥手说:"你们来吧,这场不该我。"黄钢凑前一看,这位老军人便是朱德同志。顿时,他的灵感大发,刊登在 1940 年延安《中国文化》杂志上的报告文学《我看见了八路军》随即一挥而就。报道就从这件小事入笔:"……这就是八路军的最高级的军事指挥员——朱德总司令。"这虽属小事一桩,但它却是八路军所以能够驰骋抗日疆场、所向披靡的军魂所在。

3. 能加深对主题的理解,增强新闻的深刻性

人们对客观事物的认识过程,实质是个从现象到本质、由感性到理性的不断深化、飞跃的心理活动过程。较好地发挥视觉功能,正是促进这一心理活动正常进行,从而使人的认识逐步深化、飞跃的一个必要条件。如《人民日报》记者柏生,在采写《韧性的战斗》一文时,原先她也知道科普作家高士其一生意志顽强,虽早已瘫痪在床,但晚年仍坚持向秘书口授作品而著书立说。这固然是韧性的体现,但柏生总感觉不甚具体、深刻,原因是她没有通过自己的感觉器官去亲身感受主题。于是,柏生改变采访方式,一头扎在高士其老人家里,注意用眼观察,终于目击了一系列足以使主题能够深化、认识能够飞跃的细节。如,高士其老人每天在病床上都要与一小女孩做来回抛送彩球的活动,每抛送一次,他都得费很大的气力,显得十分痛苦。老人为何要如此自找苦吃呢?因为他知道,一旦自己动弹不了,就也许永远不能活动了,创作活动也就停止了。所以,他以极大的毅力,每天有意识地进行这种手臂、腿脚的锻炼。由此,柏生对高士其老人的"韧性"有了深切的感受,报道的主题也就揭示得入木三分。

4. 能为通俗地解释事物提供前提,增强新闻的可读性

记者在采访活动中常会遇到一些难以介绍、叙述的事物,特别是采写科技、经济、军事等方面的活动报道,因涉及的专业技术术语较多,身为不太在行的记者,在认识事物的心理活动中,就会出现干扰、紊乱、受阻现象,最终导致对事物不能取得认识。若是记者置身新闻事件发生的现场,通过视觉去感觉一番,就容易理解、认识,并容易产生形象思维,将报道写得通俗易懂。例如,我国成功向预定海域发射运载火箭,这是一个世界领先水平的高精尖科技项目,一般很难报道得通俗易懂,特别是火箭跃出大海、腾空飞翔

的瞬间,更难作形象、生活的反映。然而,原先仅有小学文化程度的著名军事记者阎吾,亲临火箭发射现场,悉心用眼观察,积极进行思维,最后,对其作了既通俗易懂又栩栩如生的目击报道。请看其中的两段描述:“突然,从海底传来一声轰响,右前方的海面上冲起几十米高的水柱,像宝塔一样兀立在海上。”“乳白色的‘巨龙’,从高大的水柱中飞窜出来,浑身披着水帘。火箭向上飞腾,水帘倒挂下来,犹如悬在空中的瀑布;水珠四溅,像水晶、翡翠在阳光下闪烁,晶莹迷人。”如此形象、逼真又通俗的报道,若是作者不去现场,是断然采写不出来的。

5. 能使采访对象触景生情,增强认知的可能性

采访时,记者不但要强化自己的视觉功能,同时也应注意调用采访对象的视觉功能,这样,便可加速采访目的实现。譬如,采访中,一些采访对象吞吞吐吐、欲言又止,往往是一种假象,其主要原因可能是事情发生已久,一时难以产生回忆。若记者能果断、准确地作出判断,有意识地将采访对象约请到新闻事件原来发生的现场,则往往能促使对方触景生情,迅速产生认知,记者只需稍加启发甚至不用开口,对方的话匣子就能启开。所谓认知,就是当过去反映、经历过的事物重新出现时,人们对它感到熟悉,并能认出是过去反映、经历过的事物。例如,新华社某记者有一次采访全国高速切削能手王永康,第一次采访是在厂部办公室,当记者问及:“是什么思想促使你进行技术革新并取得这样大的成绩的?请谈一下当时的思想过程和技术革新过程?”但是,王永康翻来覆去就是两句话:“一来我是一个大老粗讲不出什么,二来也没有什么好讲的。”记者判断这位老工人不愿谈只是一种假象,于是,根据事先掌握的有关情况,第二次采访时,就有意识地约请王永康到他原先居住的“番瓜弄”采访。这地方是上海解放前出名的“贫民窟”,从外地逃难到上海的难民,多半居住在这里。老工人目睹居住的旧址,想到当年长期生活在用芦席卷成的“滚地龙”里,再环顾现在的一幢幢高楼,往事历历,泪花闪闪,“是共产党救了我,我没什么好报答的,所以就日夜扑在技术革新上……”话匣子终于打开了。

三、现场观察时的注意事项

不是所有到了现场运用视觉的记者都能观察成功的,有的可能慧眼识真金满载而归,有的则可能两眼一抹黑空手而回。问题的关键是取决于记者现场观察运用视觉时的技能掌握与否,具体的事项注意了没有。这些注

意事项主要有——

1. 明目的

目的明确后,方可有效地把注意力集中起来,指向一定的观察目标。因此,每次到现场之前,记者一定得先用大脑思索一番:我这次是为了什么需要而观察?到现场后应重点观察哪些事物?等等,否则,毫无目的、漫无目标的随便看看,则一定没有观察效率可言。

2. 多请教

在现场观察中,记者应主动请教采访单位的行家或是熟悉情况的人,在可能的情况下,应尽可能请行家陪同观察。常言道:懂行的看门道,不懂行的看热闹。所谓门道,即指人对事物的认识程度。记者观察事物当然不是看热闹,但因受行业及知识的局限,也不可能样样看出门道。譬如看一场京剧或越剧,某演员是师承哪家、什么流派、功底如何等,并不是每个记者都能一下子看明白、说清楚的。若是请位行家坐在身边,看不懂的地方,可以随时请教;说错了,也可当即得到行家指正。这样,便可提高观察效率,保证对事物认识的准确性。

3. 抓特点

人们在思维过程中,应该将客观事物某些有特点的方面提取出来,然后与有关事物联系起来进行比较,并在此基础上抽出事物共同的、本质的特征进行概括,最后形成概念和产生认识。记者进行现场观察时,应顺应这一思维过程,即在俯瞰全面的基础上,凭借锐利的"新闻眼",突破全面,烛幽探微,抓住富有个性特征的事物,继而达到对事物认识、反映的目的。通俗讲,就是要顺应观察的程序,即先面后点,抓取特点。正如彭真同志所形象比喻的那样:"你看见过老鹰抓小鸡吗?老鹰不是瞎撞乱碰就能把小鸡抓住;而是先在天空盘旋飞翔,发现地面上的小鸡,看准了,就唰地飞了下来,抓起小鸡,腾空而起。它成功了。老鹰盘旋飞翔是在做调查研究,看准目标,一下抓住。……记者的工作方法,要学老鹰抓小鸡,先做好周密细致的调查研究工作,发现典型事情或问题,就要深入下去,抓住不放,直到采写成功。"例如1945年4月间,苏联红军将希特勒部队反击到德国法西斯老巢柏林后,两军就在柏林的千百条大街小巷里展开了最后的激烈拼杀。要反映这场战斗的激烈程度,一般记者可能作出"炮声隆隆"、"火舌四射"、"杀声震天"之类的表面概括和一般描述,如此,人们对这场战斗特有的激烈程度也就无从认识。在数以百计的记者中,苏联随军记者波列伏依独具慧眼,抓住因战斗激烈而激起的烟尘做文章:"城内的烟尘几乎使人窒息,而且如此浓密",以致两军交战“在白天也不得不使用手电筒”。天下哪有白天打仗使用手电筒的？柏林之战的激烈程度由此可见一斑。

4. 选地点

“横看成岭侧成峰，远近高低各不同。”记者在观察某一目标时，自己应置于何处，这并不是随便可以决定的，应依据一定的科学原理精心设置，否则，将直接影响观察效率。观察点的选择与设置应注意两个方面。

第一，掌握一定的明度，获得较好的感受效应。所谓明度，即指作用于观察目标表面的光线的反射系数，也即通常讲的能见度。所谓感受效应，即指刺激物的强度作用于眼所发生的效应。实验证明，人的视觉的产生，是因为一定量的刺激而产生的。刺激量过小，看东西则吃力、模糊，不能引起感觉；过大，看东西则刺眼、花眼，又影响视觉的感受效应，一般情况下，这一刺激主要由光的强度承担。实验又进一步证明，照在观察目标表面的光的强度如果是适中的，是在规定的电磁振荡的波长之间，那么，观察目标表面的反射系数就大，明度就强，人的视觉感受效应就好，所观察的目标也就清晰。在现场观察时，记者应这样掌握明度——

若是在室内与采访对象交谈，则尽可能使双方坐在靠门、窗或灯光处，便于清晰地感受采访对象的音容笑貌和神情语态等；在观察某一物体时，应尽可能使自己处在物体的感光面，即记者可以背光，而不能让物体或目标背光；在记者与观察目标之间以及目标的背后，不应让过强的光度出现在记者视线内，否则，将会影响视觉的感受效应，即通常所讲的“刺眼”现象。

第二，巧择适宜的视角，增强视觉的敏锐程度。所谓视角，即指观察目标最边沿与眼球节点的连线所成的角。所谓视觉的敏锐程度，即指人眼分辨细小、遥远的物体以及物体细微部分的能力。视角决定视觉的敏锐程度。实验证明，物体在人的视网膜上所成影像的大小，与物体本身的大小及物体和眼球之间的距离有关。因此，记者在现场观察时，应这样选择视角——

记者与观察目标应正面相对。例如，有经验的记者参加某一记者招待会时，只要不硬性限制，他们往往抢占与会议主持人正面相对的位置。实践证明，这一视角是好的，若从侧面或背面目视会议主持人，视觉的敏锐程度则难免受到影响。这一意识已为越来越多的记者所认同。例如，七届全国人大四次会议闭幕时，国家领导人出席记者招待会，四点半才开始的记者招待会，三点半之前，前四排的 160 只坐席就全让记者占了。会前五分钟，坐在第三排中间的香港《文汇报》一男记者，冲着占了他位子的美国《商业时报》一女记者大声咆哮，弄得全场愕然。

应尽量接近观察目标,缩短视觉的空间阈限。空间阈限即指距离。记者的眼球节点与物体最边沿点之间的空间阈限越适中,则视觉的敏锐程度越强。一场篮球或足球赛,记者往往将篮架下、球门旁作为观察点,其目的就在于增强视觉对进球瞬间的敏锐程度。

应避免听觉刺激对视觉的干扰。人的感觉神经都是紧密相连、互相作用的,听觉刺激过强,能够使视网膜发生变化,以致影响视觉敏锐度。因此,在可能的情况下,记者应尽量避开人声嘈杂的地点,置身较为安静之处静心观察。

另外,观察时还应当注意动观与静观相结合,既不能东游西荡无固定地点,也不能死守一地,应根据现场情况变化而机动灵活地调节。如上海电视台记者夏进,在采访2011年全国"两会"期间,当众多记者将代表、委员团团围住之时,他或是攀上自备的小梯子,居高临下静静地拍摄,或是穿上他精心准备的滑雪衫,使出他以前打篮球时练过的卡位战术,硬是挤到代表、委员面前近距离采访,动静、远近结合,显得十分自如。

5. 善用脑

有些记者身临实地采访,亲眼看了现场,却抓不到有价值的材料,症结何在?主要是看而不察所致,或者是不善用脑所致。看不同于察,看是指眼睛注视一定的对象,察则指分辨事物,要开动脑筋思索。司马迁说得很富哲理:"不听之以耳,而听之以心;不观之以睛,而观之以心。"因此,这就要求记者在强化视觉功能时,要同勤于、善于用脑思考问题紧密结合起来。大脑是心理活动的主要器官,停止用脑也就等于停止了心理活动,因而视觉也就失去了效应。实践证明,脑勤方能眼尖,心明才能眼亮,那些只有在头脑中反复思考、渴望求之的事物,一旦出现在眼前的时候,记者才能及时感知、辨别和捕捉它,并可预见它的到来。有经验的记者在观察时抓新闻显得很敏感,看上去好像带有某种偶然性,其实,这正是他们勤于、善于用脑的必然结果。如果只是满足身子到现场和眼睛看到东西,而不用大脑积极进行思维,那么,有价值的新闻事实即使将要或已经出现在你的面前,你也可能视而不见,以致失之交臂。例如,美国著名记者泰勒在刚当记者时,某日,总编交给他一个任务,采写美国一著名女歌星的演出报道。泰勒准时来到演出地点,满以为剧场门口会人山人海,然而却空空如也。他再一看,剧场门边挂了一块牌子,上写"因故停演"几个字,泰勒想,既然演出已经取消,我这采写演出报道的任务也自然取消,于是,他未经请示,便回家心安理得地倒头大睡。半夜里,急促的电话铃声将他闹醒,总编在电话中怒气冲冲地训斥:"因为你的失误,使得我们的报纸今天销路大跌,而其他报纸都在头版显著位置刊载了这个女歌星自杀身亡的消息。"因此,"身入现场"还必须加上"心入现场",才能算是深入现场,从而保证观察的效应。正如19世纪世界著名科学家、微生物奠基人巴斯德所说的那样:"在观察的领域里,机遇只偏爱那些有准备的头脑。"

据说,我国历史上画虎画得最像的是五代后梁人氏厉归真,写虎写得最像的是《水浒》作者施耐庵。尽管两人所处年代不同,但做法却都一样:厉归真带上干粮和日常用品,来到老虎居住的山洞前,在一棵大树的树杈上置一简易床铺,然后花一月时间,观察老虎进出洞时的各种神态。施耐庵则花半月时间,做法相同。后人称此为"居树观虎"精神。新闻界应大力倡导这一"居树观虎"精神。

第五节 重视听觉功能

在现存的中外采访学著作中,几乎没有专门章节涉及记者应当如何重视听觉功能的。殊不知,人在获取知识和从外界接受信息中,听觉的功能仅次于视觉而强于其他感官。

就一般意义而言,记者、记者,顾名思义,主要是通过发问、交谈,然后记下采访对象所叙述的材料的人。显而易见,在这个过程中,听是起桥梁作用的,因此,听觉的作用是无论如何也不能低估的。也可以这么说,除了现场观察、查阅资料方式外, 在个别访问、开座谈会、蹲点、参加会议、电话采访等采访活动方式中,听觉的作用甚至大于视觉。人们之所以习惯将眼耳常常放在一起相提并论,如"听其言观其行"、"耳闻目睹"等,正是说明这个道理。

综上所述,如何积极通过听觉而有效地进行采访,乃属一个重要的课题。

为了使听觉功能能得以正常发挥,采访时记者应当注意下述事项。

1. 悉心闻取线索

不言而喻,记者的听觉主要是用以听取新闻的。有人说:新闻是"闻"来的。此话颇有点意味。因此,记者无论是在采访交谈中,还是在平时的上下班、节假日走亲访友及出差的车船中,皆应悉心用耳注意周围人的交谈,及时捕捉新闻线索。闻名全国的典型人物张海迪的信息,就是得力于记者悉心用耳而获取的。那是1981年11月27日,山东省引黄济津启闸典礼在东阿县举行,在前往采访的某小车上,新华社山东分社记者宋熙文正注意倾听同车的山东画报社摄影记者李霞介绍张海迪的事迹。常言道:会说的不如会听的。宋记者被深深地打动了,引黄济津启闸放水典礼一完毕,他把反映该事件的稿子托山东电台的记者捎回分社,自己便一头扎到聊城,去追询有关“玲玲”的故事去了。时隔一月,《人民日报》在头版头条刊发了宋熙文采写的长篇通讯《瘫痪姑娘玲玲的心像一团火》。这是新闻单位首次报道张海迪的事迹。若不是宋记者悉心用耳的话,这个典型尚不知何时才能得以挖掘。此类例子,不胜枚举。

2. 适时调节音强

有关实验证明,人的听觉器官对每秒16次至2000次振动的声音的感受性为最大,而在每秒16次以下和2000次以上,无论强度多大也听不到声音,若是音强超过了140分贝,便会在耳膜上引起压疼感觉。因此,记者在采访时就必须注意:所处位置不能离采访对象太远,否则就难以听清对方所述内容;采访对象叙述时,出于主客观原因,声音可能过轻、节奏过慢或是声音过响、节奏过快,这都可能影响听觉的感受性,记者应适时有礼貌地要求对方进行调整;尽可能不在分贝过高、声音嘈杂的环境中采访,特别是个别访问,应建议采访对象换个环境静心交谈。若是遇上实在回避不了的分贝过高的采访场合,应考虑在耳朵里塞上预先特备的棉花球等简易做法,以减弱音强。

3. 着力训练听力

在有些人看来,听力是自然生就的,听别人说话是不吃力的,因此,听力不用训练。殊不知,真正要听好,是得下工夫的,得有听的过硬功夫,其吃力程度一点不亚于看和说。老记者一般都有这样的深切感受,因而平时从不敢忽略听力的训练。要使自己的听力功夫过硬,记者当着力抓住下述三个方面的训练:

一是专心。采访中,只要是专心听采访对象说的记者,一般都有这样的特点,即他不但用心倾听对方的语音声调,而且用心思考每句话的情感、含义和价值;他紧追对方的思路,甚至超出对方,即当对方下一句话未出来之前,记者便在努力猜想、思索;他是边听边回味、小结、分析对方所讲内容,是否准确、符合实际和具有新闻价值;他不仅要辨析出对方所讲内容的直接含义,而且要辨析出其中的话中之话;他应当边听边产生联想,从而提出新的问题,将采访引向深入;他应当边听边对所听材料迅速进行整理、归类、编码,从而把最有价值的材料记在心里或笔记本上。显然,要体现这些听的特点,并不是每个记者都能处理很好的。有的记者听力虽属正常,采访时所摆架势也好像是专心倾听,但思路常爱开小差,想些与采访无关的事情,结果只能是收效甚微。真专心与假专心有着天壤之别,其采访效益也有明显的差异。因此,记者一定得养成真正专心听讲的功夫,否则,既浪费了采访对象的时间和精力,于自己也无半点益处。

二是虚心。作为感觉器官之一的听觉,是受大脑支配的,只有与大脑形成有机联系,才能有效地发挥功能。基于此认识,成熟的记者往往总具有虚心倾听的态度和谦虚好学的习惯,并总善于在采访中给采访对象创造一种畅所欲言的气氛,即使他们有时并不完全赞同对方的意见,但仍以平等的态度和商讨的方式与对方交换看法,而绝不会好为人师,动不动就设法堵住人家嘴巴,弄得人家不敢开口。这样,采访对象也就乐意配合记者采访,尽心倾吐记者所渴望求之的新闻材料。

与此相反,不太虚心的记者往往是对方未说上几句话,就好表现自己,或是百般挑剔人家的讲话内容,或是抢过人家的话题,没完没了地大发议论。这无疑等于堵塞了言路,也等于捂上自己的耳朵,最后,吃苦头的还是自己,因为人家无所讲,记者也就无所听、无所记了。

三是耐心。采访需要时间,而大部分时间又是采访对象用以叙述材料,要叙述事件从发生、发展到结束的全过程,还要掺杂个人的意见、想法等;再则 ,采访对象所叙述的常常并非完全符合实际,也并不一定完全可以写进新闻稿中。此时此刻,为了不破坏访问谈话气氛,就需要记者耐心,要沉住气让对方把话讲完。这与记者在采访对象谈话过程中适时提问是不同性质的两回事。适时提问是记者的采访艺术,是采访活动与效率的需要,目的是引导采访对象说得更清晰、更有条理和价值,是为了让采访活动向纵深处发展。而不耐心者,则是充满不耐烦的情绪,或表现得漫不经心、不屑一听,或是横加指责、轻率表态,或是催促采访对象早早结束话题。如此这般,记者当然收获不大。可以打这样一个比方:耐心听的记者,往往能起鼓风机的作用,使采访对象心中的信息之火越烧越旺;不耐心听的记者,起的则是消防水龙头的作用,使采访对象心中的信息之火招致扑灭。

第六节 坚持当场笔录

做好采访记录,是记者采访活动全过程中不可忽略和缺少的一环。采访对象所谈的材料,哪些该记?哪些不该记?哪些该详记?哪些该略记?

记录中应注意些什么？等等，这些问题，记者都不应小视，当然，也都有科学原理和规律可循，都有具体方法和要求指导。

一、记录应以笔记为主，心记为辅

采访中究竟应以心记为主，还是以笔记为主，新闻界历来颇多争论。

一种看法是，应以心记为主。理由是：有些采访对象一见记者动笔就心慌意乱；一心不能二用，记者应将精力集中于谈话提问上，且要察言观色，若是埋首记录，势必分散主要精力；事后再着手追记，能去粗取精。

另一种看法是，应以笔记为主。理由是：可以提高采访对象的谈话兴致，因为记者若是不做笔记，有些采访对象会不乐意，会怀疑自己谈得不对路、无价值而干扰正常思路；能保证新闻事实的准确性，因为人的记忆力有限，且都有遗忘性，记者若当场不做笔记，而靠事后追忆的话，则材料难免出差错。

诚然，两种看法都有其一定的道理和合理性，但两种记录形式的主次之分还是应当有的，即应以笔记为主、心记为辅。

这是因为，无论何种形式的记录，都离不开记者记忆的支配。而记忆又有三种类型和一个活动规律。所谓记忆的三种类型，一为瞬时记忆，保持时间为一二秒钟；二为短时记忆，保持时间为一分钟左右；三为长时记忆，保持时间为一分钟以上直至若干年。所谓记忆的心理活动规律，即指人们对瞬时记忆所获的信息，予以特别注意后，就可转入短时记忆，然后，将这些信息在大脑中多次进行复述，又可转入长时记忆。显然，记者若要记住采访对象所述的事实和保证新闻报道的准确性，单靠瞬时、短时记忆根本不行，得靠长时记忆。但是，单一事实或少量的信息，人们经过大脑的复述，不用笔录或许能长时间记住，记者采访则不然，每次采访少则个把小时，多则一天或数天，接触的信息不计其数，记者的大脑毕竟不是电子计算机，即使心记的工夫再强，也不可能全部、准确地记住这些信息。况且，采访活动只要不停，信息就会源源不断，前面的某个信息刚刚复述好或尚未来得及复述，后面的信息又接踵而至，记者若是单靠心记，则往往疲于应付又前记后忘。因此，“好记性不如烂笔头”，若要准确、有效地记住所需的信息，记者只有将采访对象所述的有价值的信息，先予以特别注意，然后尽快进行复述，复述的同时，迅速将其笔录。

主张以心记为主的记者，认为一心不能二用，这一理由是不能成立的。

其实,只要记者掌握好注意的分配原则,则一心不但可以二用,还可以三用、四用、五用;若是注意分配不好,则一用也难以奏效。所谓注意的分配,是指在同一时间内把注意力分配到两种或几种不同的对象或活动上的技能。所谓注意的分配原则,是指将大部分的、主要的注意力,分配到比较生疏、未达到自如的活动上去。根据这个分配原则来看待记者的采访,如问、听、看三个方面相对说来是比较熟练、自如的,则注意力就可少量分配,而想和记这两个方面相对说来是比较生疏的,则应集中主要的、大部分的注意力。

综上所述,究竟应以心记为主,还是应以笔记为主,答案应当说是比较清楚的了。

二、记录内容的主要范围

记者虽已将主要的、大部分的注意力分配在记录上,但因为注意力毕竟同时指向几个方面,加上注意力有转移性和分散性,况且,一支笔永远赶不上一张嘴,因此,在具体记录时,对所记内容也应有所侧重和选择。一般说来,记者应注意记以下六方面的内容。

1. 记要点

采访时,记者不可能也没必要记下采访对象所述的全部内容。因此,注意力首先应当放在记录要点上。所谓要点,即指新闻事实的关键材料或新闻事件发展过程中的关键之处,其中包括:事件的起因、转折及产生的后果,人物及其活动的典型细节,工作的主要经验与教训,重要的背景材料等。

2. 记易忘点

这一般包括时间、地点、人名、数字及各类业务的专用术语等。这些材料不太容易长时记忆,也容易搞错,因此应当场笔录。

3. 记疑问点

由于多种原因,造成采访对象所述的事实与客观实际不符,或与记者掌握的、旁人介绍的有出入,使记者产生某种疑问。对这些疑问,记者应及时笔录,可以在所记的该材料旁,用自己熟悉的符号或简短文字注明,等对方谈话告一段落时,再请对方作补充说明,或向知情者核实。

4. 记采访对象的思想和有个性的语言

即指记录采访对象思想的“闪光点”和能反映其心声、体现其个性特征的话语。思想是新闻人物从事活动的原动力,语言是新闻人物思维心理活动的生动体现形式。新闻报道在某个关键时候,若能展示一下新闻人物特定的思想“闪光点”,或恰到好处地引用一二句人物有个性的原话,一则能展现人物的思想特征与风貌,二则能增强报道的亲切感和可信性。

有些记者直到写作时,尚不能把握人物的思想,只是习惯于用一个模式去处理人物的思想,去塑造“高、大、全”的“机器人”;由于没有在采访中注意记录采访对象有个性的原话,因而写作时只得自己站出来,从模式里倒出几句“闪光语言”,来代替人物空喊高叫几声。结果,势必让人感到,这些记者笔下出来的人物,千人一面,千人一腔,虽可敬,但不可近、不可信,更不可学。例如,上海有关怀有身孕的青年女工陈燕飞下水救人的经典报道很能说明问题。自陈燕飞下水救人后,许多新闻单位都争相对此事进行了报道。应当说,有关报道的作者的本意是好的,但由于采访不深,报道时没能交代陈燕飞本来就会游泳这一事实,也没有展示陈燕飞向所有记者陈述的她之所以敢下水救人的原始思想和原话,而只是过多地用人为拔高的思想和人们司空见惯的豪言壮语强加在她身上,结果,陈燕飞的形象反而不能令人信服,陈燕飞本人也自感压力很大,有苦难言、有口难辩。几天后,作为姗姗来迟的上海《青年报》记者何建华所采写的《陈燕飞谈救人前后》一文,却获得意外成功。该文如实地援引了陈燕飞的思想和话语:“我敢下河救人,也是有一定把握的,我小学四年级就学会了游泳,读中学时受过训练,进工厂后又当过两年救生员……事后我跟好多记者都谈过我会游泳,可不知怎的,他们都没写出来。”“现在我做了一件好事,人们把我说成英雄,其实我还是我,一个普通的女工。”朴实无华的语言,真挚感人的思想,使一个令人可敬可亲又可信的人物形象活立在人们眼前。难怪不少读者看了这篇报道后连连感叹:这才是真正的陈燕飞,这才是生活中的先进人物。

应当提醒的是,人物是思想和有个性的话语,应当逐字逐句地记录,而不应使其经过一道笔记走样、变形。

5. 记观察所得

著名作家刘白羽曾经说过:“访问人家,也不是光记,对方的表情、言谈笑貌、特征、房屋的陈设,都在对方不知不觉中观察得清清楚楚了。”在西方记者看来,首先是记采访对象的谈话,仅次于此的则是捕捉记录对方的神情、装束及环境布置等,如手势、相貌、动作变化、服饰、环境布置陈设及天气等自然景色。这对新闻报道生动感人、有立体感,对揭示新闻主题、刻画人物个性,常常起到独特的作用。例如,著名记者格洛里亚·斯塔纳姆关于对世界著名演员迈克尔·凯恩的报道有如下成功的描述:“他有二十副眼镜(可能是他用胶布粘一副破眼镜时学聪明的),但是戴着的这副,镜片上却满是指纹。六尺二的身躯看来颇为高贵,只是头发蓬乱,领带歪斜。当他呷着咖啡又点上一支吉坦烟的时候,没有金色烟盒和打火机的闪光,只看见一些书形火柴和一个压扁了的小纸盒。”寥寥几笔,入木三分地刻画了大演员不拘小节、不修边幅的个性。

6. 记记者的联想

在听采访对象叙述时,记者常会产生一些联想,如这个材料好,可修订或充实原已选定的新闻主题;那个材料虽不错,只是浅了些,还需要深挖等等。这些联想可能稍纵即逝,因此,记者必须及时简录在所记的同类材料旁。这实质也是个边采访、边构思和由浅入深、由此及彼的思维过程,采访一结束,稍加整理,便可进入写作阶段。

外国新闻学家普遍认为,所谓记者,不仅是个问者、听者、观者,更是个“记”者,不管采访设备如何先进,记好笔记永远是记者的一项重要技能。在西方多数记者看来,如果你不能做笔记,就不必干记者这一行。即使是在十分困难或对方不让做笔记的情况下,许多记者也要想方设法做笔记。例如,美国记者约翰·根室常在妻子的帮助下暗中做笔记,在东京的一次宴会上,根室感到周围的谈话十分精彩、迷人,就起身道了歉,走进男厕所,迅速在一张信封的背面把内容记了下来。有些记者出席宴会则带一张报纸,掌中藏一支短铅笔,一遇有价值的材料,就偷偷以膝盖当台子,利用广告空白处记录。即使是在录音机普及的今天,记者采访仍然应以笔记为主,因为录音机虽能较准确地录下对方的全部谈话内容,但在写作前要重新播放整理,这就等于再进行一次笔记。同时,对新闻的生动性、时效性尤为不利,正如美国新闻学教授阿伦森所说的那样:“一部电子装置不断地冷酷无情地转动着,录下了你的被访者的每一句话,如果他意识到这一点,他讲起话来可能不那么自然了,就会开始做起不是你所需要的讲演来。”美国在一次调查中,234名记者中约75%反对使用这只“双面兽”:“要是不做笔记,整个采访录音必须重放——至少两次。大量的时间白白浪费,新闻的处理慢慢腾腾。”另有记者抱怨:正当采访对象谈得渐入佳境时,一句话刚说到半截,“咔嚓”一声,磁带完了,必须翻面,可能导致思路中断。因此,许多西方记者都舍弃录音机,而重新改为做笔记。

三、记录的注意事项

究竟应当如何做笔记,这没有定律,应当因时因地因人而异,全靠记者在实践中摸索。有两个事项要注意——

(1) 行与行之间的空白要留得宽一些。这便于记者随时插入要补充和改正的同类材料,还可插入记者的思索、联想和认识。若是行与行之间搞得"密不透风",无"立锥之地",那么,有关方面的材料就很难插入,假如另辟一页记录上述材料,无疑又增加了最后整理笔记的难度。

(2) 字迹应尽可能工整。在快速的前提下,记者笔记时的字迹要尽量工整、清晰,特别是涉及人名、时间、数字、符号等关键字眼,应当一笔一笔地记清楚。若是乱涂乱画,当时记录可能明白,事后整理笔记时,恐怕就难以辨认了。此方面的教训,举不胜举。

思考题:

1. 创造良好访问条件的重要性及其内容是什么?
2. 记者仪表风度的设计有哪些意义与原则?
3. 怎样认识记者和采访对象的相互关系?
4. 形态语言具体构成方面有哪些?
5. 注意转换有哪些意义和做法?
6. 提问有哪些形式及注意事项?
7. 调查座谈会有哪些益处及注意事项?
8. 为什么要强化视觉功能?
9. 现场观察的注意事项有哪些?
10. 听觉的过程是怎样产生的?其运用时的注意事项有哪些?
11. 记录内容的主要范围有哪些?

第四章

深入与收尾(采访后期)

采访的深入与收尾阶段也即采访的后期。记者欲求得对事物全面、深刻的认识,必须经历一个由初步接触,获得浅显的感知,然后由此及彼、由表及里、去粗取精、去伪存真的思维认识过程。因此,较之采访前期、中期,采访后期的活动量看上去虽不算太大,但质的要求不低,因为它关系到对前阶段采访效果的巩固、扩展,又关系到下阶段新闻写作的基础是否扎实、完备。因此,它是一个承上启下的关键阶段。

第一节　注重深入采访

俗话说:"要想得甘泉,井要挖得深。"新闻采访亦是同理。记者所要得的"甘泉",即抓住事物的特点和本质。这通常也是深入采访的标志。在深入采访中,记者若想使"甘泉"如愿以偿,除了掌握必要的采访方法、技能外,还应具备思维的广阔性和深刻性等良好的思维品质。

一、悉心抓特点

思维的广阔性要求人们,要认识某一事物,既要善于抓住问题的广阔的范围,进行创造性的思考,同时,又要抓住个别的、具体的细节,因为这些个别的、具体的细节往往是事物本质和规律的鲜明体现,也即事物的特点所在。凡事物都有特点,即此一事物与彼一事物的相异之处。譬如,同属祖国的名山,但特点则各有不同,华山多好峰,黄山多好松,庐山多好瀑,衡山多好云。同是为革命事业献身的女共产党员,刘胡兰是严守党的机密,临危不惧,英勇就义;向秀丽是为了国家和人民的财产及生命少受损失,舍生忘死,奋勇献身;张志新则是为了坚持真理,同邪恶势力作斗争,百折不挠,宁死不屈。因此,一个记者是否具有全面看问题的思维品质,既关系到采访时能否抓住事物的特点,也关系到新闻报道能否克服一般化的通病。

在深入采访中,记者应当怎样抓取事物的特点呢?具体有三方面——

一是看准形势抓特点。我们的一部分新闻属于宣传报道,而新闻宣传报道一个时期有一个时期的中心,这个中心就是当前党和政府的中心工作,也即当前形势。记者在采访中要抓取事物的特点,首先得站在这个全局上,围绕这个中心进行。新闻界通常也称形势和工作中心为报道的"火候"。记者只有看清并准确估量形势和中心,才能恰当地估量每个具体事物在这个形势和中心中的地位及意义,抓特点方能有准绳和有的放矢。

二是通过比较抓特点。比较,是人们确定事物之间同异的思维心理活动过程。它在人们对客观事物的认识中,具有重要的意义。可以讲,人们对于客观事物的一切认识,离开了事物与事物之间的比较,都难以进行。新闻采访也是一样,离开了对事物的比较,就难以产生认识,也难以抓取特点。况且,有些事物的特点显而易见,容易抓取,有些则较为隐蔽,需要记者下工夫鉴别,而要取得鉴别,则一定离不开比较。比较通常从两个方面进行——

(1) 通过纵断面的比较,也即顺序比较法。即从历史的角度看问题,将一事物同它过去的同类事物相比较,只要在量和质上找出事物之间的相异之处,就是特点所在。如第二十三届奥运会许海峰一枪定音,使我国的体育在奥运会上有了零的突破,喜讯传来,我国报纸均在头版显著位置刊登,广播电视也是大张旗鼓地报道,并配发社论、评论和贺电等。但同样是在这届奥运会上为中国获得的另外十四枚金牌的消息,均未像零的突破那样予以突出处理。原因何在?说明零的突破有量与质的飞跃,有鲜明的特点和不同凡响的新闻价值。

(2) 通过横断面的比较,也即对照比较法。即把一事物置于同一时期的同类事物中相比较,继而找出它们之间量和质等方面的相异之处,就是特点所在。例如,这些年来,披露保姆、钟点工不端行为的负面报道较多,使人们对他们产生戒备心理,许多雇主甚至宁可自己多做些,毅然辞退了保姆或钟点工。然而,上海媒体不久前联手推出了一个典型:65 岁的钟点工潘巧英阿姨,为东家工作 11 年,买菜、做家务,工作不仅勤勤恳恳,还为东家精打细算,将平时节省下来的 7 320 元菜钱送还东家。潘阿姨这金子般的心深深地感动了雇主和广大受众,感到保姆和钟点工中还是好人多①。

三是选择角度抓特点。即把大的、总的报道思想及题材,选择一个最有特色的侧面、切入口,然后深入挖掘,以小见大,通过具体、新鲜的事实表现主题。这是因为,事物是由各个方面的诸多因素构成的,看问题的角度不同,对事物的认识程度就有深浅。因此,要使新闻报道给人留下一读难忘的印象,记者就应善于选择最佳角度去反映事物的特点。例如,某年夏季,江苏、安徽等省发生特大洪灾,一段时间内,抗洪救灾成为新闻报道的热点,成百上千的报道应运而生,反映的主题都是共同的:在特大灾害面前,有党在,有组织在,一切都能得到解决。但平心而论,深刻反映主题、有特色的报道寥寥无几。而《高考史上的奇迹:江苏九万多考生特大洪涝灾害中无一缺考》一文(新华社 1991 年 7 月 1 日播发),在角度选择及深刻反映主题上则令人拍案叫绝:在正常年份,江苏高考往往有漏考的,而今年在特大洪水使许多地方遭淹的情况下,却无一人缺考,从而有力地证明了党的力量和各级政府的工作;在特大洪水面前,九万多考生居然能安下心来考试,说明灾区群众情绪是十分稳定的,对党和政府是充分信赖的,从而更深刻地揭示了主题。可以说,通过这一角度的选择及其对新闻事实的挖掘,从而对新闻主题的揭示,胜过千言万语。

在选择角度时,应当抓住三个字——

一要比。即要求记者在明确报道思想和详细占有材料的基础上,先试选几个角度,然后逐一分析比较,看哪个最能体现特色和主题。例如,要反映新疆这几年的发展变化,角度应当不少,新华社记者顾月中试选了若干角度,最后确定以邮局为切入口,即新疆的许多邮局多少年来始终很忙,尤其是各类包裹的投寄量特大,但早些年,绝大多数包裹是内地各省寄至新疆,吃的、用的,什么都有,是内地亲友寄给支边知识青年的。改革开放这些年来,包裹投寄量依然很大,但性质变了,内地寄至新疆的只是极少数,绝大多数则是新疆知青寄给内地亲友的,葡萄干、羊皮衣等,应有尽有。《从邮局看变化》一文发表后,在全国产生广泛影响,并被评为当年好新闻。

二要小。角度、角度,就是一角,一个侧面,不能贪大求全、面面俱到,只有这样,新闻报道才能集中突出,深刻具体,并能收取以小见大、一叶知秋之效。否则,就空泛、浅薄。例如,要体现我国"严打"斗争的重要性和必要性,题材和角度都很多,但《歹徒拦路行劫不料"撞"到警车上》一文,讲的是温

---

① 《新民晚报》,2011 年 3 月 9 日。

州市苍南县公安局30多名干警夜间行动,打击车匪路霸,在某山区公路遭歹徒拦截,从一个侧面令广大受众感到:不“严打”不得了!“严打”斗争实在必要!

三要异。即避免雷同、效仿,要精于避熟,要敢于独创、标新立异。只有这样,新闻的特点才能抓好、体现好。例如,同样是报道见义勇为,《“外国人的勇敢让我脸红!”》一文则别具一格,说的是某个大白天铁路上海站附近的天目西路某处,五六个歹徒威逼路人交钱,路人纷纷躲避,无人敢上前制止。只见一位“黄发蓝眼”的外国男子大声呵斥歹徒,让一正在遭抢的路人得以逃脱。歹徒恼羞成怒,拔出匕首相威胁,外国男子毫无惧色,勇敢上前夺刀,终于吓退众歹徒。此新闻很有特色,一经刊登,市民口口相传①。

二、悉心抓本质

当今时代,新闻报道既要讲速度,也要讲深度,人们看、听新闻,不仅要知道“什么事”,也要探究“为什么”、“怎么样”。因此,就要求记者充分发挥思维的深刻性,深入到事物的本质中去,揭示事物现象的根本原因及其后果,增强新闻报道的力度、厚度、深度,以满足人们的需要。

要深入挖掘事物的本质,当注意两点。

一是对问题要想得宽一点、远一点。即记者调查研究的面要宽广一点,思考问题要深远一点。没有广度,就难有深度。好比一位下棋高手,心中需装着一盘棋,走一步棋的同时,下一步、下两步棋该如何走也已成竹在胸。无数实践证明,记者如果只是看到、想到事物的某一个局部和眼前,手头只有一些零碎材料便急于动笔,而不再从更大范围和更深远处考虑问题,那么,新闻报道就反映不了事物的本质,就不能触及时弊,也容易陷入片面性的泥潭。从某种意义上说,采访的深入和本质的挖掘,主要是动脑筋的结果。例如,每逢毛主席为雷锋同志题词纪念日这天,许多城市的各主要街头,几乎都设有为群众免费修理自行车、电视机等摊点,许多厂矿企业都派出“青年服务队”、“学雷锋小组”为民服务。在热闹了一天之后,人们纷纷议论:雷锋精神为什么不能天天发扬光大,“雷锋叔叔”为什么每年只有一天“探亲假”?总之,人们各种议论都有,主题只有一个,即希望学雷锋能落到实处,雷锋精神能扎下根来。某记者也在思索这一问题:在倡导发扬光大雷

---

① 《新民晚报》,2006年5月20日。

锋精神的同时,能否通过某些行之有效的形式和措施将这一活动固定下来,并持之以恒地开展下去。该记者心往这方面想了,第二天,他腿脚也自然朝这些地方迈。他来到团市委,团市委青工部部长听了记者一番感想后,颇有同感地说"我们算是想到一块了!"根据团市委提供的线索,记者来到了上海自行车三厂等单位,了解到:这些厂家或把有关街道待业青年请到厂里培训,或派有经验的工人师傅下街道里弄上课、传授有关修理技术,既走出了各厂自己"为您服务"的新路子,又扩大了为群众服务的队伍,还帮助广大待业青年学会了一技之长,收到了"一举三得"的效果。该记者当晚写出《青年服务队热心传技　一批待业青年加入修理服务队伍》一文,第二天,《解放日报》在一版头条位置予以报道,著名编辑、该报副总编辑陆炳麟还亲自为此文配发了短评《把青年服务队活动水平提高一步》。

二是对问题要钻得透一点、深一点。即记者对问题要钻研得透彻、深刻些,要在所收集的大量新闻素材的基础上,经过感性认识到理性认识的多次反复,把假象的材料予以剔除,直到把问题的本质挖掘出来,而不是浅尝辄止、似懂非懂,让一知半解或误解代替认识。西方记者对此问题讲得既透彻又幽默:采访时当傻子并非蠢事。不要怕说我不懂,如果不懂装懂,日后可能会付出代价。带着满脑子问号回到编辑部,这才是他们可能干出的最蠢的事儿。

许多老记者都指出,对事物和问题要钻研得深透,采访中就不能轻易满足所得材料,也不要轻易宣布采访结束;谈话提问时,不能一针见血的话,也要打破砂锅问(纹)到底。

三、自觉克服有碍深入采访的思想障碍

在深入采访中,记者还应以良好的意志品质,自觉地克服、排除有碍深入的思想障碍。这些思想障碍具体有——

1. 盲目自满

明明只是接触了一些皮毛,获得了一些表层的材料,对事物的本质还没有取得真正的认识,却自以为差不多了,稿子可以凑合了。这样,就有碍记者再深入挖掘本质的材料。美国哥伦比亚大学新闻学教授麦尔文·曼切尔在《新闻报道与写作》一书中说得好:"记者好像是一个勘探者,他要挖掘、钻探事实真相这个矿藏。没有人会满意那些表面的材料。"

2. 追求数量,忽略质量

这是单纯的任务观点在作怪,记者满脑子装的只是指标,只是满足于每月多上几篇稿子,而忽略了就一篇稿子在深度、质量上多花工夫,这样,势必不求甚解、粗制滥造。

3. 怕苦畏难,不愿下基层

以为下基层、找群众挖掘材料,既费时又费力,事倍功半,还不如跑机关找干部、找简报省事。采访只是浮在上层,深入二字就无从谈起。

4. 先入为主

采访只是硬套框框,不尊重客观实际,毫无灵活性的思维品质可言。因此,眼界难免狭窄,材料难免浅薄。

5. 重实践,轻理论

实践证明,记者的理论修养越好,深入实际就越易发现、提出和解释问题。若是仅凭经验办事,则往往产生想深入却不知道该如何深入的问题。因此,从深入采访的角度出发,记者更应重视平时的理论学习。

古人曾为我们概括了一条深刻的哲理:“入之愈深,其进愈难,而其见愈奇。”中外许多著名记者也以他们的实践证实了这个道理。如20世纪30年代的名记者范长江,历经了两年的艰难采访,“脸被风沙吹打烂得连熟人都认不出”,才写下了40余万字的著名通讯而流传于后世;斯诺不把“脑袋瓜系在裤带上”深入延安采访,也写不出震撼世界的《西行漫记》。我们当以此为楷模。

第二节 仔细验证材料

如果依照解决问题的思维程序来看,前面所述采访的所有程序和环节,皆统属于提出假设阶段。由于客观事物的错综复杂,加上采访对象或多或少地受到心理情绪、表达能力、周围环境等各种主客观干扰因素的影响以及记者采访技能的不熟练程度等,都可能影响这种假设本身的正确程度以及假设实践过程中所得效果的正确程度。因此,记者就有必要将前阶段采访所得的有关材料,再放入实践中进行验证,即进入解决问题的思维程序的检验假设阶段。

根据有关原理和实践,验证的方法主要有两种——

1. 以记者智力进行验证

在有些材料不能直接付诸采访对象面前验证时,就需要通过记者的逻辑推理,凭借以往积累的知识与经验,从而对有关材料作出合乎规律和实情的检验。譬如,记者对采访对象提供的某个数字认为过大或过小,对某个细节、事实觉得不合情理或实际,此时,就可先在头脑里用以往的知识与经验来检验。这种检验方法虽只是看作判断认识正确与否的一种辅助手段,但是,该方法是可靠的,它并不排斥和否定实践是检验认识正确与否的标准,因为记者所凭借的知识与经验也完全是在人们的实践中产生并在实践中得以验证的。例如,《牛与西红柿结良缘培育出新生命》一文,曾在我国不少报刊上热闹过好一阵子,稍有点生物常识和经验的人即可判断不可能。因为动、植物界之间的亲缘关系非常之远,要使其细胞融为一体并产生一种新生命,目前的科学还做不到,尽管这是英国的《新科学家》杂志刊登在先的,我国有关摘录者也应鉴别其真伪。再则,英国《新科学家》杂志刊登此文是 4 月 1 日,这在国外是被称作"愚人节"的日子,报刊杂志常会杜撰一些新闻同人们开开玩笑,我国摘引者若有此知识,也不至于摘引了。事实上,像猴子牧猪、九旬老人长新牙、百岁老妇怀孕之类的新闻,记者凭借知识和经验是能够鉴别其真伪的。

2. 再直接通过采访实践进行验证

应当指出,此时的采访活动与一般的收集新闻素材有很大程度的区别,前阶段的采访是排斥那些没有新闻价值的事实,此阶段采访是排斥那些不是真实事实的新闻。换言之,这是记者为了验证到手的新闻素材而寻找、接近新闻源的采访实践。

一般而言,只要找到新闻源和当事人,新闻材料能够得到验证。但是,有这样一种现象必须指出,即找到了当事人,并不等于接近或找到新闻源。例如,有一年山东有位姑娘跳龙潭被人救起,一位自称救她的青年向记者详细描述了当时的救人情景。稿子写好后,记者送给被救姑娘看,该姑娘也点头认可。但稿子刊登后,却引起了许多知情群众的不满,他们指出:该姑娘是另外四位青年一起救的,只是人家做好事不愿留名罢了。后来,记者再次去问被救姑娘,该姑娘也说不清,因她当时正处于昏迷状态,怎能说清被救详情。

实践证明,在许多情况下,要求记者将上述两种检验方法结合起来交替使用,方能最大限度地验证材料的真伪,最大可能地接近新闻源。

再则,在验证材料时,记者一定要克服侥幸心理和主观主义,代之以客观的实事求是的科学分析态度。任何主观武断、先入为主或侥幸、惰性心理,都是验证材料的大敌,都可能造成报道的失实。例如,《云南日报》曾刊发关于该省迪庆军分区司令员李国忠的失实报道,说该司令员拒绝为其儿子安排工作,还说他儿子成了个体户,在大街上卖面包。其实,其儿子已是在押多时的罪犯。这篇稿子是昆明军区某部战士蒋某采写的,该战士说他同李司令交谈过,所有材料都是李司令亲口提供的。《云南日报》刊发前也曾想核实并确已找作者本人核实过,一听说是司令员亲口提供的,况且,在这之前,新华社和《中国青年报》已先后播发和刊登,于是,就不再追问了。显然,记者盲目依赖单一信息来源是十分危险的,万一这个信息本源提供的信息是虚假、错误的,那么,记者采写的报道就必定是虚假、错误的。

在验证材料的问题上,西方新闻界的认识同我们没有本质的差别。他们十分强调:要把事实差错消灭在采访阶段,要求记者在采访中始终保持高度的警觉并要求伴随以质疑的习惯,一种反复核对事实的愿望。在验证材料时,他们主张"三角定位法",即如果要确定一个事实的真实、准确程度,要通过三个信息来源核准。譬如,记者若是采写一篇关于经济犯罪的报道,仅得到罪犯本人亲口承认的事实还不行,还得去找警察或检察、司法部门,要求他们提供第一手的侦察材料予以佐证。此外,记者还得访问专门从事经济工作的人员,请他们协助验证这些犯罪事实的可能性和可信性。上述三个方面获取的事实若是一致的,这个经济犯罪事实方可予以确定,若是缺一只"角",即缺一个信息来源,就不予以确定。

验证材料的工作属"检验员"的性质,在采访中绝非可有可无,而是非有不可。没有这道"把关"工序,前面所有付出的辛劳,都有可能因一个小差错未能予以剔除而功亏一篑,甚至产生严重恶果。

第三节 迅速整理笔记

应当强调,每次采访活动告一段落后,记者不管有多么疲劳,都应当尽力克服之,并毫不迟疑地立即整理采访笔记。

这是因为,人皆会产生遗忘形象。所谓遗忘,就是指对识记的事物不能回忆。遗忘的心理活动在进展上有个"曲线"规律——先快后慢,即在对事物识记后的短时间内就会出现遗忘现象,而且以较快速度进行,甚至几乎成垂直线,而经过一定时间的间隔后,遗忘则进展得较慢,几乎成水平线。至此,人们对原先识记的事物已遗忘许多,记忆的量已发生很大的变化。譬如,尽管笔记中都是自己的笔迹,但因记得匆忙,加上识记不深,时间一久,恐怕有些字句连自己也难以辨认。美国记者罗伯特·本利奇,有一次在采访几天后才整理笔记,结果,竟觉得简直像是看上古的楔形文字。他试图耐着性子,努力辨认、破译了几次后,终于甩手不干了。事后,他为此专门写了一则小品文,自嘲如何无法看懂自己的笔记。

这还是记者已经见诸文字的笔记,采访中尚有许多靠心记的材料,若不及时回忆整理成文字,事后整理的难度则一定更大。

值得一提的是,在记忆的量发生很大变化的同时,伴随着记忆的质的变化,而记忆的质的变化恰恰又是构成遗忘的重要因素。一般讲,人们对刚刚识记的事物,在记忆上属于是一个整体,但是,随着时间的推移,记忆的内容就会逐渐分解成有很多裂缝的片断,而如果要把这些片断再回忆起来,就必须靠头脑中过去的经验来填补这些裂缝。心理学家通过复述故事的形式进行了专门试验:请某人向大家复述他几天前听过的某个故事,故事的重要情节他都还能记住,但为了使故事真实可信不走样,他就不可避免地凭经验填补记忆内容的裂缝。结果,复述的故事越来越变质,越来越走样——故事的长度缩短或是加长;故事中的人名、地名、称号、头衔等部分或大部分变更与丧失;细微的情节越来越细,且越来越合理;故事中的原有语言,随复述者的语文水平和语言习惯而改变。

因此,记者应当自觉地在采访活动告一段落时,迅速将所得材料,其中既包括笔记材料,也包括心记材料,或是修订,或是补记,然后一并编码、归类。因为此时遗忘现象尚未产生,记者对所记材料容易产生回忆。否则,一过记忆上的这个"黄金时段",遗忘现象便产生,而且会以较快速度、较大幅度进展,待到那时,记者再拍脑门,即使用几倍的努力去恢复已经遗忘的内容,恐怕也难以奏效,差错也将伴随而至。

至于怎样整理笔记,并无定法。总结中外记者有关这方面的实践,大致可分以下几个步骤。

(1) 通读笔记,回忆整个采访过程,将心记的内容迅速用文字插入同类的笔记材料旁,并纠正、修订难以清晰辨认的笔记内容。

(2) 再通读初步整理的笔记材料,标出页码,并在可能用的材料旁作上自己熟悉的标记,如△、★、✓等。

(3) 根据确定的新闻主题的需要,对材料分门别类,着力使笔记变为写作提纲。最好用不同墨水的笔,将材料根据其归属的部分,分别标出1、2、3、4,或是甲、乙、丙、丁,或是a、b、c、d。

"应迅速整理笔记,不要等笔下的飞龙走蛇变成没有意义的死龙僵蛇","没有绝对不忘的东西。要趁早动笔,把精湛、细致的采访素材写在纸上进而变成文章,越快越好。成功的采访十分宝贵,容不得耽搁;干这一行,快如风,不误功”。中外记者的这些论述,皆可谓是宝贵的经验之谈。

第四节 积累剩余材料

每次采访所得的材料,真正用进新闻报道的只是一部分,许多材料则暂时派不上用场。此时,记者应当结合平时的资料积累工作,善于把这些暂时不用的材料积累、储藏起来,以供日后所用。

搞好材料或资料积累的作用和意义在于:有利于记者在采写新闻时了解过去、指导现在和预测将来;有利于新闻报道更有新意和深度;有利于记者从中产生联想进而获取新闻线索。我们常为一些老记者情况熟悉、新闻线索多、知识丰富而赞叹,更为他们引经据典得心应手、行文时文采飞扬如吐玉泻珠所折服。殊不知,这并非一朝一夕之功,平时注重资料积累是一个重要原因。“不积小流,无以成江海”,形象地说明了这个道理。一位老记者曾这样说过:“平时积累多了,使用起来,就可以从广阔的历史背景上观察问题,从不同角度对比选择材料。这样他才能挖掘比别人更多、更新、更深的东西,才会有独到的见解,写出有特点的报道。”

曾听有些记者这样谈到,应付每天的采访报道任务还来不及,哪还有工夫去搞资料积累?也听到这样的议论:积累资料是远水解不了近渴,况且又费时又费力,没有必要。其实,这是一种模糊认识,是患了一种“近视症”。古今中外,凡是与文字工作有缘并有所建树的人,都离不开资料积累,都在这方面长期坚持而花费了极大精力。鲁迅先生就很重视资料积累工作,他说他在这方面是“废寝忘食,锐意穷搜”。他研究中国的小说史,就从上千卷书中寻找和积累了不计其数的资料。达尔文从1831年作航海考察,经过整整27年的资料积累和分析,才写出了轰动一时的《物种起源》这一划时代的巨著。也有记者提及:如今网络如此发达,资料如此丰富,记者还有必要去积累资料吗?殊不知,这说的是两码事,属性不一样。网上的资料具有广泛性,记者自己积累的资料具有专一性,一旦派上用场,产生的价值和意义就可能非同寻常。

积累资料当从点滴入手。记者除了积累每次采访的多余材料外,在平时的看书学习和社会接触中,要留心各种对记者工作有用的资料和情况,并养成随手摘录的习惯。在这个基础上,逐步建立起自己的资料“小仓库”,待到要用时,可随时从中选取。例如,1956年,著名女记者金凤被调到《人民日报》国际部当编辑,这对于她来说,业务上是一个全新的领域。为了在国际新闻写作、编辑方面闯出一条新路,金凤日夜抓紧阅读苏联著名作家爱伦堡和萨斯拉夫斯基的政治性通讯、国际小品和随笔,大量阅读美国著名政治家李普曼的作品。同时,她着力收集、研究美国总统和英国首相等人的言论及各类资料。据此,在日后的英法出兵埃及失败之机,她一连写了十多篇风格独特的国际随笔和小品。以致她后来调河北省当地方记者时,当时的河北省委第一书记林铁见到她时问道:“你那些国际小品是在英国写的吧!”其实,金凤没有到过英国,只不过是她收集、积累的丰富资料帮了她的忙。

要搞好资料积累,是有一些方法可以掌握的。其中主要有两点:一是勤奋读书、勤于摘录;二是坚持不懈、持之以恒。老一辈革命家谢觉哉同志曾经说过:“你们当记者的,每天都要抽一点时间读书,抽半个小时也好。”著名文史专家廖沫沙同志对资料积累也曾作过生动的比喻:“这就像农民捡粪一样,农民出门,总随手带个粪筐,见粪就捡,成为习惯,专门出门捡粪,倒不一定能捡很多,一养成习惯,自然就积少成多。积累知识就得有农民捡粪的劲头。”

记者的采访本是积累资料的良好工具。因为记者平时总随身带着笔记本,遇有价值的资料就随手记下,这是最简单方便的方法。许多老记者每个时期的采访笔记本都保存得很好,晚年写些传记、回忆录什么的,即使是几十年以前的事情,但只要一翻那个时期的采访笔记本,往事就可历历在目。已故著名战地记者陆诒,在85岁高龄时还常常发表回忆文章,并出版了30余万字的《战地萍踪》一书,全得益于他精心保存的百余本各个时期的采访笔记本。除了采访笔记本,记者还可搞些活页卡片、剪贴等,这样便于归类、查阅。

为了使资料易于收藏并使用方便,对资料应当不定期地做些整理、分类、取舍工作。随着时间的推移,资料越积越多,容易杂乱,经常地予以整理,是不可缺少的一环。按照历史唯物主义的观点看问题,客观事物在不断变化,有些资料过时了,应予剔除;有些资料原先记得不完整,应及时补充完善;有些资料原先搞得不确切或有错误,应尽快予以修正。

对资料要分门别类,或用大纸袋装好,或用大夹子夹好,做些标记、目录、索引,或将资料存入电脑等。

资料分类的方法多种多样,主要根据自己的工作需要和习惯而定。有人将积累资料工作归纳为十个原则,虽不完全准确,但颇值得参考。这十个原则是:一是指向原则,即收集资料应有明确的方向;二是优越原则,即要求对资料能够善于分析,去粗取精;三是统筹原则,即对资料要从上下、纵横各个方面统筹兼顾;四是价值原则,即收集的资料要经得起时间考验;五是及时原则,即发现有用的资料应立即做成卡片;六是认真原则,即资料的精确性力求丝毫不差;七是全面原则,即对某一问题应尽可能全面、系统地收集;八是求新原则,即注意收集新动向、新思想、新成就;九是系统原则,即要系统整理,合理编码;十是持久原则,即要作长期艰苦的努力,持之以恒。

第五节　认真提炼主题

所谓新闻主题,即指新闻事实所提出的主要问题及其表明的中心思想。它是贯穿一篇新闻的主导思想、主脑和灵魂,是决定新闻的思想意义和指导作用的根本因素。新闻主题与一般文章主题的概念基本相同,通俗地讲,即指作品拥护什么,反对什么,肯定什么,否定什么,要解决或说明的主要问题是什么等等。

一次成功的新闻采访,一篇质量高、价值大、思想指导性强的新闻作品,无一不同新闻主题选择、提炼得好而息息相关,正如古人所说:"文章成败在立意。"

主题的源泉来自于生活,来自于生活的本质,主题是从生活中概括升华出来的思想和观点。新闻主题是从采访及其所获材料中选择、提炼出来,反过来又统率采访、写作及所有材料。因此,新闻主题又可称之为采访写作的"统兵之帅"。

长期来,在对新闻主题的认识上,有两个问题争论颇大,对此,有必要予以清理。两个问题具体是——

1. 一篇新闻究竟允许有几个主题?

有人认为,一篇新闻可以有两个或两个以上主题并存,或称为"第一主题、第二主题",或称为"明主题、暗主题"。例如,报告文学《亚洲大陆的新崛起》的作者黄钢,就自己认为该文第一主题是党领导下的李四光能在石油地质、地震预测上取得如此大的成就,那么,党领导的四化建设也必然会成功,第二主题是写李四光的科学道路,不走爬行主义,不走崇洋媚外的贾桂式道路,靠自己的力量,亚洲大陆会崛起的。

我们不能同意"两个主题"或"第一主题、第二主题"的说法,而必须强调:一篇新闻一个主题,这是新闻报道的一个原则。这是因为,主题即中心,有了中心,文章就集中、深刻;反之,多主题即多中心,中心多了,文章还谈何集中、深刻？一军之中只能有一个帅，帅多了则等于无帅。同样道理，新闻主题不能搞“集体领导”，只能强调“民主集中制”。清末作家刘熙载所著《艺概》一书中讲作文有七戒，其第一戒即“旨戒杂”，也即主题不要芜杂，要集中。

当然，有一种现象也必须承认，即记者在某次采访中，面对的某个人或某件事，确实存在两个或两个以上的主题，此时，为了坚持原则，又解决矛盾，记者可以采取下述三个方法处置：

第一，忍痛割爱保精华。即记者将所得材料与主题同党和政府的中心工作及编辑部报道宗旨相对照，看哪个主题及材料与其吻合，吻合的，则报道，不吻合的，则毫不可惜地舍弃。

第二，一剖为二分别发。即记者面对的两个主题若是与党和政府的中心工作及编辑部报道宗旨都吻合，那就将它们分开，写成两个单篇发表。

第三，注意发展搞系列。即记者若是觉得某一主题及材料舍弃可惜，但与另一主题及材料分别组成单篇发表又暂时欠丰满、欠成熟，那么，记者则先选择丰满、成熟的主题及材料发表，另一主题及材料则暂时存放手头，并密切注意其发展，待其成熟、丰满时，再予以发表。这叫系列报道，很受群众欢迎。

2. 采访阶段究竟要不要选择、提炼主题？

有人将采访与主题割裂开来看，认为采访就是跑材料，选择和提炼主题只有在动笔写稿时才考虑。显然，这是不符合新闻工作规律的。譬如，“烧干饭”是主题，那么，就得多拿些米、少放些水；十来个人今天中午要到你家吃馄饨，那么，你至少得买三五斤馄饨皮子，买半斤一斤就不行。采访和主题难道不是同样道理吗？意在笔先么。况且，将采访和主题割裂开来，也容易出现两种弊端：一是采访由于缺乏明确主题指导就难以深入；二是写作时常常感到材料不够或不对路，得重新采访。因此，有经验的记者几乎是在采访的同时，已将主题确定好了，或是边采访边选择、提炼主题。

在新闻报道中，常有主题处理不当的现象出现，其主要原因是——

第一，主题选择偏杂。主题繁杂，势必就含混不清，报道就不深不透。例如，前几年上海复旦大学发生了一场火灾，某家报纸第二天就作了题为《复旦大学昨扑灭一场火灾》的报道。

昨晚8时许，市建204工程队在复旦大学校园内的一处工棚突然起火，校内广大师生和驻沪空军某部七连指战员、消防队员奋力扑灭了这场大火。

起火以后,这个学校的生物系、物理系、化学系学生首先从教学楼和大礼堂内冲出来赶到现场扑救。附近正在看电影的驻沪空军某部七连指战员见到火光后,跑步赶到现场,师生和指战员、消防队员一起,经过几十分钟的奋战,终于扑灭了这场大火。这次事故的原因正在调查中。

这篇200字不到的新闻,主题却可以有三个:一是反映军民奋勇扑灭火灾,这就要侧重记叙指战员和师生的动人事迹;二是批评学校消防工作较差,这就要补写诸如消防队赶到后,一刻钟内找不到救火用水龙头等细节;三是描写火灾扑灭的意义,这就必须交代着火的工棚附近,有物理系实验室的储氢间,如果氢气瓶爆炸,后果不堪设想等等。上述三个主题任选一个,配置适当的材料,新闻报道就会有意义、有深度,而不流于一般的消息报道。显然,这是记者主题没选择好,采访时没能有效挖掘材料所致。

第二,议论成分偏多。有些记者不善于通过事实表达主题,而是用议论甚至大段空洞议论直接说明主题,这就使报道缺乏说服力。

高尔基认为:"主题产生于对生活的观察,产生于日常生活描述的事实。"新闻报道的基本要求之一是坚持用事实说话,那么,通过对事物的描述显示记者的思想感情,这是表现主题的最基本的手段。事昭则情理分明。

当然,关于议论的问题,也不要搞一刀切。有些新事物的意义比较重大,一般群众一时还没有认识到,不发议论不足以说明事物的本质,也难以使主题升华,那么,记者可以适时少量地发几句精辟而准确的议论,但如果滥发议论,特别是对那些不言自明的事也要发通议论,那就画蛇添足了。

要提炼好新闻主题,首先要选择好新闻主题。现实生活既丰富多彩又纷纭繁杂,为记者的报道提供了丰富的题材与主题,但不是所有这些题材、主题都可以报道的,这就要求有所选择。

记者在选择主题时,是有强烈倾向性的。对同一新闻事件,由于记者的政治立场不同,选择主题时也会不同。我们选择主题时所主张的倾向性是政治上重要、为受众所注意、涉及最迫切问题这三个基本原则。

所谓政治上重要,即指具有方向性或对全局有影响的、有一定政治思想高度和政策思想高度的主题。具体而言,即它与全国形势紧密相连,对实际工作和社会生活有普遍指导作用或教育意义,是现实生活中的主要矛盾,是时代的精神和主流。例如,2011年6月4日晚,中国姑娘李娜夺得法网女单冠军,从政治角度考察,这不仅是创造了历史,提升了中国在国际的地位,也对中国从"体育大国"到"体育强国"的战略转型起到巨大的推进作用,是中国体育体制外的胜利,怎么评价这场胜利的政治意义都不为过。

所谓为受众所注意,即指回答和解决广大人民群众普遍关注的问题。例如,抑制物价上涨、反腐败等主题,皆属此列。

所谓涉及最迫切问题,即指人们议论纷纷,希望尽快有明确回答,有较强的时间性、指导性的问题。例如,《上海水费为啥涨价》、《北京大多数养老机构未设医务室》等,虽属小事一件,却与千家万户的生活密切相关。

在选择好主题的基础上,则应当着力提炼好主题。

何谓提炼主题,即指记者在占有了大量材料并初步选定了主题以后,开始了认识的第二阶段,即由感性认识上升到理性认识,这种上升或飞跃,就叫提炼主题,也称为深化主题。具体讲就是,选择或确定主题,只是形成了新闻的序幕或雏形。若要把新闻事件反映得更深刻,更有思想性和指导性,还必须对材料进一步作去粗取精、由表及里的综合分析,提示新闻事实中具有普遍意义的思想观点,并在此基础上挖掘事物的本质思想,必要时,还需要作补充采访,这就是对主题的提炼和深化。

提炼主题通常依据两个因素:

第一,对全局的清晰度。应当说,对全局了解得越清晰,主题提炼起来就越顺手,因而也就越深刻。例如,我国经济体制改革进入全面推行、重点突破的阶段,而国有企业的改革又是经济体制改革的攻坚战,因此,关于国有企业的新闻报道改革,这本身也是一场攻坚战。然而,长期来这方面有力度、深度的报道并不多见。总结原因,与记者对全局的了解不甚清晰、视野狭窄有关。1995 年年初,《人民日报》在充分调查研究的基础上,站在全局的角度,以"正名鼓劲篇"、"理清思路篇"、"难点探讨篇"为系列,发表了《国有企业功不可没》、《国有企业:严峻考验》、《国有企业:改制创新》、《国有企业:破浪有时》等连续报道,以恢宏的气魄与充分的信心,为国有大中型企业鼓劲,读后令人信心倍增,同时也感到,《人民日报》记者的手笔就是不凡。

第二,对材料的认真有序的综合分析。记者在掌握了大量材料以后,必须对其进行认真有序的综合分析。综合分析的好坏,是主题提炼好坏的关键。

所谓综合分析,通常是指让事物反复地在头脑里经历着从概念到判断再到推理的逻辑思维活动,通过这种思考、联想、启发的逐渐积累、扩大和丰富,最后引起认识的飞跃和升华。这种思维过程具体步骤是:可以对材料和问题从纵的方面分成几个阶段,横的方面分成几个部分或角度,然后与全局情况及报道思想联系起来思考、比较,看看各具什么特点,各能说明一个什么共同的问题。这个特点和共同的问题搞清楚了,主题也就较好地得到了提炼。新华社记者郑伯亚采访著名数学家苏步青的过程,便是成功一例。记者先是阅看了苏步青的大量文章和著作,了解了苏老过去在教学上的贡献和现在正在从事的研究,接着又访问了复旦大学数学系,接触了熟悉苏步青的人,了解了他在教学工作上的贡献。被访问的有他的同事、学生和新招进来的15名研究生。同时,记者又研究了过去报刊上有关苏步青的报道。然后,记者直接找苏步青本人访问。结果,材料十分丰富,概括起来有四个方面:第一,苏步青是一位有杰出成就的数学家;第二,他从事科学研究精神可嘉,几乎到了废寝忘食的地步;第三,他数十年如一日,兢兢业业地把复旦大学数学系及其他的教学工作搞得很出色;第四,他关心下一代成长,不顾年事已高,积极培养研究生。

上述四个方面都是郑伯亚记者在采访中综合出来的,都反映了苏步青本质的东西,但不可能都写,否则就面面俱到,无特点,主题也分散。于是,记者便在分析上下工夫:据科学成就报道科学家,此方面报道已很多,况且,苏步青的科学成就过去的多,现在的不突出;从事科研的精神也主要表现在过去;他热心教育事业虽感人,但无完整的教育学方面的著作。这样,前三个方面便被否定了。记者又接着分析:当前从全国来说,科技人员青黄不接,国家急需快出人才、多出人才。人才怎么出?离不开老科学家的传帮带。而苏老在这方面的事迹又很突出:他对各地的数学爱好者一贯给予通信指导;热情接待、指点来访的数学迷;邓小平同志支持他培养研究生的计划,他热心指导研究生等。当时,在这方面的报道恰恰很少。这样,记者就把主题确定在第四方面。主题明确后,记者又作了补充采访,使主题进一步得到提炼与深化。

提炼、深化主题的具体注意事项——

第一,不要强化硬化。提炼、深化主题必须紧密结合形势,要符合党的方针政策,但又必须符合事物的原貌。也就是说,必须以事实为前提,事实本身原来所具备的中心思想,是符合形势和政策要求的,才能进行提炼。决不可把非本质、非原貌的东西,添油加醋地去硬性迎合形势的需要,这就不叫提炼深化了,而叫强行硬化。例如,某年我国棉花喜获丰收,产量骤增,究其原因,明明是政府提高了棉花收购价格,政策落实了,棉农积极性有了。但是,许多报道对此只字不提,却大段强调这是农村各级党组织加强对广大棉农思想政治工作的结果,弄得知情人很难信服。

第二,不要分散空泛。主题一定要集中具体,不可分散,不可面面俱到,四面出击,什么都要讲,就可能什么也讲不透,文章就空泛,就无力量可言。《人民日报》老记者纪希晨对此有一很贴切的比方:"主线要单一,材料要丰富,这就像一条完整的链子上有许多环节一样,只有环环扣紧,才能成为链子。"

第三,不要雷同浅薄。主题要提炼得鲜明深刻,不能流于一般,更不可轻易雷同,否则,就容易显得浅薄。而要做到鲜明、深刻,善于通过事物的个性来体现共性,则是关键。例如,徐虎和包起帆的共性是:都是共产党员、全国劳动模范,全心全意地为党工作,为人民服务。个性则有不同:徐虎是通过几十年如一日上门为群众排难解忧,默默地作出奉献;包起帆则是几十年如一日坚持科技攻关,为一个个抓斗的诞生,为我国科技事业的振兴,作出一个共产党员的应有贡献。还是老记者纪希晨在《战斗在生活的激流里》一文中所说的那样:"报道的主题,常常是共同的。如果有好坏,差别就在于作者是否会用新的材料说明它,新的方式表明它,用新的感受去充实它,用新的观点、新的角度去统帅它。我们的任务就是要在共同的东西之间,发现和表达出某种新的、有特点的东西。"

思考题:

1. 深入采访中如何抓特点、抓本质?
2. 验证材料的必要性及主要方法是什么?
3. 为什么强调迅速整理采访笔记?
4. 如何认识资料积累的重要性?
5. 怎样认识新闻主题与新闻采访的关系?
6. 如何看待综合分析的意义?

第五章

人物与事件类新闻采访

说到底,人是社会的主人,是创造历史的主人,因此,毫无疑问,人应当是新闻事件的主角,记者的采访写作主要应围绕人来进行和展开。

第一节　人物新闻采访

所谓人物新闻,是指用消息形式报道人物活动与事迹的一种新闻体裁。相比较人物通讯、人物专访、人物特写等体裁,它是人物报道的一种轻武器,是中国无产阶级新闻武库中早就使用的一种武器,也可以说是一个传统,如对抗战时期的妇女代表刘胡兰、地雷大王李勇、狼牙山五壮士,解放战争及抗美援朝时期的董存瑞、黄继光、邱少云、杨根思、罗盛教等英雄人物的报道,新中国成立以来就更举不胜举。

中共中央宣传部、中共中央书记处研究室曾在关于加强爱国主义宣传教育的意见中,把宣传英雄人物、先进集体的模范事迹,作为对全体人民进行爱国主义教育的一项重要的内容,并着重指出:"如果我们的人民每天都能从报刊、电台、电视上了解到身边层出不穷的先进人物、先进集体的模范事迹,那对促进社会风气越来越好,造成人人学先进、争先进的社会风尚将大有帮助。"这些年来人物新闻的报道实践,有力地证明这个指示是十分正确的。

一、人物新闻的特点与作用

与人物通讯、专访等人物报道体裁相比,人物新闻同它们既有相同的一面，即都以人物及其活动作为报道的主要对象，又有自身的特点，即作为消息的一个品种，其具有消息体裁的有关特征。与经济性新闻、事件性新闻等消息体裁相比，既有诸多相同之处，又有独特之处，且所起作用也有所不同。具体有——

1．短

一般说来，一则人物新闻六七百字，报道一个人，说清一件事，阐明一个思想，短小精悍，招人喜爱，鲜明突出，又节省版面。

短不单纯是形式问题，主要是效果问题，是你想不想让读者看、想不想发挥新闻作用的问题，是抵制长而空文风的问题。"我就是这么一大篇，看不看随便！"这是一种官僚主义的办报作风，是下决心脱离群众。

诚然，就编辑部而言，稍长一些的人物通讯甚至报告文学等，他们也感到没什么不好，也是一种需要，但是，一篇要占去好几篇消息体裁的地盘，他们也舍不得。因此，在目前报纸版面十分有限的情况下，人物通讯、报告文学等人物报道体裁，不可不要，但不可多要，人物新闻则是最适时的。上海《文汇报》曾经做过调查统计，在原先《献身四化的人们》专栏中，一年总共才发表40多篇人物通讯，后来，他们用同样的专栏、小得多的版面，改发人物新闻，仅二三个月的时间，就登了近50篇，且备受读者欢迎。著名人口专家马寅初老人平反的新闻，不能不算一个重要事件，新华社记者杨建业原先发了篇4 000余字的人物通讯，但各报都敬而远之，没一家刊用，后改为600余字的人物新闻后，30多家报纸随即采用。实践证明，人物新闻惟其短小精悍，记者可以多采写，报纸可以多刊登，读者可以多阅看。

2．快

在社会主义两个文明建设中，各条战线的新人大量涌现，若要迅速及时展现他们的风采，靠人物通讯、报告文学等显然不行，因为篇幅长必然导致采写周期长，也就快不了，因此，应当充分发挥人物新闻的特点与作用。譬如，2010年5月18日，《湖北日报》刊发了人物消息《宁可清贫度日，不愿孩子失学　蕲春教师汪金权痴心助学》，在全国引起广泛关注，《人民日报》、新华社、中央电视台等媒体迅速跟进报道，李长春等诸位中央领导分别作出批示，要求进一步精心组织好汪金权先进事迹和崇高精神的学习宣传活动。这一切传播效果皆因为人物消息这一体裁快的特点的充分体现[①]。若是搞成人物通讯或报告文学，洋洋数千字，采访加写作，十天半个月后才报道，

---

① 《新闻战线》，2010年第10期。

“快”从何来？在改革开放的今天，一切变化较大、较快，新人新事层出不穷，同一个新闻人物的思想及言行变化也较大、较快。例如，安徽芜湖的“傻子瓜子大王”年广久，讲他思想解放、治厂经营有方的报道尚未冷却，他却触犯刑律，走进铁窗，新闻报道的调子来了个 180 度的大转弯、急转弯，如何跟上这个变化，人物新闻是最适用的。

3. 活

人物的语言、活动、思想风貌及细节，是新闻事件中最活跃的因素，人物新闻的特点又正在这里。正因为该体裁活泼引人，因此，对充满干巴、空泛议论和技术业务术语的呆板新闻是一个冲击。改革开放及新闻改革以来，《黑龙江日报》坚持把抓好人物新闻作为改进新闻报道的主攻方向，通过抓人物新闻，克服新闻报道中的业务性、技术性太强和空泛、枯燥的弊病，平均每年要刊发千篇左右人物新闻，且五分之一要上头条，颇为广大读者称道。

4. 强

人物新闻中涉及的人和事，一般均来自广大群众中，来自社会生活中，用他们的事迹、思想去启发、教育、引导广大人民群众，这比单纯由上面发号召、作指示、提要求，或是充满说教味的新闻报道，其说服力要强得多。例如，眼下一些演员参加演出活动或电影拍摄如同儿戏，马虎到极点，甚至用假唱等糊弄观众，如此艺德招致广大观众极大的不满。老一辈文艺工作者、《黄河大合唱》词作者光未然则用他创作这部表现中华民族精神的不朽经典的激情和严谨，给我们塑造了一个文艺工作者应该具备的精神。请看《广州日报》2002 年 1 月 30 日《〈黄河大合唱〉词作者逝世》一文的片断：

《黄河大合唱》已成为人类文化中不朽的瑰宝。这部写出中华民族精神和灵魂的巨作，不仅被视为关于这条母亲河的壮丽史诗，还被看成一个时代的象征。

1938 年 11 月武汉沦陷后，光未然带领抗敌演剧三队，从陕西宜川县的壶口附近东渡黄河，转入吕梁山抗日根据地。途中亲临险峡急流、怒涛漩涡、礁石瀑布的境地，目睹黄河船夫们与狂风恶浪搏斗的情景，聆听了悠长高亢的船夫号子，光未然开始酝酿《黄河》的诗作。

因不慎坠马受伤，光未然一到延安就住进了边区医院。冼星海去医院看望这位阔别多年的好友，畅谈中透露了再度合作，谱写大型音乐作品的愿望。

5 天之后，光未然从医院回到抗敌演剧三队下榻地，就带来了刚刚口授脱稿的《黄河大合唱》全部歌词。1939年3月11日晚上，在月光映照下的西北旅社一个宽敞的窑洞里，光未然就着桌前的油灯为大家朗诵了作品。

掌声中，冼星海激动地站了起来，一把将词稿抓在手里："我有把握把它谱好！我一定及时为你们赶出来！"他躲进鲁艺山坡上的小土窑里，在一盏摇曳着一簇微弱的小火苗的菜油灯下，仅用6天时间，完成了一次诗和乐的完美的结合，"分娩"出了一部不朽的经典之作。

4月13日，《黄河大合唱》在陕北公学的大礼堂里首演，由此很快传遍整个中国。

从光未然这位老文艺工作者的身上，当代演艺人员可学习的东西实在太多太多。

正因为人物新闻有如此特点与作用，所以，近年来我国的新闻媒体几乎都加强了这一体裁的报道力度，不少报纸、电台、电视台还开辟了有关专栏。总之，搞好人物新闻的报道是新闻工作者的一项使命，是报（台）工作的一项经常性任务。

二、人物新闻的采写要求

1. 路子要宽，选人要准

所谓宽，即记者的眼睛不要光盯在名人、老先进身上，应当既有功绩卓著、赫赫有名的知名人物、权威人士，又有大量的普通百姓，即既要报道市长、司令员，也要报道护士、售票员。所谓准，即要选择那些做出体现社会发展的方向、具有时代特征、为受众所关注的事迹的人物。不是新近发生的所有事实都能报道，同样道理，也不是所有的人物及其活动都可成为新闻人物和构成人物新闻的。正如1994年12月3日刊登的"华东九报人物新闻竞赛启事"中所指出的那样："人物新闻的采写对象，包括读者所瞩目的新闻人物，在某一方面的权威性人物，在社会主义两个文明建设中涌现出来的有特色的先进人物，某些鲜为人知的、报道后能引起社会反响的人物等等。我们的镜头，要对准那些在建设有中国特色社会主义伟大实践中成绩卓著的具有示范意义的干部、企业家、科学家、工程师、教师，以及工人、农民、学生、解放军战士等各个领域的普通劳动者。"

路子不宽，人物新闻的题材、新闻源就受到限制；选人不准，新闻人物就没有说服力、感染力或号召力。因此，这一要求是搞好人物新闻报道的基本条件和主要要求,采访中应当予以特别重视。

2. 突出重点,忌大忌全

人物新闻不能搞得面面俱到,不能贪大求全,只能“攻其一点,不及其余”,即截取新闻人物最具新闻性,最具新闻价值的某一片断或侧面予以报道,因为世无完人,若是一味求全,则无典型可写。例如,年轻女工陈燕飞平时在厂里表现并不突出,然而关键时刻,她不顾个人安危敢下水救人,针对这一事迹,各报、台几乎都知道了,社会反映也很大、很好,但上海有家大报就是无动于衷,迟迟不予报道,许多读者打电话询问原因,该报记者还振振有词:“我们采访过了,她平时表现不怎么样。”

在这一点上,关键是紧扣针对性做文章,即紧扣当前形势,选择的人和事要能回答当前实际工作和人们迫切需要解决的问题,事迹和思想要有感召力,要能成为人们学习、借鉴的榜样。

3. 避免雷同,突出个性

人物新闻报道中有一个通病,即往往搞成千人一面、千人一腔,雷同倾向严重,无新闻人物个性可言,正如不少读者、听众批评的那样:人物被记者搞成“一具具僵硬的木乃伊,一个个机器人”。

从根本上说,人物是新闻的主人,但是,这些人物必须具有独特的魅力,必须是一个“活”着的人,可学可信的人。而真正要做到这些,采访写作中就必须体现“三个一”——

一人有一人的精神(思想)。譬如,陈燕飞是见义勇为,舍生忘死;徐虎是辛苦我一个,方便千万人;查文红则是为了培养贫困农村孩子的成长而舍弃了大上海生活的舒适安逸。

一人有一人的典型事件。譬如,同样是振兴中华、为国争光的女运动员,郎平是毅然放弃美国优越的学习、工作、生活环境和条件,回国执掌中国女排帅印;谢军为了卫冕世界冠军,自成为世界冠军以来,基本上不参加女子比赛,而是频频与男棋手进行“性别之战”。

一人有一人的性格化语言。古人云:“闻其声,如见其人”,言为心声。有个性的语言最能反映一个人的本质特征,“将活人的唇舌作为源泉”(鲁迅语)。人物新闻一定要让人物自己出来说话,说自己的话,这样,人物就“活”,新闻就活,豪言壮语、套语陈句之类只能导致人物新闻死气沉沉。例如,一位学者在同一天找来分别刊登在 5 家报纸上的 5 篇人物新闻,一篇是写 50 多岁的男信贷员,一篇是写 41 岁的女储蓄代办员,其余三篇是写青年税务员,五篇新闻结尾的对话如同一个模子里倒出来,“群众一致称赞说:

‘你真是我们的贴心人啊！’”“这是我应该做的。”事实上，新闻人物乃至社会生活中的每一个人，都有其体现个性的独特语言，记者在采访中应当悉心捕捉。例如，“石油工人一声吼，地球也要抖三抖”（王进喜语），体现了工人阶级的豪迈气概；“小车不倒只管推”（杨水才语），充满了乡土气息和农村基层干部的纯朴；“我愿做一棵永不生锈的小小螺丝钉，党把我拧在哪里，我就在哪里闪闪发光”（雷锋语），则反映了军人的气质。

实践证明，这“三个一”是新闻中最活跃的因素，只有这样，人物新闻才不至于搞成人物鉴定之类，呆板空乏，才能见人、见事、见思想。

4. 粗细结合，重在节制

粗，指对事件、活动的叙述必须是概述式的，因为不粗则不能压缩篇幅；细，则指人物新闻有细节描写，即对新闻人物的活动、音容笑貌等细节的描绘。这是搞好人物新闻的重要方法。以为人物新闻篇幅有限，不允许细节描写的看法，是与实践相悖的。但是，人物新闻中的细节描写，不同于人物通讯中的细节描写，不能下重墨，必须有节制，只能粗线条、白描式的用几句话、几十个字极俭省地予以勾勒，正如新华社记者李耐因在《新闻人物·人物新闻》一文中所说的那样：“记者们在新闻里表现细节，只能像上海杂技团演员在一个小圆桌面上表演花样滑冰一样，范围虽小，表演却非常精彩。”如《长沙晚报》1983 年 9 月 10 日刊登的人物新闻《许司令的武功》一文，对粗细结合以及同节制的关系处理得较为合理，至今仍不失借鉴意义。新闻起首先对许世友同志的武功作了概述：“许世友同志 8 岁起就在河南嵩山少林寺当杂工，学过 8 年武术。参加革命后，他一直坚持练功。”接着，记者用了 200 余字对许司令的武功作了面上铺垫，最后，在采访所得的众多材料中，记者选用了一个细节并较有节制地向读者推出：“反扫荡开始那年，有一次部队开动员大会，用两张八仙桌垒在一起作讲话台。大家以为要拿件东西垫脚才好上去，但他走过来轻轻一纵，人就站到台上了。战士们都十分钦佩许司令员的功夫。”全文尽管只有 400 余字，却详略得当，错落有致，主题也揭示得十分明晰、深刻，实属人物新闻中的一个精品。

随着新闻界的共同努力，新闻体裁的采访写作，包括人物新闻在内，必将有一个显著的提高。

第二节　人物通讯采访

人物通讯是较详尽反映新闻人物活动与思想的通讯体裁。通常分为两类:一类是写先进个人与集体的,如孔繁森、杨善洲等;另一类是报道转变中的人物和有争议甚至是后进与反面的人物,这一类题材过去较少,改革开放后多了起来,如关于步鑫生、年广久以及对文强等的报道,人物通讯报道的路子也开阔了许多,并对社会产生了异曲同工的影响。

人物通讯在采访中的注意事项有——

1. 主题明确,特点鲜明

社会生活中的每个人,由于社会经历、生活轨迹各不相同,所以生活、行为等方式也不尽相同,各有特点。记者在采访时,只有悉心捕捉到人物的与众不同之处,并据此提炼新闻主题,那么,主题才会明确,特点才会鲜明,报道的才真正是"这一个人"。

实践证明,人物的特点捕捉得越鲜明,人物通讯的主题就提炼得越明确,作品给人的印象就越深刻。焦裕禄、王进喜、栾茀、孔繁森等人物使人印象深刻,无不与主题明确、特点鲜明有关。著名记者田流曾指出:"报道一个劳动模范……应该研究这位劳模和别的劳模有什么不同,一定要找出这个'不同'来,有了这个'不同',那些最能表现这个劳模本质的材料、事迹,就站到前列来了,那些别的劳模都会做、都要做的事迹、材料——对我们要报道的这个劳模说来是次要的事迹、材料,就容易被区别开来,就容易被淘汰了。这样,我们虽然只写他一两件事,反而更能表现这个劳模的特点。"这番话至今仍不失启迪意义。例如,2011 年 2 月底在各地各类媒体上推出的先进典型人物杨善洲,就是一位有鲜活个性和事迹的党的好干部,在担任领导职务几十载中,把全部心血放在为群众办实事上,这不稀奇,一般干部都能做到,但退休后,他放弃组织上给他安排的在昆明的舒适生活,一头扎进家乡的荒山带领群众植树造林,一干就是 22 年,这就很有特点。

2. 精心选材,富有气息

人物通讯与人物传记的重要区别在于,人物通讯要有新闻性,要体现时代特征,要富有时代气息。穆青同志曾说过:"一篇好的人物通讯,往往会起到人物的某一段传记、时代的某种记录的作用。"他认为:"能否高瞻远瞩地提炼出能够反映时代特征的主题,并且从这个高度来表现英雄人物的革命精神和思想风貌,就成为决定人物通讯成败、优劣的关键。"实践证明,要使人物通讯体现时代特征、富有时代气息,就必须在主题明确的基础上,精心选择同当前工作和形势密切相关、群众关心和呼吁的人和事,使人物通讯具有强烈的现实意义,使形势的需要、时代的呼唤同新闻人物本身所具有的特点得到完美结合。还是以关于对原云南省保山地委书记杨善洲的报道为例，通讯集中报道他22年造林不懈，把荒山变林海，造福于国家和人民的事迹，许多读者在看了报道和听了报告后，感动得潸然泪下，盛赞杨善洲是干部的榜样、时代的楷模，盛赞有关报道是近年来反腐倡廉难得一见的佳作[①]。

3. 抓好情节，带动全篇

人物通讯能否波澜曲折、引人入胜，人物形象能否充实、饱满，主要取决于情节及其处理。可以说，记者抓取了有特色情节，并对其进行了有张有弛的艺术处理，人物及人物通讯就立得起来，反之，就可能苍白无力。所谓情节，就是事情的变化和经过，它是由一系列能显示人物与人物之间、人物与环境之间的复杂关系的具体事件所组成，是由诸多细节所构成。有没有情节、对情节处理得好坏的问题，有写作的要求，但更主要取决于采访，是看记者在采访中能否重视这个问题并精心采集。《首都经济信息报》记者1995年9月14刊发的《学科"小龙"正腾飞——记北京大学经济学院副院长、博士生导师、著名经济学家刘伟教授》一文，至今仍不失启示意义。在经济改革大潮风起云涌般席卷神州大地的今天，中国现代经济学界也异常活跃，一群活力四射的年轻学者也扮演着举足轻重的角色，年仅38岁就成果丰硕、被誉为经济学界"小龙"的刘伟，更为越来越多关心中国经济改革大业的有识之士所熟知、看重。记者为了使这条"小龙"能够在通讯中真正活立、"腾飞"，采访中便着力采集、挖掘能体现刘伟勤奋好学不断进取的力量源泉与思想底蕴的情节：刘伟早在青少年时期便来到了北大荒，艰苦残酷的生活环境曾使他一度失落、彷徨过，但他最终没有放弃对人生的追求，于是，白天他把辛勤的汗水洒在地头田间，晚上则如饥似渴地汲取知识的琼浆，日复一日，年复一年，北大荒铸就了他无畏的勇气和不屈不挠的精神，也使他于1977年一举考入北京大学经济系。记者所抓取的"北大荒——北大"这一情节，岂止是一字之差，对刘伟而言，极具异曲同工之妙，前者需要的是与自然搏斗的能力，后者需要的是追求科学、驾驭知识的能力，而两者都离不开自强、自信、自立和刚毅，这就是一个人能否成为大器的力量源泉和思想底蕴。值得提及的是，记者李宝萍为了写好这篇人物通讯，收集、翻阅了关于刘伟的大量资料，采访了刘伟身边的许多朋友、同事和学生，并数次直接与刘伟本人接触，或交谈，或观察，最后才完成这一成功之作。

4. 重视环境，兼顾群体

任何一个新闻人物，总是生活在一定的社会环境之中，其成长总与这个

---

① 《文汇报》，2011年2月28日。

社会环境有着千丝万缕、密不可分的联系,换句话说,其思想言行是对其所处社会环境作出的自然反应。再则,任何人物的成长,总与领导的关心、群众的支持有着不可分割的联系。因此,人物通讯不能脱离社会环境而孤立地去表现,否则,新闻人物的许多思想言行就显得不可理解,人物就会失去生活的"原型"。另外,要实事求是地反映领导与群众对新闻人物的关心、支持与影响,要突出一人、兼顾群体,不要抬高一人、贬低一片。例如,上海《新民晚报》2002 年 1 月 28 日第七版《有个阿婆叫"雷锋"》一文,讲的是退休工人王青影老人十多年如一日关心、培养"野小鬼"晨晨的事迹。文中既讲王阿婆十多年来在孩子身上所花的心血,也讲居委会干部、社区民警、学校领导和班主任对孩子的关心、帮助,使人感到人物可亲、可敬、可近、可学。

重视人物通讯报道,是许多报纸的一个优良传统,上海《文汇报》人物通讯量多质高,常常在第一版予以刊登。今年春节以来,该报又在一版辟出《上海春早——记者寻访凡人善事》的专栏,每天刊发一篇百姓身边的先进人物和先进事迹,深受读者欢迎[①]。《光明日报》经过多年办报实践,悟出一条办报经验,即"要办好报纸,没有重点报道不行;要抓重点报道,没有重点报道组不行。"抽调进重点报道组的记者都是采写人物等通讯体裁的好手,蒋筑英、栾茀等一批英雄模范人物,都是《光明日报》率先推出的。但是,就大多数报纸和记者而言,在人物通讯的报道上还是一个薄弱环节,应当引起重视。

第三节 人物专访采访

所谓专访,是指对新闻人物或单位、部门进行专题访问的通讯体裁。一般分为人物专访,亦称人物访问记、事件专访和问题专访。

专访,尤其是人物专访的蓬勃发展,是这些年新闻改革发生的一个显著变化。许多报社、电台、电视台设立专访专栏,抽调精兵强将专门从事专访采写,有相当一部分记者则因为屡屡采写出成功的专访而成名。

一、专访的特点与作用

相比较人物通讯等体裁,专访具有如下特点。

---

① 《文汇报》,2011 年 2 月 8 日。

1．针对性

相对而言，专访要比一般通讯体裁更讲究针对性，选择的人和事及问题，应具有明确的背景和强烈的现实性，不能随便访访，泛泛问问，得有明确目的。如 2011 年 3 月 11 日日本大地震后引发福岛核电站爆炸，核辐射事件搞得人们非常紧张，上海媒体及时请教和访问复旦、交大等高校的核物理专家，对稳定人们的情绪起到了积极作用。

2．代表性

访问什么人、提及什么事，要求具有代表性，也即典型性。如台湾有些人给祖国统一设置障碍，造成一部分台商到大陆投资办企业疑虑重重，那么就访问对台办公室主任；教育部准备实行素质教育，怎么贯彻执行等，就访问教育部部长。如胡锦涛主席访问法国，在法国国民议会发表重要演讲，强调要把中法关系推进到更高水平。《解放日报》记者当即访问中国驻法国前大使吴建民，让他谈胡主席这次访法的深远意义①。

3．适合性

专访通常讲究访问时机的选择和访问场合的选定，常常时机和场合选择得适当，不仅给专访平添现场感，且新闻价值也陡增。近一阵子来，纳米科技骤然变热，“纳米”成了中国人茶余饭后的热门话题。那么，中国是否已经进入了纳米时代？纳米科技究竟会给中国科技乃至社会的发展带来什么影响？上海《解放日报》记者在 2002 年 1 月 28 日召开的“2001 年上海纳米科技发展研讨会”会场访问了中科院副院长白春礼院士，对上述问题作了详尽的解答。由于访问时机和场合选择适当，广大读者感到报道可信性强。

在改革开放的年代，新人新事层出不穷，新问题新矛盾也日趋繁多，需要及时、迅速地作专题性的报道，专访这一报道体裁快捷、灵活，且感染力强，因此，应大力倡导。

二、专访的采访要求

根据专访的特点，其采访要求主要有——

1．精心选择人物

人物选择得好与坏，往往决定专访及其采写的成败。访问对象一般分为两类。

---

① 《解放日报》，2004 年 1 月 27 日。

一类是新闻人物。通常由先进人物、风云人物、社会名流、各条战线的新秀等组成。

另一类是知情人。即某些与重要新闻事件或新闻人物有关的知悉内情的人物,他们往往能够提供一些第一手的内幕、背景情况,这对于解释、澄清某些事件真相或从侧面展示新闻人物的形象,都起着不可低估的作用。事实上,许多知情人也就是新闻人物,只不过此一时彼一时也。

新闻人物的选择不能随心所欲,选择的原则是由事选人,即因事件、问题、专题等而进入。例如,实施《教育法》之后,地方政府如何按照《教育法》确保教育投入,《文汇报》记者浦建平就去访问静安区区长,这是很对路的。

访问对象选定后,为了尽快找到沟通双方思想感情的桥梁,或是能造成一个轻松融洽的访问气氛,记者必须尽可能收集并研究访问对象的有关情况,同时,认真周密地拟订一个采访计划及谈话提纲。号称"世界政治访问之母"的意大利女记者法拉奇,几乎在每次访问重要人物前,她总是用几个星期的时间做准备,设法找到有关访问对象的文字材料和书籍,一遍遍地阅读,认真做笔记和写研究心得,最后拟订采访计划和谈话提纲。

2. 准确把握时机

专访的采访时机必须把握,在很多情况下,时机错过,专访的价值必然受损;抓住时机,专访的价值必然大增。例如,《铁道游击队》里刘洪和李正的艺术形象恐怕无人不晓,英雄们当年叱咤风云的根据地枣庄的破烂相恐怕也无人不知。如今,英雄们的生活原型在哪里?今日枣庄发生了什么巨变?这是人们渴望知道的,记者也早有报道这一题材的心愿。有一天,原铁道游击队大队长和代理政委的生活原型刘金山、郑惕为悼念战友双双来到枣庄,《枣庄日报》抓住这一良机,在枣庄宾馆访问了这两位令人崇敬的老英雄。当记者问当年的刘大队长回家乡的感受如何时,这位解放后任苏州军分区司令员并定居苏州的老干部激动地说:"变化真大!简直让人认不出来了。过去咱这枣庄就一座洋楼,一条洋街,现在了不得,同我住的那'天堂'(指苏州)差不多少了。我真想迁来定居,享享家乡的这个福。"作者精心选择抓取老英雄回故里并通过他们之口,让今日的枣庄与昔日的枣庄及今日的"天堂"苏州相比,以反映枣庄的巨变,多好的时机!多大的价值!

访问时机把握得好,往往有利于采访的顺利进行和访问效果的成功兑现。譬如,北京2008年申奥成功,申奥队刚归来,在这激动人心的时刻,当事人感情最激烈、感受最深切,话匣子容易打开,抓住这种时机,访问参加申奥的当事人要顺利很多,效果要好很多。否则,时间一久,环境变迁,激情消退,你再去请申奥队谈申奥成功的感受,其言谈就再也不是当时的“原汤原味”了。正如一位新闻学者说的那样:“机不可失,时不再来,要人家重复流露曾经爆发过的感情,是不大可能的,生活毕竟不是演戏。”

3. 合理安排观察

专访固然应该以访为主、以问为主,但为了增加专访的感染力,有必要对访问的人或事及场景作一番描绘,要再现场景,要揭示气氛。因此,就需要记者在访问中合理分配注意力,在用脑、用口、用手的同时,适当分配一些注意力到眼上去,悉心观察。一篇访问记,观察所得的材料虽然占篇幅不多,但有它没它,可读性、可视性等效果截然不同,报道主题与新闻价值也大不一样。例如,当有人对历史的种种可能性进行探究与假设的时候,曾推论毛泽东假如不是在民族危亡的年代为探求和实践救国救民的真理而成为领导中国人民解放事业的革命家,并最终成为新中国开创者的话,他极可能会成为一个历史学家。如今,毛泽东唯一的孙子毛新宇正是一位成长中的历史学者。1995 年 8 月中旬,中国明史第六届国际学术讨论会在安徽凤阳召开,毛新宇向海内外近 200 位明史学者宣读了他的论文《朱元璋废相及其历史影响》,赢得与会者的热烈掌声。《蚌埠日报》记者不失时机地访问了毛新宇,在《面对苍山如海的历史——访毛泽东之孙毛新宇》一文中,记者通过观察,在专访中描述道:“新宇的魁梧身材和宽广额头颇像毛泽东,说话的语调及举止投足间亦充满几分爷爷豪迈大度的影子。这次明史讨论会上,他给人衣着上的印象仅是短短的小平头,短袖衬衫和背带式西装短裤,也爱吃辣椒和红烧肉,生活上他像爷爷一样不甚讲究,每当新宇就餐吃起红烧肉的时候,便使人想起许多回忆录里对毛泽东生活细节的描写。……当我们谈兴正浓地评价毛泽东诗词时,新宇背诵起爷爷那首作于 1936 年的著名诗词《沁园春 · 雪》。50 年后,这首词从毛新宇口中抑扬顿挫地涌出,依旧那样激荡人心……”尽管就穿插了这么点现场环境及人物形象描述,但专访就使人顿生如见其人、如临其境之感。

专访现场观察的对象一般有两个:一个是专访对象,另一个是现场及周围环境。前者是活动的,是专访观察的中心,后者是相对静止的,因此在观察时应区别对待。一般是在见面时,迅速扫视一下周围环境,记下现场及周围环境的布置与装饰;在和访问对象接触初期,可先打量一下对方的外表、装饰及其神情语态,在进入较为紧张的交谈过程中,记者则应将注意力集中在问、听、记上,在情节进入到关键时,则注意观察对方的表情和动作。不要光顾了埋头记录而忘了观察,也不要当对方谈在兴头上时,记者却东张西望。总之,注意力要合理分配、适时调节。

4. 注意谈话纪实

毫无疑问,专访的内容主要是谈话,体现形式也主要是谈话,故记者在报道中要把谈话的主要内容体现出来。方法有直接引语与间接引语两种,一般是两种方法兼而有之。具体处理中,应注意两个方面。

一是要尊重事实真相,尊重访问对象本意,不能歪曲,或将自己的想法强加于人。

二是保留谈话风格,体现访问对象的个性特征。访问对象的言谈,因人各异,各有个性风格:或庄严谨慎,或风趣幽默,或富有哲理,或热情豪爽,成功的专访应当把这些个性特征体现出来,以保留谈话风格。如2011年春节前夕,爱情喜剧片《我知女人心》的主创团队到上海宣传,记者访问了该片女主角演员巩俐。巩俐一见记者面就突然"开"起了山东腔:"俺春节就回山东老家啦!年,是一定要陪俺妈一起过的。"寥寥数语,一个爽直开朗、注重情感的巩俐便跃然纸上①。

5. 控制访谈方向

在整个访问过程中,记者应尽可能控制谈话提问的方向,应紧紧围绕事先设想好的主题或于谈话接触过程中新发现的更好的主题而进行。如中央电视台原主持人杨澜在2011年春节期间访问了原湖南卫视综艺节目的"一姐"李湘。李湘这些年来承受并顶住压力,不断走向成熟,终于实现了华丽的转身。杨澜在专访时紧扣这一主题,通过面对压力把握进退、应对工作够有力量、真诚坦率不惧PK、可爱母亲宝贝女儿等四个层面和33个大小问题,成功地将一个从主持人到制作人、从姑娘到母亲的成熟李湘推到读者面前②。一般来说,访问对象大多数是见多识广、能说会道的,记者应不断提醒自己要把握控制住主题,否则,方向容易偏,记者的牛鼻子容易被对方拴住。

在谈话提问中,记者要时时考虑:对方所涉及的内容与主题的关系如何?能体现什么观点?所述材料是否已构成一篇专访?事先准备的主要问题是否都已谈过?假如谈得不顺畅、不理想,是否必要换个角度谈?换什么角度?当对方谈话离题时,怎么不动声色地将其打断并扭转过来?另外,还应考虑:尖锐问题提出前如何有所铺垫,避免唐突、伤感情?提问是否注意

---

① 《新民晚报》,2011年1月28日。

② 《新闻晚报》,2011年2月27日。

张弛结合、节奏合理？特别是当对方“无可奉告”、拒绝访问或回答某个问题时，怎样坚持不懈、紧追不舍、变换谈话提问手段从而诱使对方回答，等等。在这方面，我们应当学习意大利女记者法拉奇，访问前精心准备，访问中锲而不舍，不管遇上什么难应付的访问对象或场面，都能有条不紊，应付自如，直至成功。

第四节 事件通讯采访

事件通讯是较详尽反映具有典型意义的新闻事件的通讯体裁。要求记者选择某一典型事件，全面、客观地反映其来龙去脉，集中、深刻地揭示其思想主题和社会意义。该体裁通常分为三种：一种是以表扬、歌颂为题材，用以反映重大事件中所体现的时代精神、社会风尚和人们的思想境界及道德水准，如《两百颗热血青年的爱心 挽救了一个濒危的生命》一文，讲述一个家境贫寒、成绩优异的农家子弟，身患绝症，被判为“活不过 18 岁”，一群满腔热忱的大学生，为此奔走求援，发起了“挽救生命工程”，一场奉献爱心的活动由此波及全国 90 余所高校和 20 个省区市。于是，奇迹发生了，这位青年战胜了死神，跨过了“生命极限”，走进了向往已久的大学校门。另一种是以批评、揭露为题材，用以触及社会生活和工作中的弊端，起催人猛醒、驱邪扶正等作用，如《电子增高器事件的幕前幕后》、《一个女模特儿的悲剧》等。再一种是介于表扬、歌颂与批评、揭露之间，即通过报道某一事件，揭示现实社会与生活中存在的问题、矛盾、热点或意义，起活跃思想、启发思路等作用，如《“献血状元”甜苦记》、《哥哥登上领奖台 弟弟走上断头台》等。

根据事件通讯的特点，采访时当注意下述事项。

1. 典型性强，要精心选材

大千世界，每天发生的事件成千上万，若是全部拿来报道，一无必要，二无可能，这就需要选择，即选择具有典型意义的新闻事件予以报道。例如，改革开放已经 30 多年了，中国绝大多数老百姓都过上了安逸舒适的生活，但尚有小部分贫困农村的群众还缺吃少穿，孩子缺少文化学习的机会。上海职工查文红置家庭与儿女于不顾，只身来到安徽淮北农村，每天吃的是两碗稀饭，却抱病要给孩子们上四五节课。这一典型人物及其事迹的报道，对广大受众感染力和震撼力就极大。因此，从某种意义上说，事件及涉及的人物是否选择得具有典型性，关系着事件通讯的成败。

2. 突发性强,要闻风而动

有些新闻事件固然可以预测,因为事先有预谋、有预告或有预兆,但就大多数新闻事件而言,突发性强,难以预测,如龙卷风袭击、飞机失事等事件就很难预测,因此,记者在采写事件通讯时的快速工作作风,就显得特别重要。如2002年1月初,天津市马路上呈现罕见的冷清,这源自于一个传闻:据说一批河南的艾滋病人来到天津,在商场、路边等公共场所,用装有含艾滋病毒血液的注射器乱扎市民,报复社会,以致闹得全城惊慌。《南方周末》、《天津日报》等记者闻风而动,先后采访公安局、医学专家,很快在2002年1月24日的有关报纸上详细作了报道,平息了老百姓的惊恐,稳定了社会。倘若作者动作迟缓一些,作风拖拉一些,那么,新闻事件就可能时过境迁,报道也可能是明日黄花。因此,从这个意义上说,作者的作风迅速与否,往往又是事件通讯成败的决定因素。

3. 思想性强,要深入挖掘

事件通讯旨在揭示现实生活中的问题和矛盾,引出一定的经验和教训,思想性较强,因此,报道反对面面俱到,忌讳就事论事,得靠记者深入挖掘材料,然后提炼一个集中、深刻的主题统率全文。如《一个女模特儿的悲剧》,诉说的是一个普通姑娘自当上了女模特后遭受的各方歧视的不幸遭遇和经历,通过对"这是愚昧无知向现代文明的严重挑战"主题的提炼,继而得以向人们揭示了"对至今仍缠绕着人们头脑的封建意识要大加挞伐"的思想意义。

事物往往充满矛盾,采访中记者若能抓住矛盾着力开掘,就能揭示事物的前因后果与本质,就能使通讯的主题思想得以集中、深刻地体现。另外,记者注意把单个事件放到社会大背景中去写,着力反映事件的广度与深度,那么,事件通讯的主题也就能得以集中、深刻地开掘。如2001年7月17日凌晨,广西南丹县下拉甲矿、龙山矿发生了透水事故,数百名工友正在井下作业,生命垂危。按照以往的"事故处理经验",有关方面可以把一个震惊世人的特大矿难消弭于无形——世人不知,记者即使参与报道,也可能将其作为一般正常事故看待。但中央及南宁数家媒体的记者,通过惊险万状的采访,特别是将这一事故放到社会大背景中去考察,最后向世人披露:这不是一起普通的矿难,而是官僚腐败的必然结果!这便是事情通讯主题得以深刻开掘的结果。

4. 具体性强,要破题细问

与消息体裁相比,作为通讯体裁的事件通讯,应当讲究具体形象,可感可触，令读者有如经其事、如临其境之感。而要做到这一切，全靠记者在采访中，在注意主题需要和清晰把握事件脉络的前提下，仔细询问和观察，将一个个材料及细节弄得具体、实在。如《80次特快列车颠覆之后》一文的两位记者，驱车赶到现场后，顾不上路途劳累，在事故援救现场上下奔波察访，将一桩桩事情、一个个细节看清楚、问仔细，最后循着24日凌晨1时35分、24日早晨9时至11时、25日早晨9时的事件发展过程，使报道具体生动，立体感较强，让读者顿生置身事件援救现场之感。

5. 政策性强，要注意分寸

相当部分的事件通讯是批评揭露现实生活中的问题和矛盾的，这就要求记者注意掌握政策和揭露、评判上的分寸，即既要使问题和矛盾得以揭露，又要积极促使问题的解决与矛盾的转化，不能只图一时痛快，把话说绝，要适当注意分寸，留有余地。如2011年6月9日，三名乘客乘坐中国南方航空公司飞机从昆明回上海，因擅自将座位调到经济舱第一排空位上，被当班机长硬是赶下飞机。《"维护安全"还是"滥用职权"？——3名乘客被南航机长"赶下"飞机事件引发的思考》一文的记者，在报道时并不轻易下结论，而是请事件各方以及大学教师、律师等从各个方面陈述理由，引导读者对事件作出全面、深入的思考①。

6. 延续性强，要跟踪追击

许多新闻事件固然是一次性的，记者可以搞一锤子买卖，但相当部分的事件具有延续性、连续性，或是处理防范不当，又接二连三地发生，因此，遇此情形，记者要发扬连续作战的作风，深入事件的内部，弄清事件的真相与背景，揭示深层次的原因，甚至挖掘出事件中的"事件"、新闻背后的新闻。《中国青年报》记者继大兴安岭火灾过后发表的"三色"报道《红色的警告》、《黑色的咏叹》、《绿色的悲哀》，是这方面的成功范例。透过这场火灾的5个火源都是林业工人违章操作引起的直接原因，记者进一步深挖了大兴安岭管理体制上的混乱、谁也不愿在消防护林上多投资等弊病；揭露了漠河县消防科长动用4台消防车和推土机保护自己和县长家园，不顾国家财产和百姓死活的严重犯罪行为；揭露了某县县委书记火灾未灭就设宴大吃大喝、指使手下壮汉殴打前往采访的记者的丑行；还深刻揭露了乱砍滥伐、造成森林生态平衡失调给人类带来的危害等。这组报道在社会上引起极大反响，也给同行以较大的启益。

---

① 上海《文汇报》，2011年6月13日。

思考题:

1. 人物新闻有什么采访要求?
2. 人物通讯有何采访要求?
3. 人物专访有何特点与作用?
4. 事件通讯采访中有哪些注意事项?

第六章

时事与政治类新闻采访

在众多新闻题材中，受众对其中两种一般有着偏爱和渴求：一是时事政治类新闻，即通常讲的“硬”新闻；二是社会生活类新闻，即通常讲的“软”新闻。

在当今时代，在政治、经济、文化、科技信息空前活跃的中国，广大受众渴望获得更多、更快、更好的“硬”新闻，新闻媒体应切实努力，顺应与满足受众这一心理需求。1991年，由《人民日报》国际部创办的《环球文萃报》（后改为《环球时报》），始终坚持对文化品格的寻求，并将其视为报纸的责任精神，不媚俗，不猎奇，及时为受众提供有价值的时事政治新闻，结果，发行量连年上升，其中85%的读者为自费订阅。可见“硬”新闻大有市场。

第一节　政治新闻采访

政治新闻是指以党政机关为采访领域、以国家方针政策贯彻执行过程和领导层的重要公务活动为报道范围的新闻体裁。在这种特定的新闻活动领域和实践过程中，政治记者需要具备特殊的能力素质，政治新闻采访也必须具有更高的要求。具体有——

1. 立场坚定，头脑冷静

政治记者若要具有正气、激情和政治灵魂，在错综复杂的政治气候和社会生活中采写出主题好、事实准、社会效果强、经得起历史检验的政治新闻来，就必须政治立场坚定，头脑要始终清醒、冷静。正如一位著名的资深记者所说：“世界观、思想政治水平及道德和文化修养等等，这些，对于记者观察和把握事物起着决定性的作用。否则，一个记者即使会写，哪怕他具有很高超的写作技巧,他能写出什么来呢?”

从事政治新闻报道的记者应当具有政治家的素质,其中包括鲜明的党性原则和坚定的政治立场、实事求是的思想路线以及深入踏实的工作作风。同时,在风云变幻之时,头脑必须保持清醒、冷静,不随风而文。这是因为,新闻事业是党的喉舌,新闻工作者最重要的任务就是用大量生动、典型的事实和言论,把党和政府的主张以及人民群众的呼声、意愿,及时、准确地传播给广大受众。

在我国,要采写好政治新闻,必须坚持三个立场:一是坚持四项基本原则;二是坚持社会主义两个文明建设;三是坚持全心全意为人民服务。只有坚定立场,记者的头脑才能保持清醒、冷静,才能既不盲从错误领导,也不做群众的尾巴,才能坚持真理,政治上始终同党中央保持一致,坚持正确的舆论导向。

2. 实事求是,保证真实

邓小平同志指出:“实事求是是毛泽东思想的出发点、根本点”,“是无产阶级世界观的基础,是马克思主义的思想基础”。新闻实践证明,实事求是同样是政治新闻采访的根本途径和必须遵循的基本准则。只有坚持实事求是原则,记者才能面对纷繁复杂的世界,着力探寻事物的真相和本质,才能保证新闻的真实性。那种仅凭二三手材料编稿,或为了迎合某些人口味,搞出以偏概全甚至无中生有之类的新闻,都是政治记者应当坚决摒弃的采访作风和手段。

3. 作风踏实,深入实际

政治新闻应当比一般新闻更具生命力、感召力和舆论导向作用。因此,光靠坐等新闻线索上门,或凭统发稿及领导的几句话就发稿,显然是不行的,应当深入社会与生活,脚踏实地,与广大群众打成一片,虚心求教,采写出领导与群众都称赞的政治新闻来。

4. 宏观选题,微观选材

采访中,记者必须有胸怀全局的宏观意识,看问题要站高望远,要有全局观,即从党和政府的总路线、总政策和当前总形势着眼,把局部的事物放到宏观的大局中去分析考察,继而从中抓取具有重要新闻价值的题材。当然,微观能力也不可轻视,在整个新闻采访活动中,微观的作用也不能低估,选题从大处着眼,选材从小处着手,宏观统率微观,微观为宏观服务,二者相辅相成,相得益彰。如 2009 年 10 月 1 日,国庆 60 周年庆典在北京隆重举行,天安门广场举行了举世瞩目的阅兵式。无锡《江南晚报》对此作了浓墨重彩的报道，让广大读者为祖国的强盛感到无比的自豪，令读者倍感自豪的是报道中一个格外引人注目的材料，即受阅的新型火箭炮方队两百官兵，全部来自太湖之滨的无锡。这则报道反响极大，一度成为无锡市民茶余饭后谈论的佳话。

5. 知识广博，善于社交

政治新闻采写范围涉及各式人等，各行各业、三教九流无所不交，无所不包，因此，记者的知识要广博，否则，别说挖掘有价值的新闻，就连同采访对象顺畅地谈上十几分钟也难以维系。新闻实践告诉我们，记者同任何采访对象交谈，涉及任何知识，最起码 30 分钟内不能“露馅”，否则，就不能称作合格记者。

记者是个社会活动家。此话是斯大林说的，至今未错。因为政治记者潜在的工作对象是整个社会，因此，政治记者的工作方式特性之一就是要广交朋友，要善于社交，而不能像上级对下级、法官对罪犯那样，用行政命令或法律手段强制对方。

第二节 会议新闻采访

在及时传达党和政府的方针政策以及发动人民群众积极参加社会主义物质文明与精神文明建设的事业中，会议新闻起着不容忽略的作用。但是，我国目前的现状是：会议太多，新闻媒体上的会议新闻太滥，会议新闻的报道没有严格遵循新闻报道的规律和原则行事。

一、改进会议新闻的现实意义

长时期来，因为受“文山会海”的影响，在我国的报纸版面上和广播、电视新闻节目里，会议新闻不仅所占比重甚大，而且所占位置也甚好。据粗略统计，北京每个月召开的全国性会议，少则十几个，多则几十个，几乎是个个要见报。有家省报某日第一版共登 7 条新闻，其中竟有 6 条是会议新闻。另据该报不完全统计，平时刊登的会议新闻，平均占该报第一版所发新闻条数的 35%。广播、电视的新闻节目平均也有三分之一左右是会议新闻。这真是会议成海，会议新闻成灾。难怪我国一位著名老报人感叹：“我设想办个‘会报’，12 个版面也登不完！”广大受众也纷纷感叹：“要知道领导的事看日报，要知道群众的事看晚报。”

但是,分析这些会议新闻,大都没有写好,几乎是千会一"套":会议名称、何时何地召开、何人参加、会议认为、会议指出、会议要求,再加上某某说、某某指出、某某强调、某某号召,最后再来个"会议圆满、胜利结束"之类,搞得如同"会议公报"一般,枯燥乏味,如同嚼蜡。

由于会议新闻过多,加之报道手段、形式又单调俗套,因此弄得广大受众叫苦不迭,甚为反感。现在的人们生活节奏加快,生存竞争加剧,普遍感到时间不够用。他们报纸只看标题或精彩的短消息,广播跳着听,电视新闻如在预告中的前面几条是"举手表决"、"排排坐"之类的消息,他们马上就会改换频道。

许多"黄金时间"被占,"寸金之地"被挤,削弱了新闻报道应有的指导性、群众性、可读(听、视)性,与改革开放、经济建设的形势极不相符。因此,改进会议新闻的采访写作,已成为广大记者和亿万受众的共同心声。

二、会议新闻的采访要求

根据报纸、广播、电视及记者工作的特点,从党的工作需要和受众心理需求出发,要搞好会议新闻的采访,当着重注意下述三项。

1. 摸清会议宗旨,亲临现场采访

这一项约分三个步骤施行:一是当接到任务时,应马上设法接触会议的主办单位,详细了解会议的宗旨和议程,如:为什么要开这个会?希望讨论和解决些什么问题?有什么新政策、新精神颁布和提出?与广大群众切身利益有什么关联?等等,在此基础上,尽可能占有会议的各类文字资料,包括发言材料。二是认真分析研究这些材料,进一步弄清此次会议的目的和意义所在,初步排出新闻线索,拟订采访方案。三是自始至终参加会议,亲临现场采访。记者是到现场还是靠电话进行采访,采访效果不大一样。到现场采访,记者一能捕捉到会议或会场的细节,从而使新闻生动形象,"闪出些亮点"(郭玲春语),闻不到八股味。例如,哈尔滨市劳教委员会召开表彰大会,决定给5名劳教人员提前解除劳教,某报一编辑因未亲临会场,只能将稿子编为《五名劳教人员因有立功表现被提前解除劳教》,而亲临会场的新华社一位记者,却通过目击的细节材料,将稿子写成《市长亲手给五名劳教人员胸前挂红花》。两稿仅从标题对比,优劣立见。二能避免失实。许多会议报道失实,多半原因是记者凭借电话"遥控"采访。例如,某市召开教育工作会议,某报记者原先在电话中获悉的是市委副书记主持会议、市长讲话,但为了体现对教育工作的重视,患病住院的市委书记不听医生劝阻,亲自主持会议。如此大的一个变化,某报记者全然不知,第二天登出的新闻仍写会议主持者是副书记。

2. 跳出会议程序,着眼新闻事实

以往相当数量的会议新闻只是按照会议程序写,而不是着眼于重要新闻事实,许多重要的新闻事实被淹没在大量的程序、套话中。如有关为"'四五'天安门事件"平反的新闻,某报开始报道时,因怕这怕那,故搞成了名单、报告、决议面面俱到的"典型"会议新闻,如果不是细心人,很难看出"平反"这一重大事实。

对会议报道,受众一般不太关心会议的程序,而只是对会议的实质性内容感兴趣。因此,作为一个高明的记者,不应被会议程序牵着鼻子跑,而应当将会议议题等分析、消化,凭借新闻敏感从中提取最有价值的事实构成新闻。也就是说,记者应视会议一切材料如同其他新闻材料一样,必须按新闻价值的大小重新排列。一言以蔽之,应当着眼于新闻,而不是会议。坚持改进会议新闻报道已有 20 余年历史并把会议新闻写得生动活泼的新华社记者郭玲春认为:"大凡会议,格式程序往往大同小异。不得不奔走会海的记者,要善于在大同中求小异。"在《金山同志追悼会在京举行》一文中,她完全跳出了旧的千篇一律的程序和模式,用在现场采集的材料构成描写式导语:"鲜花、翠柏丛中,安放着中国共产党党员金山同志的遗像。千余名群众今天默默走进首都剧场,悼念这位人民的艺术家。"在悼词处理上,她巧妙地借用会场上一副对联:"雷电、钢铁、风暴、夜歌,传出九窍丹心,晚春蚕老丝难尽;党业、民功、讲坛、艺苑,染成三千白发,孺子牛已汗未消",为金山同志的一生作了高度、艺术的概括,从而避免了大段摘引夏衍同志所作悼词中的内容,新闻情景交融,新风扑面,为会议新闻改革提供了一个成功的范例。

要使会议新闻为人们所喜闻乐见,记者还必须善于以事实为主干,以会议为背景,即抓住新闻事实作突出处理,会议本身只是作背景或新闻根据予以衬托。如 2010 年 12 月 21 日至 22 日,中央召开农村工作会议,这类会议新闻很容易弄成程式化之类的模式。但是,《新京报》却将"农民纯收入超 5800 元"这一重要事实放进主标题,还将会议的三个新闻点——"稳定粮食生产"、"加快水利发展"、"力保农民权益"分别用三个小标题突出处理,而会议本身和议程则简单几笔带过,使新闻既有思想性,又具可读性。

3. 坚持报道原则,讲究机动灵活

会议是否需要报道,关键在于会议中有没有新闻,这些新闻有没有价值。报纸不能变成会报、会刊,会议新闻在党报要闻版上唱“主角”的现象再也不能延续下去。重要的会议固然要重点处理,但通常情况下,则应该少发、简发甚至不发,决不能大会大报,小会小报,每会必报。这些都应当视为会议新闻的报道原则。

但是,这只是一厢情愿的事,直至目前,有些实际工作部门的同志争版次、争篇幅的情况还很严重。《人民日报》曾发表《电视台的来了才开会》一文,批评的就是这类现象。他们还往往把报与不报、刊登位置、篇幅长短看作是一种“政治规格”、“政治待遇”,稍不如意,就责问、抗议,甚至在日后工作中刁难。某报发表的一篇关于多种经营交流会的会议报道,在一长串的与会领导人名单中删去了省军区两位一般干部的名字(军区主要领导的名单均在),竟被视为“不把军队放在眼里”,总编辑连写三份检查才勉强过关。

面对这种情况,报道原则是不能丢的,总编辑、台长一定要加强对新闻尤其是要闻的宏观把握和控制,要敢于负责,不该报道的会议和领导活动,则坚决删除。要加强请示汇报,以争取领导的理解和支持。编辑部内部要建立相应的规章制度,从采编及业务考核等方面对会议报道的数量及质量加以调控。另外,在采编策略上可以讲究一番。具体处理上可注意三点:一是约法三章,争取主动。即定出条文,搞个“君子协定”,把丑话先说在前头,然后上通下报,照章办事。因为是按规矩办事,有章可循,就可免去许多口舌,久而久之,情况可望好转。二是化整为零,兼抓“副业”。即使报道重大会议,也不必搞“宏篇巨著”,可以采用化整为零的方法,把会议所讨论的内容与作出的决议概括出来,然后逐一发新闻。新华社在这方面带了个好头,在报道党代会、人代会等重大会议时,把领导的讲话、会议的议题等,用短新闻形式一个一个发单篇,既及时又明确,版面也活,颇受领导和广大读者欢迎。所谓抓“副业”,就是台上台下、会内会外结合起来,兼搞一些有意义、有特点的花絮之类的小报道,有人称之为“弃月摘星”法,也颇有意味。其实,“副业”不“副”,如果抓得准、抓得巧,其价值甚至超出会议本身。例如,河南省新闻中心记者在采访一次全省扶贫会时,看到许多高级小轿车鱼贯而入,与会议的主旨极不相称,于是,记者避开会议本身内容不写,侧重抓住小轿车做文章,采写出《扶贫会上小车多发人深思》一文,却收到了出奇制胜、意想不到的效果,反响极大。三是勇于负责,“先斩后奏”。对于那些扯皮的单位和部门,首先是记者思想上要敢于坚持原则,要敢于担负责任,不要轻易将矛盾推到编辑部甚至总编辑那里。整顿党风,抵制歪风,连这点改进会议新闻的原则都不敢坚持,那还算什么党的新闻工作者、人民的代言人?

会议新闻一般要送审,扯皮等事往往就出在送审途中,或是让你再添上一批参加会议的单位和领导名单,或是让你再塞进几段某领导的讲话。从工作角度和报道原则出发,记者应尽量做解释说明工作,若是对方还是执意坚持,那你可以找这个单位的上级领导部门,求得支持。

《山西日报》认真对照中央和省委有关改进会议新闻的文件精神而制定的八条措施,很值得各地媒体参照。具体措施是:①部主任带头动手写会议新闻,总编辑亲自把关,自上而下改革会议报道;②从会议中抓新闻,要突破旧框框,旧模式,新闻点要突出;③会议报道要让位于其他新闻,非特别重要的会议不占头条位置;④会议报道一般不发领导讲话,要以会议成果为中心写稿,用最佳角度从会议中找出鲜活的内容,把文章做深做活;⑤强化群众观点,面向读者,服务读者;⑥对事关全局的重要会议,要突出主题,抓住会议主旨强化新闻点,突出报道,做到准确、及时、鲜明;⑦要大量减少部门和行业会议报道,要报只报新闻,不搞程式化报道;⑧编辑部各部门要严格把关,要按新闻规律办事,该发的一定要发好,不该发的坚决不发。

第三节 军事新闻采访

在中国现代史上,军事新闻是大量且占有重要位置的,军事报道是出色的,可供当代军事记者借鉴的经验是丰富的。在和平年代,在新的历史时期,军事报道的题材与特点发生了什么变化?采访与写作上有些什么新要求?这是值得我们认真探索的。

1. 时代转变,题材转移

我国已进入建立社会主义市场经济时期,改革开放正向纵深发展,党的中心工作已经转移到经济建设上来。作为军事新闻,其报道的题材范围已发生变化,其报道的题材重点也应由原先的以军事斗争为主而转移到军事现代化的方面来。

在我国,军事现代化的报道内容丰富多彩,其中主要有:党和政府对军队现代化的重大决策及其指导军队实现现代化的举动;军队现代化本身的进程及其武器装备的更新,在不泄密的前提下适当予以报道;能掌握现代化军事知识并指挥现代化部队的当代军事人才培养方法与途径的介绍;军事训练、政治工作、后勤供给的新发展、新方法;国防科技研究和工业的新成就;军队参加地方建设的活动等。如,2011年2月的利比亚全国大动乱,我空军及时派出4架伊尔-76运输机执行紧急撤离我在利比亚人员任务。包括国内发生重大灾难,部队官兵参与抢险救灾和灾后重建等事务。

因此,对当代军事记者的要求也不同以往。当代军事记者只有思想上充分认识军事题材重点的转移,力求适应时代转变,用现代化军事知识充实自己,并对未来战争要有研究,思路才会开阔,报道领域才会宽广。

2. 明确原则,突出重点

军事新闻的报道原则,在和平时期与战争时期是不同的,中国的与外国的又是有区别的。我们的报道及其原则,既不同于资本主义国家,也不同于其他的社会主义国家,虽属和平时期,但军事报道仍占有重要地位,在综合性报纸版面上仍占有较重要的地位。这是因为:我们仍然面临帝国主义、霸权主义及一切敌对势力的战争威胁,加强军事报道,能使人民群众及时获取军事信息,关心和了解军旅生活,增强国防观念,促进军队建设健康发展;我军是战斗队,又是工作队、生产队,与广大人民的关系很密切,但是,军队也和地方一样,在军队现代化建设迅速发展的同时,也遇到不少新情况、新矛盾、新问题,军队和军人比以往任何时候都更迫切地需要全国人民的理解、支持和帮助,有针对性地改进和加强军事报道,能更加密切军民的鱼水关系;中国共产党的传统、作风往往体现在军队和军人身上,加强军事报道,也是恢复和发扬党的光荣传统的重要方面,是加强精神文明建设的有效途径。因此,军事报道要紧紧围绕党的政治生活需要进行,要立足军队,面向全国,着眼未来和世界。在第七届中国新闻奖评选中,《我军在台湾海峡成功举行三军联合作战演习》一文荣获一等奖,该文主要特色就在于作者报道原则明确,报道重点突出。这次渡海登岛演习规模大,课题新,预先公布了演习的时间和地点,引起了海内外的极大关注。作者既立足军队,又面向国内外受众,让受众了解我军现代化建设的成就,增强对人民军队保卫国家的信任感,让世界看到中国人民解放军已成为维护世界和平的重要力量。这就是我国现时期军队的报道原则。

部队是打仗的,平时就得加紧训练,因此,军事训练的题材无疑是军事记者平时采访的重点。这是因为,在现代战争的条件及要求下,部队如何加强训练,不断提高军事素质,实现国防现代化,适应现代化战争的需求,这是全党和全国人民所密切关注的。林彪、“四人帮”之流鼓吹“政治可以冲击一切”,搞军训就是“冲击政治”、“单纯军事观点”,大肆抵制和破坏军事训练,使军事训练报道一再受到扼杀,直到文化大革命以后,军事训练报道才得以恢复和发展。

3. 讲求效应,注重节制

处于和平时期,大仗基本没有,但边境上的小打小闹时有发生。因此,原作为军事报道主要组成部分的战斗报道,在今天就带有新的特点,即政治性更强,策略性也更需讲究。这是因为,战斗新闻最能引起国际舆论的关注,报道好与坏,事关重大。有关边境上的几次小规模战斗,均属我军自卫反击性质。根据这一性质,这些战斗报道的政治性重点在于阐述战争的性质,即揭露对方的入侵行径,表明我军忍无可忍、被迫还手的正义立场。根据这个政治性,就要求报道必须讲究策略,如报道战斗的规模就不是越大越好,战果也不是越多越好,宁可"大打小报道",甚至"只打不报道",要注重节制,要考虑效应,千万不能图一时痛快而失去分寸。

在具体报道中,为了更有效地实现政治性与策略性的完美统一,应当注意口子开小些,而挖掘则深一些。所谓口子开小些,即抓住一场小战斗和一个连、一个排甚至一个班、一个人落笔;所谓挖掘深一些,即着重写我军指战员为祖国、为正义而战的英勇献身精神和我军攻必克、守必固、战必胜的现代化战斗力。如某次边境反击战中的《活着的"黄继光"——杨朝芬》、《喷火手张华湘连发连中》、《智勇双全的指挥员山达》等报道,都是这方面的成功之例。

4. 谨慎从事,严守机密

报道我军国防建设新成就、新装备乃至军事训练技术等,涉及军事机密,报道时必须十分慎重,严防泄密,这是军事记者特有的业务修养之一。

要做到守密,除了记者加强保密观念以外,比较恰当的具体做法是,报道时只讲其然,而不讲其所以然,即记者多从场景、气势入笔,多从我军指战员的精神风貌着眼,让人们看到的是我军现代化的风貌,感受到的是现代化军队及其作战的规模、气势与神威,而回避对武器性能、操作要求、具体指挥与组织技能等方面的披露。总而言之,对涉及机密的具体事物,记者应有意"卖卖关子",或故意忽略。

5. 作风踏实,雷厉风行

我国军事记者有着优良的思想作风和工作作风的传统,他们在采访时雷厉风行,深入火线,不避艰险,抱定随时以身殉职的态度,出色地完成了报道任务,不少记者光荣地牺牲在战场上。当代军事记者应当继承这一传统,这是因为,战场上或是演习场上,风云莫测,瞬息万变,记者若没有亲临火线的战斗精神和雷厉风行的工作作风,是难以搞好军事报道的。我国著名军事记者、新华社解放军总分社原社长阎吾,在战争年代进行战地采访时,总是哪里枪声最响就往哪里跑,哪里硝烟最浓就朝哪里钻,采写过许多现场感强、情景交融的好新闻,被同行誉为"武记者"、"情景记者"。

军队的新闻队伍正处在新老交替之中,大批新同志奋发努力,敢于创新,但是,只注重业务修养而忽略思想、作风修养的倾向也很严重,个别记者长期跑高级指挥机关,然后抄抄战报、听听汇报,尽搞些公报式新闻、领导谈话摘引等,不愿上高原、下海岛,怕苦怕累,养尊处优,这种现象是与现代记者的要求不符,是亟待改进的。严格讲,军事记者的采访作风是军队作风的一部分,来不得半点松弛和浮夸。

第四节　外事新闻采访

所谓外事新闻,即指以报道外宾来访活动和向国外报道本国各方面情况的新闻体裁。随着改革开放的不断发展和中国在世界上的地位日益提升,外事新闻的地位和报道任务也迅速增强。

外事新闻采访具有特殊性,是一项严肃的政治任务,采访作风应格外严谨,采访方法应格外细致,千万粗制滥造不得。

在具体采访中,必须注意下述事项——

1. 依靠组织,熟悉情况

中国政治经济及文化的日益发展,势必导致来访的外国人士日益增多。但他们来自不同的国家和地区,政治背景和来访目的不尽相同。俗话说,外事无大小,都须认真细致地处置,丝毫马虎不得。记者一般接受报道任务后,需尽快与外事部门取得联系,听取他们对采访人士情况介绍,包括他们国家、政党、财团的情况和本人的相关情况,了解我们的接待方针、规格及相关活动安排程序,明确有关的采访纪律等,在此基础上,周密制定采访计划。

实践证明,外事采访中只有在紧紧依靠组织、熟悉外宾情况的基础上,才能保证外事新闻少出差错,甚至准确无误。譬如,常有一些离任的原国家或政党的领导人来访,进行的是非正式友好访问,尽管我国对他们的接待规格仍很高,但因他们已不是元首的"元首"、主席的"主席",故采访报道时,既不能突出,又不能冷落,报道的基调一般定在着重宣传两国人民友谊上为宜;一些小国、穷国的来宾,会见时往往激动异常,把中国夸奖得什么都好,但记者也不要轻易当回事,报道时仍应掌握分寸、头脑冷静。而要做到这一切，记者则离不开外事部门的支持与交代。

2. 抓住战机，迅速成篇

有人说，外事新闻的采访往往是闪电式的速决战。此话是很有道理的。因为外事活动一般是很短促的，参观、赴宴可能有个几十分钟，握手、拥抱等互致问候可能就是瞬间之事，因此，采访中记者的精力必须高度集中，反应必须十分灵敏，决断必须非常果敢，一旦有价值的事实出现，便迅速捕捉。外事活动中发生的一切，只能在现场采集，一旦活动结束，外宾走了，领导同志也走了，记者向谁去补充、核实材料？外事活动一般都是井井有条地依照事先的安排进行，但因为种种原因，突如其来的变化也是常有的事，这些都需要记者在现场随机应变。鉴于诸多原因，记者可以在采访前先打好腹稿，甚至先拟就一篇大致的稿子，采访一旦结束，便可迅速完稿、发稿。

3. 亲临现场，捕捉细节

外事新闻报道理应是生动感人，但眼下不少外事新闻却得不到受众的认可，无细节、无现场感，仅仅停留在程式化的报道上，诸如"两国领导人亲切握手，热烈拥抱，随后，机场上举行了隆重热烈的欢迎仪式"、"所到之处，受到当地群众的热烈欢迎"等一般化表述比比皆是。分析其中原因，是记者未亲临现场，只是靠新闻发布会的信息和电话采访。大凡令读者一读难忘的外事新闻，无一不是记者亲临外事活动现场采访而成的，因富有政治意义和生活情趣的细节突发性强，稍纵即逝，记者只有置身现场，方能及时捕捉。如至今仍令同行称道的《宋庆龄招待外国妇女文化代表团》一文，记者采访中注意了招待会环境的观察，在稿件中穿插了宋庆龄私人花园里"百花齐放，绿草如茵"、"天空中传来鸽子的铃声"等细节，顿使和平友好的主题跃立纸面。

4. 注重礼仪，遵守纪律

来访的外宾一般都讲究礼仪，不同国家、地区的来宾有不同的礼仪，这些都是外事记者在采访前要十分熟悉、在采访中要十分讲究的，决不可贸然行事。采访中要提什么问题、什么场合下提问，都要兼顾礼仪，一般以让外宾高兴、能发挥为原则，千万不要使对方尴尬，陷于僵局。

若要单独采访外宾，一般情况下，应事先请示有关部门和领导。送不送礼品、送什么礼品、收不收礼品、收什么礼品、给对方安排什么活动等，均要考虑礼仪和纪律，千万不能想当然。譬如，一位擅长中国乐器古琴和筝的日本东京艺术大学女学生到上海音乐学院参观，记者和接待人员好意选了一位中国女大学生给她弹琴。日本女学生越听越不自在，记者本想听听该生满意的感受,没想到她涨红着脸气愤地说:“你们想压倒我。”

采访外国元首、总理级别的活动,困难可能会更大些,通常总是外宾和首长的车队在前,除少数摄影记者外,一般记者的车则远远落在后面,常常是外宾已参观结束准备上车到另一活动地点去,记者的车队才赶到现场,此时,记者只能靠向翻译、陪同人员及现场其他工作人员了解情况,在这当口,记者尤需注重礼仪和遵守纪律,不要在现场横冲直撞、前后乱窜,也不要毫无礼貌地将有关人员拉扯到一边就乱问,应做到有理有节、有条不紊。

外事记者长期接触外宾,频繁出入宾馆、机场、宴会厅等场所,除了礼仪要讲究、纪律要遵守外,自己的仪表风度、衣着打扮等也是要十分注重的,某种意义上说,记者留给外宾的印象很可能就是中国人的形象。

思考题:

1. 政治新闻采访有哪些具体要求?
2. 改革会议新闻有何现实意义?
3. 新时期军事新闻采访有哪些新要求?
4. 外事新闻采访时有哪些注意事项?

第七章

经济与科技类新闻采访

一个社会越是进步，经济与科技事业的发展就越是显著，同时，相关的新闻报道也越是成熟。然而，较长一个时期以来，经济与科技报道始终是中国媒体的一个薄弱环节，亟待改进。

第一节　经济新闻采访

经济新闻在新闻报道中所占的地位与意义，早在五个世纪前便已得到证明和确认。随着党的工作重点转移到经济建设上以后，作为党和人民的舆论工具，必须把经济报道提到头等重要的位置，使经济报道成为新闻报道的重点和中心。据有关权威机构抽样调查显示，在全国读者中，对经济报道关注程度列各类报道之首的，80 年代初所占比例尚不到 10%，而到了 2000 年后，这一比例竟上升到 68.5%。然而，经济报道究竟应当怎样搞，经验不多，教训不少，加上记者本身的素质、知识结构、反应能力等跟不上经济发展的变化，导致目前相当一部分新闻传媒对市场经济的宣传报道还处于逐步适应状态。表面上看虽然篇幅颇多，版式也新颖多变，但直接为经济运行服务的具有指导性、信息性、实用性、分析性的高水准的新闻远远不够，有的只是单纯报道成就，未能提炼出有价值的观点，有的只是盲目、肤浅地追求若干新热点，报道只是停留在一般水平，缺乏深度、厚度、力度。因此，掌握好我国经济运行脉搏，如何找出经济报道的规律，摸索出一条搞好经济报道的路子和一套报道方法，乃属一个严峻的课题。

一、学习、掌握社会主义经济建设的理论与政策

这是记者在整个社会主义历史时期从事经济报道时确定报道方针和报道思想的基本依据,是经济报道符合经济科学、正确反映经济规律的可靠保证。这种学习和掌握应当是及时、系统、全面的,当然也是颇费精力的。但是,若是不学习、不掌握社会主义经济建设的理论与政策,就不能保证经济报道的科学性,就失去经济报道的新闻敏感和采写依据,非但提高不了经济报道的水平,甚至会搞出自以为正确,实质上已违背经济规律的报道。例如,1984 年我国基本建设出现了投资膨胀现象,大规模的投资已超过了国力,若不尽快压缩,将会造成难以估量的损失和恶果。然而,新华社却在 1985 年 1 月 29 日以肯定的口吻、欣喜的笔调发表电讯:"正在建设的全部项目约有数万个,其中大中型项目为 700 多个。在长城内外、大江南北到处可见热火朝天的建设工地。"最后,实践作出了回答,这种宣传扩大基本建设规模是盲目的、错误的,其负面影响至今还难以根除。包括至今仍比比皆是的忽视经济效益、盲目宣传高速度、以产值增长作为判断经济活动成败标准的经济报道皆属此列,都同记者不学习、不掌握经济建设理论与政策有关(当然,也有新闻体制、思想路线、记者其他素质等方面的原因),从而违背了经济报道科学化的最基本要求,即评价经济活动要科学化。

因此,记者应当站在时代的高度去学习和掌握社会主义经济建设理论与政策,并认识其重要性。在当前,随着市场经济的迅猛发展,更要自觉摆脱计划经济条件下宣传模式的影响,加紧学习和掌握邓小平建设有中国特色的社会主义理论,迎接时代的挑战。

二、熟悉经济领域的基本知识与情况

从事经济报道的记者,熟悉经济领域的专业基本知识和情况,是不可忽视的一个重要方面,它对记者有如下帮助——

1. 能判断、预见问题

如报道钢铁工业建设,就必须对冶金方面的知识和我国冶金发展史及其在国际上的水平等情况,都有个基本的掌握和熟悉,否则,就难以确定怎么去报道,就失去判断力和预见力。例如,某报社有一记者去当年的上钢三厂蹲点,厂党委一领导告诉他:三厂二转炉车间由于主要用转炉生产粗钢,

年产量可达60万吨,同石景山钢铁公司的产量一样多。该记者听后觉得这个产量了不起,石景山公司很大,从这个分厂到那个分厂之间要乘公共汽车,可产量只有上钢三厂的一个车间大。他又来到转炉车间现场,深为炼钢现场的壮观场面和转炉的雄姿所感动。于是,他想写篇通讯。采访中该记者同三厂的几位技术员聊起转炉的事,想不到一技术员却说:"太可怜啦!太可怜啦!"因为该技术员知道,早在20世纪60年代初期,日本人改用纯氧顶吹技术,一炉就炼300吨至500吨,而上钢三厂转炉的钢产量仅是50年代的国际水平。于是,该记者打消了原先写通讯的念头,重点放到该厂正在筹备改用纯氧顶吹这件事情上去。同样,对上海宝山钢铁厂的肯定到否定又到肯定的报道路子,也很能说明问题。

2. 能提出、交谈问题

如对有关知识和情况不熟悉,记者在采访中就难以提出问题,同采访对象也难以谈到一块,故采访就无法进展。如有位青年记者,第一次采访某化工厂一位总工程师时,因不懂化学基本常识,也未认真做采访准备,结果仅勉强谈了半小时,就实在谈不下去了,只好打道回府。后来,该记者下决心读了几本化工学科的书籍,并认真拟了调查纲目,第二次采访时,这位记者提问就十分在行:"我在书上看到,国外催化剂的功效是17倍(指与溶剂的比例),而您能把这种催化剂的功效提高到30倍,请您谈谈您是怎样试制这种新型催化剂的?"常言道:士别三日当刮目相看。总工程师一听,仿佛遇上知音,异常兴奋,在百忙之中破格与记者作了近一个下午的长谈。由此证明,在采访活动中,一个记者懂行与否,与采访效率有直接关联,记者若什么都不懂,需要采访对象从有关知识的ABC谈起、解释起,那么,采访深入就无从谈起了。

3. 能解释、说明问题

经济报道常常涉及许多专业技术知识问题,若是记者自己没有弄懂,就难以解决受众懂的问题,只有自己懂了,才能产生联想,进而才能把复杂的技术知识、专用术语、技术操作程序等,用通俗的语言、形象的类比等表述清楚。而在这当中,记者熟悉、懂得经济领域的基本知识与情况,是至关重要的。

综上所述,从事经济报道的记者不熟悉不懂得经济领域的基本知识与情况,采访写作往往寸步难行,甚至搞出错误的报道。如2000年元旦、春节前夕各报有关"假日经济"或"假日消费"的报道,那热情,大有发现了一个新的"经济增长点"那样的激动。冷静的经济学家们则出来说话了。其中一个观点是,目前在我国提出“假日经济”的概念还为时尚早。因为在成熟的市场经济中,消费收入函数比例几乎是一个定值。从宏观上说,社会总收入和社会总消费是按比例增减的,具体的商业手段可能在一定时期一定区域内刺激部分居民的消费,但无非是把预期利润从一个商家转到另一个商家,把彼时彼地的消费者吸引到此时此地。同样,“假日消费”是社会总消费的一部分,是社会总收入的总函数,如果居民的收入不增加,“假日消费”不会变成有“拉动作用”的消费增量。我国目前属于中低收入国家,大多数家庭都在量入而出,多几天假日确实增加了消费的机会,但消费品多为中低档次,目前中国市场的主要控制因素仍是价值,是收入。经济学家虽用经济学语言表述其观点,但意思还是十分清楚的。事实也印证了这个观点不无道理。

以新春期间上海市场为例:据上海市商委一项统计,初一至初四的春节期间四天,全市 97 家大型商业企业,平均每天的销售额是 1.48 亿元;再看元旦市场,从去年 12 月 31 日至今年 1 月 2 日三天,全市 75 家大型商业企业平均每天销售额是 1.54 亿元。学者苏应奎撰文指出,统计数字让人颇费思量:春节市场何以不及元旦市场?按照业内行家的说法,假日消费主要由三大块构成:即时消费、延时消费和休闲消费。为迎接新千年的到来,人们购物热情高涨,各大商家又纷纷打折消费,形成一个购物热潮。由于春节与元旦相距时间较短,延时消费就大大下降。也就是说,假日消费只是消费者将昨天、明天或下周下个月的消费集中在几天进行,是消费时间区域的移动变化,并没有激发新的需求。居民收入、商品市场就像一块大蛋糕,假日消费多了,平时就相应少了,假日购物的增量,不会全部成为市场增量。又按一般规律,即时消费呈小额、不断的特征,而正时消费具有高额、不易消耗的特征,两者对照就不难发现春节市场不及元旦市场的原因了。因为春节市场占主导地位的依然是即时消费。由此观之,所谓的“假日经济”或“假日消费”,其中包括了不少虚假现象,在认识上必须加以细化。

诚然,对于经济领域的知识全部学和学得很深也不可能。我们的目的不是成为工农业等经济战线的专家,而是要求成为工农业等经济战线报道的专家。因此,这种对经济领域知识与情况的熟悉,是结合采访写作任务的学习,采写什么就学习、熟悉什么,时间久了,采写的面宽了、广了,知识就自然丰富起来,情况也自然熟悉起来。在市场经济迅猛发展的形势下,社会各界都强烈呼吁:亟须培养专家型记者。所谓经济报道方面的专家型记者,即对经济领域的知识有较深的造诣,情况要相当的熟悉,采写的报道、撰写的评论、作出的分析，要有分量和具有权威性，甚至成为企业乃至政府作为决策时的重要依据。这种专家型记者的培养，不靠一日之功，全靠平时对经济领域知识学习与情况的日积月累。

一般说来，记者对于经济领域知识的学习与情况的熟悉，应抓好三个环节：一是及时，即要注意经济学术研究和经济运行中的最新发展动态与成果，及时更新陈旧落后的经济知识与观念。譬如，在当前，应尽快彻底摆脱计划经济条件下宣传模式的影响，密切注视市场经济在股票、证券、期货、房地产、国有大中型企业改革、世界经济和贸易的发展等方面的新变化、新动向、新成果等。二是系统，即要从马克思主义政治经济学学起，弄懂弄通其基本原理，并以此为基础，结合中国实际和自己所负责报道的部门、领域，系统地学习有关部门、领域的经济学。1942 年，周恩来因病在歌乐山疗养，正好著名经济学家许涤新患肺病也在那里疗养。一天，当周恩来听说许涤新准备下一番工夫研究《资本论》时，他语重心长地说："这很好，知识要系统化，碰到问题要说得出道理。"这番话，对于今天从事经济报道的记者也颇有教益。三是全面，即指对各个学科的经济知识虽然不求精深，但都要求有所了解。在当前，特别要了解与熟悉金融学、会计学、物价学、统计学等与社会主义市场经济密切相关的学科的基础知识，以适应当今形势和报道任务的需要。

三、善于从业务技术堆里跳出来

长时期来，经济报道存在三难，即记者难写，编辑难改，受众难懂。要解决这三难，关键在于采访，在于记者从业务技术堆里跳出来，把注意力侧重放在下述五个方面。

1. 抓问题

经济新闻固然必须联系生产实际，如工业战线的增产节约，调整、改革、整顿、提高，按经济规律办事、进行企业管理等；农业战线的春耕春种，大田管理，三夏三秋，农田基建，多种经营等；财贸战线的市场供应，财政收入，物价等。这是我们组织经济报道的出发点。但若是仅仅限于这些方面，经济报道就容易陷入单纯业务观点的泥潭，如农业"四季歌"（春播、夏管、秋收、冬藏），工业"三部曲"（年初开门红、年中双过半、年尾超指标），商业"两重唱"（提倡礼貌待人、提高服务质量）等。

记者如果要挖掘经济建设中的先进因素，加以热情倡导，发现阻碍生产力发展的落后因素,加以彻底清除,总之,如果要指导生产、推动建设、发展市场经济,就必须靠不断总结新时期经济运行中的新经验,提出具有普遍性、方向性的新问题。这样,经济报道才能上品位、上台阶,内行愿意看,外行看得懂,上级领导和广大群众都能满意。如《引进外资切莫忽视成本》、《把中低收入居民住房问题作为工作重点首先解决好》等新闻皆属这样的范例。有人提出,经济报道应当找到最佳交叉点,即领导满意,群众爱看。实践证明,抓问题是这一交叉点的主要支撑点。

2. 抓事实

问题抓准后,紧接着就是要选择有典型意义的事实来回答、说明问题。这是因为:一是受众最相信事实,最愿意接受事实;二是经济报道说到底是成果报道,因此要摆事实;三是事实叙述清楚了,业务技术等程序性、术语性之类也就避开了。例如,《世界最耐用灯泡迎来110岁生日》一文,说的是美国加州一家消防站内,有只1901年6月18日安装的白炽灯泡至今没坏,已登上吉尼斯世界纪录。消息传开后,全美各地民众纷纷前往围观并打听生产这种灯泡的厂家①。

3. 抓角度

经济报道的角度十分重要,若是选择得好,主题往往就能得到新颖、生动的体现,一些业务技术方面的问题也不致太枯燥。

过去的一些经济报道,在角度上存在"三多三少"的现象,即从领导角度报道多,从群众角度报道少;从生产角度报道多,从消费、流通、分配角度报道少;政治说教和技术术语多的报道多,生动活泼、能引起广大读者与听众共同兴趣的报道少。为了适应现时代的要求,记者应当认真讲究经济报道的角度。例如,产品质量一直是工业经济报道的第一个永恒主题,但宣传报道上如何突破老一套,选择一个较好的角度进行报道,则是一个长期未能解决的大难题。新华社和《人民日报》记者在这方面是动了脑筋的,他们先后抓住鞍钢第二薄板厂党委书记专程去上海背回几块废矽钢片和沈阳某鞋厂不让一双质量不合格的鞋出厂门、谁出的质量问题谁自掏腰包买下这两件事,巧妙地把"质量第一"这根"弦"拨动得不同凡响,给人以无尽的启示。

4. 抓趣味

许多老记者都指出,经济报道要写得有趣味,要像吸铁石一样去吸引着读者。然而,不注意读者的兴趣和需要,不注意读者看得懂或看不懂,这仍

---

① 《新民晚报》,2011年6月18日。

然是我们经济报道中的一个基本缺点。实践证明,经济新闻的趣味性突出了,才能吸引受众。有人说,经济新闻总没有社会新闻那么有兴趣,此话有失偏颇。经济新闻有没有兴趣,能不能吸引人,关键不在于写作,而在于采访,是看记者能否采集到有趣味的事实和细节,《厂长当徒工》、《副总理验锅》、《经济学家赶集》等新闻,都是最有说服力的例证。

5. 抓通俗

这是搞好经济报道最关键的一环。值得强调的是,前不久美国一位新闻学者提出:20 世纪末和 21 世纪初,国际新闻界的最大竞争即新闻通俗化的竞争。经济报道采访写作中的一个集中难点是:技术性术语多、数字多、专业性问题多,统称"三多"。记者采写时若是陷入这"三多",经济报道就枯燥乏味,令人看(听)不懂。但是,经济报道又离不开这"三多",党的方针政策的贯彻执行,经济建设的发展与成就及其重大经济意义、政治意义,又必须通过这"三多"来体现。怎么办?为了解决这一难点,使经济报道做到雅俗共赏,记者在采访写作中应当把握四个具体环节。

第一,多进行形象比喻。有些事物受众不容易理解与接受,记者若是采用联想、类比方法,用已经认识、熟悉的事物与不太容易理解的事物形成类比,那么,新闻就可见效甚至见奇效。如上世纪 90 年代初,面对国有大中型企业困难重重、难以搞活的现状,为了阐明观点,《经济日报》记者詹国枢在《少数企业"死"不了,多数企业"活"不好》一文中作了如下比喻:"绿野,苗圃。成千上万株小苗,头碰头,肩并肩,密密麻麻挤在一起。空气,严重不足;养料,极度匮乏,眼见得小苗蔫蔫然日渐萎黄。怎么办?送气通风,施肥浇水,效果不佳,未见起色。果断间苗!把那些枝叶已经萎黄,根须已经溃烂,无法成材的病苗,毅然拔除,腾出空间。空气,清新了;养料,充足了。一棵棵小苗伸枝展叶,充满勃勃生机!"经如此一比喻,一个十分深奥难懂的经济现象与观点,便显得既有可读性,又见思想性。

第二,多进行解释说明。经济新闻理所当然地要报道新成就、新技术,但人们看不懂、不愿看,那么,宣传效果就可能实现不了。因此,就需要记者在采访中多请教行家,自己弄懂弄透后,然后再在报道中向受众多作深入浅出的解释说明。例如,2004 年 1 月 16 日,《南方日报》刊登了一篇题为《13.6% 背后是什么》的经济新闻,分析了 2003 年广东省 GDP 增长的情况。记者避开数据罗列加套话的俗套写法,而是将成就放在"非典"的大背景下阐述,引起了读者的兴趣并令人获得深刻的感受。

第三,多采用数字换算法。经济报道中的数字真可谓比比皆是,有些新闻本身就是“数字新闻”。如何运用好这些数字,以引起人们对经济新闻的兴趣,实在是一种艺术。运用得好,则可使人留下一读难忘的印象;运用得不好,一堆杂乱无章的数字,则会使新闻沉闷呆板、枯燥乏味。

怎样使单调、枯燥的数字“活”起来,主要靠记者深入扎实的采访,善于用脑,然后用富有表现力的手法,结合描述对象,给数字插上想象的翅膀,对数字进行换算。从哲学上讲,数字所表明的量和质,只能在一定的相互关系中,才能反映出事物的性质或发展状况。数字若不与它的前后左右比较,不与和它有关联的事物结合起来综合分析,就说明不了它本身的量和质的意义所在。因此,记者就必须善于对数字进行换算。例如,《长江三角洲又获丰收》一文写道:三角洲的苏州、松江、嘉兴三地区的粮食总产量,“又突破了去年所达到的历史上的最高水平,比去年增产近七亿斤。”增产七亿斤是什么概念,一般读者可能难以理解。记者接着便对数字进行换算:这三个地区所产的粮食,除农民自己食用外,“足够供应像首都北京那样多的人民三年的食用,或者可以供应像工业城市鞍山那样多的人民二十年的食用。”经过如此换算,数字终于活立起来了,受众也就接受、理解这一事实了。

第四,多穿插人物活动与具体场景。说到底,经济建设与活动都是人在某个现场进行的,把这个过程中的人物活动和具体场景显现出来,经济报道就可能生动活泼、惹人喜爱。如《经济学家赶集》一文,穿插了薛暮桥先生买胖头鱼、擀面杖和挖耳勺的活动与熙熙攘攘的集市场景,因而使全文充满动感,读来十分亲切,一改经济新闻见物不见人的通病。

从总体上看,在当前的经济报道中,记者是努力的,也涌现出一批批颇具水准的报道。但是,由于自身素质、知识结构、反应能力尚跟不上市场经济迅猛发展的步伐,因此,经济报道尚停留在一般化的总体水平上。面对这一严峻事实,如何对整个记者队伍进行规模培训,实属当务之急。

第二节　科技新闻采访

科技报道在西方历来占有重要地位。如《纽约时报》常常一天有百余个版,按内容的不同分成 A、B、C 等各类,重要的科技新闻与特写则经常刊登在 A 类中,另外,该报每周二出一期《科技时报》,连广告在内共有 20 个左右的版面。在美国无线加有线的近 100 个电视频道中,科技报道在新闻节目中也占有相当的比例。位于华盛顿的新闻博物馆前不久公布了一项由美国公众评选出的 20 世纪世界 100 条重大新闻,其中科技新闻所占比例最高,高达37%。

改革开放以来,我国科技事业正日益进入兴盛时代,经济社会发展和民生改善越来越依靠科技,新闻媒介与广大受众对科技成果及其报道的关心程度,也超过了以往任何时候。党的“十五大”报告明确指出:“要把加速科技进步放在经济社会发展的关键地位,使经济建设真正转到依靠科技进步和提高劳动者素质的轨道上来。”由于党和国家对科技工作的重视,一个依靠科技促进经济发展的大好局面正在形成。然而,科技新闻报道的现状却实在不能令人满意,许多科技新闻或是价值一般,或是写得深奥难懂,令广大受众产生不了兴趣。如何改进科技新闻的采访与写作,以适应科技事业的发展和受众的需要,实属一个十分严峻的课题。

科技新闻是科技领域新近发生的事实的报道。具体报道范围和内容有:党和政府有关科技政策;技术领域的新发现、新发明、新成果;科技工作的新经验、新问题;科技战线杰出人物的事迹;受众感兴趣的科技新知识、新技术及趣闻、珍闻等。

分析以往的科技新闻报道,存在的不足之处颇多,其中三个方面的问题尤为突出:一是术语堆砌,深奥难懂。对采访所得的材料中涉及的有关科学用语、专用术语等,记者常常是没有经过新闻化的处理,甚至连自己都没弄懂,就照本宣科,结果是术语一长串,行话一大片,新闻被弄得晦涩难懂,读者望而生畏。二是喧宾夺主,本末倒置。究竟什么是科技新闻的主和本?或者说,科技新闻报道中应当谁唱主角?毫无疑问,当然是科技成果、科学内容本身。但是,不少科技新闻就是回避科技成果、科学内容本身,而只是用成果名称加上一堆人们司空见惯的空泛评价及有关科研人员的事迹构成,这就弄得本末倒置,失去了科技新闻的特色和价值。三是以讹传讹,误导受众。专业性和严谨性是科技的特性,因此,科技报道应格外讲究真实性和缜密性,千万不能随心所欲,或不加考证,以讹传讹,引起不必要的误解甚至恐慌。

任何题材的新闻都应当严格按照新闻规律及报道原则去采访写作。作为反映科技题材的科技报道,只有对于科技成果、科学内容及其性质、意义、社会效果,包括科研人员及其研究过程等新闻事实,予以充分、必要的反映和说明,报道才能算是成功的,才能为受众所接受。回避科技成果、科学内容本身的做法,则决不是上策。科技报道应当见物又见人,以见物为主,见人为辅。见物不见人固然不对,但是,见人不见物则更不对。这是科技报道的特性所在。5年前,3位新华社记者承担了日全食观测的报道工作,经过认真的采访,又加上受邓颖超同志曾经讲过的一句话“我们的科学家太好了”的启发,他们想借题发挥,着重反映科学家的精神面貌。但他们又想到,若是这样报道出去,涉及日全食观测的内容太少,缺少科学味,不是科技报道,而成了人物报道。因此,他们推翻原先设想,进行补充采访,最后在定稿中,用大约1/6的篇幅描绘日全食的全过程,用约1/5的篇幅介绍太阳活动与人类的关系,还着重介绍了一些关于日全食和观测日全食的知识;关于科研人员的精神面貌,仅用了2/5的篇幅反映,而且是紧扣日全食这一科学现象来展现。正因为有了较多的科学内容,主次位置摆正,所以,报道与广大读者见面后,一致叫好。

科技新闻既要保证科学性、真实性,又要体现特色、价值,并且要通俗易懂,生动引人,这就使科技新闻的采访写作产生相应的难度。因此,必须注意下述七点。

1. 深入采访,力求真实

科技新闻讲究科学性,毫无疑问,这一科学性首先必须建立在真实性的基础上,真实性是所有新闻报道的生命,共同遵守的准则,科技新闻也在其列,不真实的东西,决无科学性可言。因此,科技新闻的采访,必须深入再深入,扎实再扎实,不能有丝毫马虎。例如,有一年关于“一颗小行星可能撞击地球”的报道,因翻译外电有误,将这颗小行星在距离地球80万公里处经过,错译成“正向地球飞来,距地球尚有80万公里”。一时间,弄得人心惶惶,幸亏南京紫金山天文台及时纠正此说,否则,还不知要酿成什么乱子。如果有关的记者编辑,采访不是建立在人云亦云的基础上,而是找到外电原稿再核对一下,这场虚惊是完全可以避免的。

再则,某些偶然或巧合现象的发生,仅从单一事实的角度考察,它可能或确实是真实的,但从总体或本质上考察,他不合乎规律,不具有科学性,因而是不真实的。这是因为,凡是符合科学规律的现象,应当是在特定、类似的条件下能重复出现和灵验的。在没有权威的、充分的科学论证之前,偶然及巧合现象,是不能作为科学新发现、新成果等来报道的,否则,又极易产生负面效应。例如,某人患某病,久治不愈,某日偶然服某药,不久便康复(是不是仅仅服了此药就康复的尚不得而知)。于是,报道接连不断地出来:某药是治某病的“良方”,具有“特效”、“神效”,有关患者闻讯蜂拥而至,排长队,花大钱,以求得救命之药。结果,有关第二例“康复”的报道至今未见。

2. 虚心求教,正确认识

任何具体事物都有其特殊的规定性,科学技术这一具体事物必然离不开技术和业务的内容，科技新闻报道也就势必通过业务技术来阐明主题，同时，这也就决定了科技新闻采访的特点与难度。确实，记者要在短时间内把高深难懂的科学内容全部弄清楚，是十分困难的。但是，对于称职的记者来说，没有说不清楚的报道题材，只有记者不成功的采访。这就要求记者遇有疑问和不懂之处，要耐心、虚心，不可一知半解，更不可不懂装懂，应该在采访过程中反复向专家、科研人员请教，最终求得对事物的正确认识和准确报道。

3. 长期积累，密切联系

现代科技博大精深，任何记者、编辑都不可能精通科技所有领域与专业，也正因为这个原因，科技报道中的失误几乎是普遍性的。正如美国《巴尔的摩太阳报》记者乔恩·富兰克林所说："假如我想歪曲某些科学事实，编辑是发现不了的。这就是为什么有时会出现一些很可笑的报道的原因。"

但是，通过主观努力，科技报道这一新闻界的"弱项"是可以逐步转为强项的，关键是记者应该密切关注世界科技发展的动向与趋势，同科技界保持密切联系，对有关知识与材料要坚持积累。例如，获得诺贝尔科学奖的研究项目都是很难弄懂的，然而，每年诺贝尔科学奖获奖名单刚公布，一些西方记者马上便予以详细报道，并用通俗的语言、生动的比喻把深奥的内容解释得十分明白。同时，还通过背景材料说明这些获奖者艰辛的科研过程、获奖成果与人们日常生活有何关系等。西方科技记者的这种能力、才干，除了得力于激烈竞争的新闻机制外，是同他们平时注重与科技界的密切联系、关注科技发展动向及趋势并坚持材料积累所分不开的。江泽民同志在谈到记者的素质时曾说："要打好知识根底。""科技知识也应尽可能多学一些。"近年来，我国记者中也出现了重视科技知识学习和积累的可喜现象。例如，《解放日报》近些年来面向全市有关记者、通讯员举办了多届"新闻与科技"报告会，与会者会后一致认为：参加这样的系列讲座，增长了知识，开阔了视野，获益匪浅，对日后搞好科技报道帮助很大。

4. 慎重评价，切忌溢美

对科技领域的一切新发现、新创造、新成果的评价，落笔务必慎重，千万不可人云亦云、没有主见。慎重的原则有三——

一是实事求是，准确恰当。不可把阶段性成果说成是最终成果，更不可将一般性成果夸大为"重大突破"、"填补空白"、"处领先地位"，评价调子宁可压低，不可拔高。

二是尊重权威，服从鉴定。有些成果、发明在没有正式鉴定前，确需报道的,应善于引用科技界权威人士的评估,记者切不可妄加评论。重大科技发现、发明与成果的评价,则应以权威部门所作的科学鉴定为依据。《黑龙江科技报》早在1997年就成立了由知名专家组成的专家委员会直接参与办报,建立严格的专家审稿、咨询制度,是值得借鉴的。

三是不应轻信,善于兼听。常有这种情况,有些科研人员由于情况闭塞,对科研成果的价值不能真正了解与判断,或出于其他原因,会人为地夸大、拔高自己科研成果的价值。记者应头脑冷静,切不可轻信,倘若把握不了,不妨多方面听取意见、评价,特别是不同意见,以便正确鉴别、准确落笔。例如,欧洲航天局曾作出错误的判断,说"太空中唯一能看到的地球表面建筑是万里长城"。中国人听此消息,多半不加质疑。但事实是,宽度仅近10米的长城,在36公里高度外就会从肉眼的视野中消失,更何况是几百公里外的太空呢?连我国宇航员杨利伟也坦言:"我在太空中能看到美丽的地球,但真没看到长城。"

5. 讲求效应,掌握时机

就一般原则而言,新闻报道应当讲究时间性,应当争先恐后。但是,科技新闻报道并非如此,一项科技成果何时公开报道最为适宜且无副作用,这是记者、编辑需要用心考虑的问题。有些科技成果虽然很具价值,但从政治上考虑,从国家和人民的利益着想,暂时保密比马上报道要好。再则,还可能涉及专利权问题,如某项科技虽属首创,但如果专利还未申请到,报道便抢先了,后创者则可能先申请了专利,那么,首创成果的单位或个人就要蒙受莫大损失,记者本人也将追悔莫及。

6. 突出个人,兼顾群体

如前所述,科技报道要见物见人,以见物为主,见人为辅,也就是说,不能见物不见人。长期来,科技记者被"写人惹祸"的思想困扰着,常常新闻一发表,就招来种种指责,诸如"突出个人、贬低群众","对组织领导强调不够"之类,以致最后造成领导者不悦、报道对象遭同事白眼的结局,甚至有些报道对象发誓"从今以后不再接受记者采访",有些科技记者也发誓今后不再写人。

毫无疑问,科技报道涉及写人时不能搞平均主义,应当突出个人,如某个研究团体的学术权威、学科带头人及某个科研项目的独立承担者。不突出个人,就意味着不实事求是。但是,个人要突出的是他的科研活动及成果,因此,对人物不能过分拔高、渲染,不能搞得面面俱到、十全十美。重大的创造发明,只能说明他在科研方面的才干与贡献,人们并不要求他在其他方面是强者、完美无缺,记者也没有必要将他搞成“高大全”,否则,也属于不实事求是,报道必然会产生负面效应。

突出个人是需要的,但忽略群体的作用也是不对的。从科学发展、科学研究的过程可以得见:随着时代和科学本身的要求,科学家、科研人员的工作方式愈来愈多地采取集体合作的形式,组成了一个个特殊的小群体。许多科技成果的取得往往是集体智慧的结晶,是多方面携手合作的结果,与某个个人相比,只不过是贡献有大有小、攻关角色有主有次而已。因此,科技报道在突出个人业绩的同时,也应适当反映协作者的功绩,不能搞成“一花”独放,“绿叶”全无。另外,科研人员的成果能够顺利诞生,离不开党的政策和政府提供的物质保证,离不开有关组织领导的有效协调,因此,报道中适当地点一点,也是应该的。

7. 注重解释,巧用修辞

有人将科技新闻同枯燥乏味画等号,其实不然。科技新闻涉及的许多术语和科学道理、现象,若能设法运用妥帖的比喻和形象化、拟人化的描述,结合通俗化的解释,是能令广大受众接受并喜爱的。

应当强调,科技新闻固然要突出科学性,但也要注意通俗性,“如果说科学性是科技新闻安身立命之本,那么通俗性就是科技新闻繁荣昌盛之道”。这是因为,科技新闻不只是写给少数专家、学者看的,而更是面向广大受众的。但是,几乎每则科技新闻所报道的内容,对大多数受众来说都是陌生的,加上有些科技记者单纯业务技术观点严重,把具体的科研过程、操作方法详详细细地报道出来,满稿是技术名词、业务术语,这就使得科技新闻更加晦涩难懂。因此,科技新闻题材本身加上某些记者单纯业务技术观点束缚,就决定了科技新闻要注重解释,注重修辞手段。清华大学李希光教授曾说过:“优秀的科学家可以在2分钟内解释清楚他的研究工作,优秀的新闻工作者应该学会用两句话报道清楚这项科学成果。”例如,中国科学家在辽宁西部1.25亿年前的火山灰里发掘出8块被子植物化石,确凿证据表明这是地球上最早的被子植物。报道中若说成是“被子植物”,没几个人能懂,若说成“花”,就没几个人不懂了。被子植物就是花植物,新华社记者以《辽宁发现世界最早典型的花》为题发表新闻,再配之以图片,收到了雅俗共赏的报道效果①。另外,把各国一哄而起的“超导热”比喻成我国“大跃进”时期的“大炼钢铁”,把世界最大射电望远镜的功效说成“在悉尼能看到东京的

---

① 《文汇报》,2009年6月23日。

一粒米”,同样效果很好。

8. 善于结合,提升品位

科技新闻若是就事论事地报道,可能对受众的吸引力就不大,影响力就受到局限。因此,如何善于将科技报道同重大时政报道相结合,记者善于从重大时政新闻中寻找科技因素,进而从科技角度切入,就可能较大地提升科技报道的品位和影响力。例如,北京奥运会三大理念之一即“科技奥运”,从场馆设施到兴奋剂检测,包括开、闭幕式气象预测,均有很高科技含量。奥运会既是一场体育盛会,也是一场科技盛宴。《浙江科技报》开设了《北京奥运与浙江科技》栏目,集中介绍诸多鲜为人知的浙字号技术和产品数十项,大到“鸟巢”的钢结构,小到场馆内外的鲜花保鲜,报道效果甚好,许多稿件被其他媒体和网站广泛引用和转载。

我国报纸近些年来发展很快,全国平均四五个人就拥有一张报纸,但普及率在城乡之间差异很大。据《新闻业务》曾刊登的江苏农村多点调查结果表明:农民稳定读者只占总人口的11.7%,且其中大多是干部、乡镇企业职工和学生,普通农民很少。究其原因,是报纸在初中以上文化程度的人中普及率较高,而2/3以上的中国农民文化程度则在初中以下,这就意味着大部分农村群众尚被排斥在读者队伍以外。报纸的普及率尚且如此,那么,科技新闻的可读(听)性就更可想而知。然而,科学技术是生产力,随着改革开放的深入发展,包括农民在内的中国广大受众爱科学、学科学的热情以及对科技报道的关心程度日益高涨。因此,力求把科技新闻搞得通俗些,任务仍然十分艰巨,也是每个科技记者的职责。“解释,解释,解释!不要让读者去猜。”(杰克·海敦语)。科技新闻是受众一种永恒的追求,科技记者任重道远。

思考题:

1. 记者学习、掌握社会主义经济建设理论与政策有何重要现实意义?
2. 怎样解决经济新闻的“三难”问题?
3. 科技新闻报道对我国改革开放及经济建设有什么重要意义?
4. 科技新闻采访有哪些特殊要求?
5. 在当今新闻竞争中,通俗化有何重要意义?

第八章

文体与教卫类新闻采访

第一节　文艺新闻采访

现代大众传媒与文艺关系至为密切,电视事业的迅猛发展尤其能证明这一点。这是因为,文艺的意义在于满足人类娱乐的本能。大凡受到读者、听众、观众欢迎的报纸与广播、电视,可以断言,其文艺新闻报道一般都是强项。随着人们精神文化生活需要的不断增长,文艺新闻的"销路"将日益见好。如上海的《每周文艺节目报》,因为文艺报道内容丰富精彩,发行量年年攀升,每期报纸一出来,都被市民争购一空。因此,在新的形势下,文艺记者应当考虑如何进一步改进文艺新闻的采访写作,以便向人们输送更多更好的精神食粮。

文艺新闻的采访要求主要有——

1. 体现特点,明确职责

文艺新闻的特点是什么?文艺记者的职责又是什么?这个十分简单明了的问题,多少年来不少文艺记者却未能搞清楚。要改进文艺新闻的采访写作,当首先解决这些观念上的问题。

文艺报道应该体现文艺性,这是文艺新闻的特点。缺乏"文艺味",这是文艺报道多年的弊病。在"左"的思想长期干扰、影响下,过去不少文艺报道只讲政治性,忽略艺术性,只强调对人的教育作用,忽略给人们以美和艺术的享受。文艺报道一度搞成公式化、概念化的东西,说透彻点,这样做无异于葬送文艺报道。

文艺新闻的特点与文艺记者的职责有必然联系。文艺记者不明确文艺新闻的特点,就不会明确自己的职责所在,就可能将报道搞成政治教材而让人们接受政治说教,而忘了自己真正的职责是帮助人们理解艺术、热爱艺术,提高艺术的鉴赏水平,最终使精神文明的内涵更丰富。

正如要寓理于事的道理一样,文艺新闻即使要体现对人们的思想教育,也要寓思想教育于艺术享受之中。因为人们喜爱文艺新闻,是出于对艺术享受和追求的需要,记者只有看准这一点,受众才能产生共鸣,报道才有收效。例如《"梁山伯"结婚了》①一文,说的是在舞台上饰演古代悲剧"梁山伯与祝英台"中两位著名越剧演员范瑞娟和袁雪芬都已建立起幸福家庭一事。作者巧借中国老少皆知的这个故事为引子,生动而又深刻地揭示了现代"梁山伯"与"祝英台"幸福的社会原因,使读者在浓厚的趣味性中,不知不觉地领悟了深刻的思想观点:演悲剧的演员,自己已告别悲剧的遭遇,优越的社会主义制度已使"梁山伯与祝英台"的悲剧时代一去不复返了。这篇文艺新闻虽出现在20世纪50年代,但至今读来,对坚定人们走社会主义道路的信心,仍不乏思想教育意义。

实践告诉我们,真正有特点的文艺报道应能产生这样的效力:对尚未观看演出、画展等的人们,应当能够吸引他们去看,并给以艺术欣赏、鉴赏上的指导;对已观看演出、画展等的人们,则要加深他们对艺术的理解、思想上的顿悟,并引起无尽的回味,而决不是靠剧名、演员名字加几句"台风清新"、"舞姿动人"、"立意深刻"之类笼统、抽象的介绍所能奏效的。

2. 亲临现场,认真观察

不能指望未亲临现场采访的记者能写出有声有色的文艺新闻。因此,文艺记者必须强调要亲临现场。剧场、舞台、各类文化艺术展览厅等场所,是文艺记者应当经常光顾的。有关文艺演出、展出,记者一定要比观众加倍投入,必须认真观察,唯有这样,文艺新闻才能有现场感,字里行间才能流淌真情实感,从而才能使受众受到强烈的艺术、思想感染,并产生身临其境之感。例如,"文革"结束后不久,豫剧《唐知县审诰命》在北京演出,场场爆满,十分轰动。《人民日报》一记者受强烈的责任感、使命感驱使,先后三次到剧场,既当记者,又当观众,心灵上受到极大的震撼,他在《"当官不与民作主,不如回家卖红薯"》②一文中饱含激情地描述:"他不请客送礼、趋炎附势,对轿夫满和气,和差官谈得拢,平易近人,不搞'特殊化';他清贫廉洁,竟当堂向班头借散碎银两;他高度近视,动作迂拙,常使人发笑。但是,他却有

---

① 新华社,1957年1月8日电讯稿。

② 《人民日报》,1979年9月6日。

抱负，有胆识，执法不阿……以不怕垮台回家卖红薯的气魄，敢斗有权有势、炙手可热的诰命夫人，为民伸张正义。”经如此高度、艺术的概括后，记者与受众共同发出一个心声：我们一些在领导岗位上的同志，是不是可以向唐成学一点什么？

3. 实事求是，准确评价

大凡文艺报道，都涉及一个对作品、作者和表演者的评价问题。这就要求记者全面、充分掌握材料，本着实事求是的原则，准确而又有分寸地予以评价，“叹为观止”、“技艺过人”、“莫失良机”之类的溢美之词千万要慎用，因为这样容易提高人们的期望值，去看后容易失望，反而影响报道乃至记者的声誉、信誉。如影片《大河奔流》上演前，报纸、广播等有关报道对其赞誉备至，本来该影片还算不错，由于吹捧过高，人们乘兴而来，扫兴而归，常常是电影没放完，不少观众便离座而去，并大骂报纸、广播吹牛。

准确评价应当包含两个方面内容：对好的作品、作者及表演者等应当肯定、赞扬，对艺术平庸，甚至腐朽、下流之类，报道则应给予必要的批评甚至揭露、鞭笞。前一阵子，有些影片男欢女爱倾向严重，“床上戏”比例增加，江苏、深圳某些城镇借时装表演搞“脱衣舞”表演，我们的一些报道非但不予以批评指责，反而对其大加宣扬、捧场，以致产生恶劣的负面社会效应，这是严重的失职。实践告诉我们，文艺记者要有文化，要有品格，要有智慧，在当下残酷的市场竞争氛围下，陷阱遍地，谎言充斥，如何恪守职业道德，遵守新闻纪律，在文化和娱乐之间建立最大平衡，是文艺记者和编辑历史性的新课题。

文艺报道中的准确评价不是一件容易的事情。首先，文艺记者应该是文艺的爱好者和鉴赏家，不能想象一个对文艺无知、无兴趣的记者，能采写出品位高、质量好且评价准确的文艺报道。其次，文艺记者应熟悉文艺领域的情况，包括一切艺术流派和风格、水准，祖国的文学、戏剧、音乐、绘画、舞蹈等各个方面的传统及现状。同时，对国外的文艺，各省、市、自治区的文化艺术的情况及特色，都应有一定程度的了解。采访时，还应注意虚心请教专家、行家，评价或认识错了，可以即时得以指正。原《解放日报》文艺部老记者许寅，每次观看演出时，总请一位专家或行家，或坐在身边，或他们近在咫尺。看沪剧，请丁是娥或王盘声；看越剧，请袁雪芬或傅全香；看淮剧，请筱文艳或何叫天；看京剧，请童祥苓或杨青霞，便于随时询问、求教。因此，他出手的文艺新闻，评价从未出过差错，读者纷纷赞扬他写什么剧种像什么剧种，报道很有“戏味”。再则，欲求得评价的准确，应当注意多请教些行家和专家,因为行家、专家之间因种种因素,难免存在某些“门户之见”。因此,“兼听则明”此时就显得更为重要和必需。

4. 穿插背景,增强深度

文艺新闻容易写得一般化,但也可以写得有深度、厚度,其中的关键是采访的深度,即要求记者不仅要紧扣作品或演出本身,而且要视野开阔,应尽可能采集舞台、银幕、画面上没有的东西,如作者或表演者的创作动机、艺术构思及创作过程等。作为背景材料,这些方面往往寄托作者、表演者的思想与情感,而人们从作品和表演的表面又一时难以领悟,需要记者在关键处点一点,那么,文艺新闻的深度、厚度就可增强,也可增进人们对艺术作品及作者、表演者的深层次理解。例如,步入徐悲鸿纪念馆,满眼看到的作品几乎都是奔马,且都是瘦骨嶙峋、矫健异常的野马,没有膘肥毛滑、带着缰绳的驯马。但是,细心者也许会觉察到:只有《九方皋》一幅中的千里马例外,且带着缰绳。这是什么原因?《人民日报》的一则报道对此作了披露:在黑暗的旧社会,徐悲鸿先生愤世嫉俗,刚正不阿。他常说一句话:“人不可有傲气,但不能无傲骨”——这就是画家爱画野马不带缰的原因所在。而那幅《九方皋》呢?画家说:“因为它遇见了九方皋这位知己,愿为知己者用。”

5. 常来常往,成为知音

有些文艺记者采访一帆风顺,写作得心应手,看上去好像带有偶然性,其实,这决非一日之功,其中主要奥秘是他们平时注意与艺术家们的密切交往。不少老艺术家有个共同的感受:平时家中来得最多的,除了同行、学生外,记者最多。从记者的职责来讲,文艺记者与艺术家之间,不能无事不登门,应当无事也登门,并建立挚友、知音关系。同时,不少老文艺记者几十年如一日地坚持收集艺术家们的有关资料,分门别类地给艺术家们建立“档案”,因此,采访写作时可以信手拈来、左右逢源。

6. 严格核实,杜绝失实

据多次抽样统计,目前新闻失实率最高的为文艺娱乐新闻,今天登了某明星某件事,明天又登了更正,真真假假,假假真真,受众被弄得一头雾水,只能听凭记者自说自话、胡编乱造。

文艺记者要加强自律,不能一味听“猛料”、“八卦话题”之类摆布,要善于从多方获取和验证信息,最大限度地使报道接近事实真相,宁可漏报,不可错报。一旦报道了错误信息,也要及时更正,并作出负责的表现。如《中国新闻周刊》副总编辑刘新宇,因手下编辑错发了一条关于“金庸去世”的微博信息,他当即引咎辞职并获准[①]。

我国的文化艺术眼下正进入历史上少有的兴旺发达时期,文艺记者大显身手的时候到了。然而,许多艺术宝藏、艺术形式尚未发掘与反映,许多文艺理论问题亟待研究、整理与建立,对于这一繁重的任务和严峻的事实,我国的文艺记者与文艺工作者一样,应当具有清醒、充分的认识。

第二节　体育新闻采访

从古至今,人类天性就对竞赛感兴趣,因此,体育新闻在受众心目中,是占有相当位置的。我国一位新闻学者有一次问来访的日本《读卖新闻》体育部长:“在日本,体育报道占什么位置?你这个体育部长受不受欢迎?”回答是:“我们报纸的体育报道是窗口,是能吸进新鲜空气的窗口,大家爱看,我也很受欢迎。”这家报社有自己的网球队,该报每期体育报道占四分之一。另据美国《纽约时报》透露,该报每星期体育专刊达12页,美国人买了报纸,90%以上读者先看体育新闻。美国体育记者的名誉也很高,与著名运动员相等。

体育报道是一种鼓舞士气、振奋斗志的精神食粮。近几年来,我国体育事业和其他战线一样,出现了空前繁荣兴旺的景象,体育报道也越来越受人们重视,从中央到地方的报刊、广播、电视,几乎都开辟了体育专栏和专题节目。上海《新民晚报》自1982年元旦复刊以来,所以能够日益深受广大读者的欢迎,始终不渝地重视体育报道是一个重要因素。

体育比赛有竞争性、群众性、时间性和国际性较强以及体育新闻发生时间、环境、技术等规定性的特点,这些特点就决定了体育新闻在采访写作上的特殊性,同时也决定了体育记者素质、知识等方面的特殊性。具体要求有——

1. 以快制快,分秒必争

这是体育新闻采访的首要要求。体育比赛本身是一项时间性、竞争性较强的活动,好多项目本身就是赛速度,如同闪电一般,稍纵即逝。作为体育记者,必须有较强的时间观念和快速的工作作风,有强烈的竞争意识。一进入比赛场地,必须投入全部身心,以快制快,争分夺秒地采制新闻。如果把一般记者的采访喻为一场战斗的话,那么,体育记者的采访往往就更是一

---

① 《羊城晚报》,2010年12月9日。

场速决战。例如,在第23届奥运会上,中国射击选手许海峰一枪定音,夺得了这届奥运会第一枚金牌。许海峰枪声刚落,我国新华社便第一个向全世界发出了此消息,比东道国的美联社还快15分钟。日本共同社的同行祝贺说,你们也获得了本届奥运会新闻报道的第一块"金牌"。

2. 熟悉情况,深刻准确

分析有些体育报道,只是说某个运动员或某个代表队何时何地创造了一个什么新纪录,或是取得了一个什么新胜利,至于这些纪录、胜利是在什么情况下取得的,是超常发挥、偶然得之,还是"冰冻三尺,非一日之寒";是一帆风顺,占绝对优势,还是改变战术、顽强拼搏取得,均无背景材料交代,报道显得一般化,受众感到很不满足。另外,成绩预测屡屡失误,是中国体育记者的一个通病,是长期存在于我国体育报道中的一个严重薄弱环节。对25届巴塞罗那奥运会的各个项目成绩预测,中国记者所作的事前预测报道几乎全部失败,连体育记者自己都感到惊讶。这些弊病的出现,反映了有些体育记者对运动员、教练员的情况不熟悉,对运动项目、赛场情况不熟悉,因而采访只能被动应付,深入不了,写作只能作一般性的表述,成绩预测也只能带上较大的盲目性。

要当好一名出色的体育记者,一定要熟悉运动员、教练员,本省的、外省的、中国的、外国的都要熟悉,对他们的经历、身体素质、技术特点、心理特征、思想风貌等方面的情况,均应了如指掌。凡是报道出色的体育记者,都有积累运动员、教练员有关资料的良好习惯,或做剪贴,或制卡片,"闲时置下忙时用",每次采访就可以顺利进展。素有"预测专家"称号的《羊城晚报》体育记者苏少泉,以他广博的才学、超群的见识、准确的评断,为《羊城晚报》赢得了一大批读者。例如,有一年的汤姆斯杯决战,世界舆论一致看好印尼队,印尼羽球主席也发表讲话,认定印尼将卫冕成功。在此情形下,国内舆论也都谨小慎微,模棱两可,唯独苏少泉表示乐观。他凭借平日掌握的详尽材料和自己老到的工夫,认为中国队有可能第一次抱回汤姆斯杯,并幽默地指出:印尼羽协主席仅是"过坟场吹口哨"为自己壮胆而已。第一天比赛,中国队1:3落后,外界纷纷评述印尼队必胜无疑,又唯独苏少泉处之泰然,在报道中坚持己见。果然,第二天再战时,我队小将一个个如出山猛虎,力挽狂澜,气势如虹,连下四城,一举结束了汤姆斯杯与中国无缘的历史。当人们举起香槟以示庆贺的时候,不由得又一次惊叹苏少泉的远见卓识。苏少泉认为,比赛一开始,体育记者的心、手、眼等都不够用,要使体育报道迅速、生动、深刻、准确,就必须非常熟悉运动员、教练员的情况,充分掌握背景材料。否则,就难以适应赛场上的千变万化,报道就没有深度,也难保准确。

3. 强化观察,待机提问

运动员、教练员最忌讳在紧张的训练或比赛间隙有记者前来采访,因为此时他们的注意力均指向、集中在训练或比赛上,记者插进去采访,无疑是一种干扰。再则,训练的重点、赛时的战术运用等,都带有一定的保密性,他们怕记者万一捅出去会招致被动。因此,在此种情况下,观察往往便成了体育新闻采访的主要手段,一进入训练场馆或赛场,便尽可能抢占最佳观察点,以便细致、全面地进行观察。例如,1995 年 2 月 27 日上午 9 时,新任中国女排主教练郎平在柳州基地首次召开新闻发布会,用时仅 20 分钟。从北京机场发生的"抢郎平"事件后,记者们均采取了很冷静的态度,自觉遵守不单独采访的规定,参加这次新闻发布会的来自各国各地的近 30 名体育记者,也只是静静地听着,默默地观察着。从基地招待所到训练场馆,尽管步行只需 5 分钟,但有关方面还是让她和教练们坐在一辆灰蓝色的小车里,前面警车开道,后面紧随的是柳州市公安局保卫科的 6 名"保镖",记者又不能靠近她。到了训练场馆,按照"保镖"们的要求,所有记者必须距郎平 10 米开外。于是,细心观察更是成了记者们的主要采访手段,间或打些迂回战术,设法去问问那些和郎平接触过的人,了解郎平究竟讲了些什么。中央电视台记者尽管神通广大,但也不允许公开拍摄,最后在 30 米开外,才偷偷拍到些郎平和赖亚文谈话的镜头。

即使在非得当面访问运动员、教练员不可的情况下,记者也必须注意两点:一是要趁运动员、教练员空闲时访问。二是提问的内容事先要准备,提问要明了,谈话要简短。著名记者鲁光有一次谈到,国家女排在湖南郴州集训的 20 多天里,他专程去采访。但他看到队员们练得很苦,从早晨开始练,练到中午,午休后又练到吃晚饭,练得浑身汗淋淋的,上气不接下气,根本没法同她们谈话。晚上,当运动员们洗完澡,往床上一躺,浑身筋骨都痛,这是她们一天最舒服的时候,再拉她们谈话,又实在于心不忍。但采访任务不完成又不行,他终于想出了三个办法:一是多看。他没有待在屋里,而是到球场看姑娘们练球,有机会就问上一二句。如有一次,他发现运动员上场时,手上都缠着胶布,就问了一下,姑娘们说:缠的胶布做一身衣服都用不完。可见她们手指受伤是家常便饭了。二是多听。有一次,运动员们坐在屋子里休息、聊天,他也坐在一旁听着。不知谁说了一句:"咱们这次去日本,要争取拿世界冠军,这次不拿,就没机会了。"孙晋芳说:"不是争取,咱们去就是拿呀,非拿不可。”这样的对话,生动地体现了运动员的理想、信念和抱负。如果是一本正经地问她们:“你们对拿世界冠军是怎么想的?”姑娘们也许作不出如此生动坦诚的回答。三是多寻机会访问。经过数日观察,鲁光发现最好的访问机会是运动员受伤躺在床上的时候。杨希腿伤了,陈亚琼脚脖子扭伤了,她俩躺在床上,外面正下着雨,感到很寂寞,想到赛期迫近,心里甚是难受。他去陪她们谈话,她们很高兴,一高兴就什么都告诉他。鲁光看陈亚琼伤得不轻,很担心。陈亚琼却说:“我从打球时候起腿就没好过。你不知道我瘦啊,倒下去就咚咚响。她们都说我是‘钢铁将军’,怕我有一天散架子。其实,摔散了拣起来凑在一起我还能练。”多么朴实!多么感人!这是一本正经问答式谈话所难以收取的效果。

4. 掌握分寸,切忌偏激

体育报道的格调与措词要有一定的分寸,特别是报道成绩和胜利时,要头脑清醒,要留有余地,不能把话说绝,否则,往往要造成被动。如中国男排在一次亚洲排球锦标赛上,曾以3∶2战胜韩国队,我国报纸、广播、电视可谓是一哄而起、一片欢腾,有的报纸不但发新闻、配照片,还发了社论,把话统统说绝,把采访中许多行家的忠告抛到九霄云外。然而,没隔几天,在决赛中人家又用同样的比分回敬了我们,取得了最后的胜利,我们的新闻机器对此几乎无声无息,显得十分被动。

体育报道要客观全面,胜利时要看到问题,失败时要总结教训,报赢也报输,报喜也报忧。任何事物都有两重性,输了固然使人不快,但对有志者说来,失败也会激发起不甘落后、来日再搏的斗志。同时,能使运动员、教练员看到自己基本技术、临场经验、精神面貌等方面的问题,从而能更有针对性地改进训练,为今后夺取胜利创造条件。正如周总理生前所说的那样:“失败是通向胜利的阶梯。”取得一些成绩和胜利,固然值得庆贺,但也不能搞到“沸点”,作为体育记者,此时应显得格外冷静,应当在报道中体现这样的思想,即如何面对暂时的胜利,看到对手的长处,找出自己的不足,以便加紧训练,为夺取更大的胜利打下思想和技术的基础。

5. 提高认识,开阔视野

纵观我国的体育报道,内外报道比例严重失调是另一通病。所谓“内”,即指对我国参赛项目及运动员、教练员的情况报道;所谓“外”,则指对外国(地区)参赛项目及运动员、教练员的情况报道。据调查统计,国内外的一些体育大赛,我国记者对外国(地区)参赛项目、人员及成绩等情况的报道,仅占总发稿数的1/10。

体育是整个人类精神的体现,是超越国界的。广大体育爱好者不仅关注本国运动员的比赛情况,而且也日益对各国杰出运动员、优势项目的比赛情况及其他资料产生兴趣。如好几届足球世界杯和欧洲足球锦标赛决赛,每场比赛尽管是在北京时间凌晨举行,但仍有亿万中国球迷在电视机前静心观看就是证明。中国的体育要走向世界,世界的体育也必然要走向中国,这样,对内对外的两副体育报道重担,就历史地落在当代中国体育记者的肩上。对体育报道这一必然发展趋向,我国体育记者、编辑的思想尚有待拓宽,视野尚有待开阔,认识尚有待提高。

6. 控制情感,迅速发稿

在赛场上,体育记者要绝对保持冷静,别人观看比赛多半是为了娱乐,但唯一例外的是体育记者,运动场上的记者席也往往是全场唯一没有声音的席次。这是采访的需要,只有全神贯注比赛过程,才能搞好报道。有位老体育记者谈到,体育记者要善于控制自己的感情,当万众欢腾时,千万别激动得忘了自己的记者职责,否则,新闻稿件就难以及时发出。这确为经验之谈。有这样一则趣闻:中国乒乓球队第一次获得世界男子团体冠军时,全场数千观众欢呼雀跃,抛帽子,掷鲜花,中国一摄影记者赶紧拍下了这振奋人心的一幕幕,接着,他就跟着观众一起跳呀、叫呀,压根儿忘记了赶紧发稿一事。他忽然发现,在欢腾的观众席上,却有一人默默无声,一边在埋头写些什么,一边不时地掏出手帕擦拭眼角的泪水。上前一看,原来是新华社体育记者王元敬,正强按激动之情,在紧张地赶写新闻。假如王记者跟着观众一起跳呀、叫的,忘记了此时此刻记者的职责是赶制赶发稿件,那么,新闻报道就可能落在人家后面。心理学告诉我们:处在激情状态下人的生理特征是,皮层下神经中枢失去了大脑皮层的调节作用,皮层下神经中枢的活动占了优势。这时人们很难掩盖内心强烈的愤怒感、喜悦感、悲痛感等,处于这一状态之中的人们,常常不能意识到自己在做什么。因此,体育记者的心理状态应当比一般记者要好些,要善于控制情感,要经常锤炼自己。

要搞好体育新闻的采访,除了上述诸要求外,体育记者还应具有相当程度的体育专门知识,对体育活动也要有相当的兴趣和爱好,身体素质好,也是体育记者的必备条件之一。另外,还应尽可能掌握摄影、传发稿件、开车等方面的技术。特别强调的是,体育记者的外语水平亟待提高,体育新闻本身具有国际性特点,体育记者若不懂外语,无疑等于“哑巴”、“聋子”,只能呆在一旁当看客。反之,外语水平高,采访活动效率就高。在第25届巴塞罗那奥运会上,新华社记者章挺权、义高潮等,不仅活动能力强,又精通外文,采访时如鱼得水,一会儿采访萨马兰奇,一会儿又访问美国黑人田径明星。回到住地,三下五除二,一刻钟时间就在电脑上把稿子写出来了,转眼间,稿子便传回了北京。随后,他们又投入到下一个采访任务中去了。

体育的本质在于不断进取,不断超越,体育报道之间是一场大角逐,体育记者之间正进行一场大竞争。广大体育编辑、记者如何认真总结以往报道的长短得失,力求使我国的体育报道再上一个新台阶,是再紧迫不过的任务了。

第三节　教育新闻采访

党的十六大报告中对发展我国的教育事业作了进一步的强调,“三个代表”要真正落实、体现也与教育事业密切相关,教育搞不好,改革开放要取得更大发展,也只能是一句空话。因此,教育新闻的地位与日俱增,教育新闻的发展空间无比广阔。

教育新闻的采访,应当注意下述事项——

1. 知识广博,见多识广

做记者难,做一名文教记者更难。这是因为:一是教育新闻的采访和报道对象一般都是知识分子,他们的文化知识水平高,记者若是知识贫乏,就很难对上话;二是教育新闻涉及的范围广、领域多,从自然科学到社会科学,天文地理、古今中外,几乎无所不包,都要求记者有相当程度的掌握,否则,就难以开展工作。实践证明,知识修养不断增强是教育记者的基本条件,一定的学识水准是教育新闻采访入门的向导。许多知识分子在采访中与记者不能顺畅地交谈,并不是知识分子不热情,也不是记者种种采访方法、手段使用不当,而是某些记者知识贫乏,故出现“话不投机半句多”的冷场局面不足为怪。再则,记者具有一定的学识水准,还有助于在采访中识别、揭示新闻价值,并使新闻报道更加生动感人。

2. 密切联系,善交朋友

教育记者要较有成效地开展采访活动,就必须密切与专家、学者、教师、学生的联系,要非常熟悉他们的情况与意愿,要善于在他们中间广交朋友。有人说,知识分子孤傲、清高,很难接触,这是误解,其实,记者只要熟悉、了解他们,理解、尊重他们,关心、支持他们,同他们交上朋友,相互取得了信任,知识分子就会将你当自己人看待,采访中就会无话不谈,因为知识分子也是普通人,也有七情六欲,也需要与人与社会交往。2003 年春节期间,《解放日报》记者徐敏分别走访了上海几所大学的校长家,了解大学校长们是如何品味新春的？结果非常有趣：上海交通大学校长30多年来一直喜欢收集地图，过年这几天正在家喜滋滋地欣赏自己收集叠起来有一米多高的地图；同济大学校长弹得一手好钢琴，学生举行歌咏比赛，总拉她去伴奏，春节期间，每天一有空闲，她总要在家弹上一会；东华大学校长则更喜爱听音乐，春节期间他终于有机会尽情享受一番了，一个人在书房里，打开音响，一任优美的古典音乐在屋子里流淌、回荡。校长们对记者说：音乐有种奇妙的作用，让你身心放松，同时又帮助你打开思路，激发思维。当整个身心沉浸在美妙音乐中时，便会打开电脑，写下新一年的学校工作规划①。徐敏记者毕业于复旦大学新闻学院，工作时间仅短短四五年，但在读者中已有一定的知名度，除了其他原因外，密切与教育界的联系、善于广交朋友应该是一个重要原因。

与知识分子打交道应注意三点：

一是诚恳。知识分子一般都很实在，讲究实事求是，反对华而不实和虚情假意。因此，记者与他们交往一定要真诚守信，不能轻浮。某记者到复旦大学生物系采访一位搞遗传学研究的副教授，还没坐定，该记者便开始奉承道："王教授，你是中国遗传学研究领域的泰斗级人物吧？今日有幸能采访您……"还没等记者讲完，这位副教授就起身离开，因为人家觉得不值得接受一个不学无术又虚情假意的记者的采访。

二是尊重。从表面看，有些知识分子给人的感觉是架子大、难以接近，其实不然，知识分子一般都平易近人，他们也有说不尽的酸甜苦辣，需要他人理解，希望得到他人尊重。因此，记者在采访中最忌指手画脚，或强加于人，谦虚、谦恭一点绝不是坏事。

三是主动。大凡知识分子都比较忙，白天在单位里搞教学科研，回家后不少人还要做家务，因此都比较惜时如金，轻易不会主动与外界联系。记者应当主动接近他们，有事要登三宝殿，无事也登三宝殿，特别是知识分子接触面窄，主要活动局限在本学科领域，横向联系少，记者若能主动及时地向他们提供一些他们希望得到的信息，从而推动他们的教学科研，包括知识分子工作、生活上有些什么疾苦，记者若能通过适当渠道帮助他们反映、解决，那么，同他们也就容易交上朋友。

3. 视野开阔，面向社会

教育实质上是个重要的社会问题，教育离不开社会的方方面面，反过来

---

① 详见《解放日报》，2003年2月4日。

又影响、牵动着社会的方方面面。人的成长离不开教育,家长们省吃俭用、含辛茹苦,还不是为了能让子女受到最好的教育。因此,从某种意义上说,教育新闻的社会影响面是最广的,社会影响力是最大的。这就要求记者采访时视野要开阔,要善于跳出教育看问题,把学校与社会联系起来,善于从社会这个大学校的角度提出问题、解决问题。特别是在市场经济条件下,办教育更不仅仅是学校的事,是整个社会共同的事业。记者若能从这一开阔的视野审视、考察教育,那么,教育新闻的题材范围就扩大了,社会意义也就更加增强了。以往一些教育新闻枯燥乏味,得不到受众的关注,记者采访的视野狭窄,恐怕是一个重要的原因。

第四节 卫生新闻采访

在西方,医疗卫生新闻是普遍受到受众关注的。因为医疗卫生及生存环境同每个人的生、老、病、死密切相关,人人讲究卫生,人人注重健康,人人盼望长寿,卫生新闻能给他们及时传递相关信息与知识,甚至"福音"。如果说其他新闻有政治、经济、人种、国别等之分的话,卫生新闻则是所有受众具有共同兴趣和尽情享用的。中国正在向小康社会迈进,两个文明的建设使中国人对健康卫生的需求超越以往任何年代。可以预见,医疗卫生新闻日后在中国各个媒体的发展前景,将可能不可估量。2003 年 2 月 10 日,《解放日报》第一版几乎用整版篇幅刊登医疗卫生新闻,一篇是关于上海环保三年行动计划的报道,另有医保减负新措施出台、562 种药品再降价等新闻,医疗卫生新闻的走俏从中可见一斑①。

卫生新闻在采访时,应当注意下述事项——

1. 作风踏实,虚心求教

医疗卫生采访首先碰到的难点是专业性、技术性强。医学有中医和西医两大系统,其门类颇多,仅西医外科就有普通外科、神经外科、胸外科、脑外科、心血管外科等,中医的诊断方法就有四诊(问、望、闻、切)、八纲(表、里、寒、热、虚、实、阴、阳),仅切诊就有浮、沉、迟、数、细、微、大、洪、弦、滑等十余种脉象。卫生又有若干系统,除医疗卫生外,又有防疫、食品、检疫和环境卫生等,因此,医疗卫生的采访困难确实很大。再则,"白衣天使"的社会地位很高,工作又十分辛苦,常常忙得连吃饭、喝水的时间都没有,因而给人

① 详见《解放日报》2003 年 2 月 10 日头版。

的感觉是“火气”大、清高，很难接近。明白这些因素，卫生记者在采访时，作风态度就显得非常重要，精诚所至，金石为开，采访对象被你感动了，接下来的事情就好办，记者只要态度谦和，虚心求教，再难的题材也容易克服。

2. 微观细察，力求通俗

一般而言，医疗卫生的报道题材内容比文教、科技、经济等要深奥，但受众则相对更广泛，文化层次既有高的更有低的，因此，医疗卫生新闻的通俗化要求更高。除了在采访中适时虚心请教专家外，别无其他捷径可走，在现场注重微观细察，采集生动有趣的场景与细节，有助于新闻通俗易懂。譬如，用针麻技术进行肺切除手术，在整个手术过程中，医生一边跟病人说话，了解病人的反应，病人也自然轻松地作答，直至手术结束。记者及时捕捉这一情节，令人信服地向受众说明了针麻的神效。

3. 客观公正，求真求实

医疗卫生事关亿万人民的健康与生命，因而记者在报道中分寸的正确掌握，就显得尤为重要，稍有偏颇，轻者，令受众吃错药，重者，则可能误人性命。譬如，有些报道出于经济效益的考虑，将某种药效吹得神乎其神，令千万受众到处寻觅此药，结果是吃与不吃一样，冤枉钱倒是花了不少；有些报道为了突出宣传某医院、某医师的医疗水平高，不惜笔墨将某些疾病说得非常严重和危险，造成众多患有此病的病人和家人精神上增添莫大压力，惶惶不可终日。

再则，由于历史的原因，医疗卫生界各学派观点、见解不尽相同，采访中时而会出现被采访对象贬低别人、抬高自己的现象。记者若是遇上这类对象和现象，头脑必须冷静，广泛调查分析，报道力求客观、公正、全面。

思考题：

1. 文艺新闻采访的具体要求是什么？
2. 怎样准确评价文艺作品？
3. 简述体育新闻的地位及其特性。
4. 体育新闻有哪些采访要求。
5. 简述教育新闻的重要性。
6. 与知识分子打交道应注意哪些方面？
7. 简述卫生新闻的地位。
8. 卫生新闻采访的注意事项有哪些？

第九章

社会生活类新闻采访

如前所述,受众对新闻报道有两个方面的需要:一是时事政治、经济、科技等新闻,通常称为"硬新闻";二是社会生活新闻,通常称为"软新闻"。记者编辑只有全面看待受众两方面的需要,方能拥有受众。随着我国受众物质生活水准不断提高,对社会生活新闻的需求正呈日益增长的趋势,中国记者应当清晰地看待这一趋势。

第一节　社会新闻采访

从本质上说,新闻是生活的反映。每一种新闻体裁的兴衰,都与它所处的时代密不可分,社会新闻的再度兴起,也是应时代的呼唤而生。党的十一届三中全会以来,人们的思想解放了,政治环境宽松了,许多思想禁区突破了,人民群众的物质生活水平提高了,政治条件、经济基础及人们的心理需求,使社会新闻有了萌生的土壤和产床。总结社会新闻在新中国成立后的"四起三落"情况,有助于我们对这一问题有更深刻的认识:解放初"一起",学苏联经验"一落";1954 年改版"再起",1957 年反右斗争"再落";60 年代初"三起","文化大革命"中"三落";十一届三中全会后"四起"至今。即使是在改革开放的初期,社会新闻的再度兴起仍遇到不少阻力,记得那时有一艘客轮在广东沿海遭飓风沉没,船上 200 余人丧生,《羊城晚报》老总当即派记者采写了这条重大社会新闻,并请示要登载遇难者名单。但遭到有关部门反对。总编辑随机应变,决定登载生还者名单。消息见报后,有关领导来电责问:"为什么《羊城晚报》发表了海难事件的死亡人数?"总编辑回答:"我报只发表了生还人数。"对方也无话可说。

社会新闻之所以受到人们的偏爱，主要在于它所反映的内容与人民生活贴近，与人民利益相关，与人们的情趣相连，如友谊、恋爱、婚姻、家庭、邻里关系、社会治安、社会道德、天灾人祸及奇异的自然现象等。

一、社会新闻的历史与定义

有些学者认为，社会新闻产生于19世纪30年代的“大众化报纸”盛行时期，最初以色情、暴力等题材为多。其实，早在报纸产生之前就有社会新闻了，那时主要以口头传播形式出现，在古代的童谣、民间传说、各种稗官野史之中，社会新闻的踪迹随处可觅。早在两千多年前，我们的祖先所从事的民风的采集，以及后来在此基础上编成的我国最早的诗歌总集《诗经》，其中很多内容都与今日社会新闻的题材相似。譬如《氓》这一作品，记录的就是一个痴情女子负心汉的悲欢离合故事。《世说新语》、《聊斋志异》、《阅微草堂笔记》中，题材更丰富、体裁更接近的社会新闻，更是比比皆是。

多少年来，不少新闻学者给社会新闻下过无数定义，如“社会新闻反映的是除了政治、经济以外的那部分的社会生活、社会秩序、社会风尚、社会问题、社会现象，以至一些影响到社会的自然灾害、影响个人生命财产的事故等”（刘志筠语）；“社会新闻是以个人的品德行为为重点及具有社会教育意义的新闻”（赵超构语）；“是社会主义时期人与人之间的关系”（钟沛璋语）等。这真是仁者见仁，智者见智。相比较而言，我国新闻界多数专家学者认同的定义是：社会新闻是用以反映社会生活、社会问题的一种新闻体裁。俗称“八小时以外的新闻”。

二、社会新闻的特点

社会新闻之所以能使广大受众一见钟情，产生共同兴趣，是由其特点所决定的。具体特点有——

1. 广泛性

社会新闻主要反映社会生活、社会问题，告诉人们工作、生产以外所发生的社会现象和事件，在此，社会新闻题材广泛性的特点十分显著。不管是男女老少，还是干部群众，都喜爱这一体裁。可以讲，其他各类新闻体裁，就其广泛性来讲，很少有比得上社会新闻的。凡是与人们社会生活有关的环境与场合，不论是天上地下，是国内还是国外，都会出社会新闻，也会引起共同兴趣。例如,上海宝钢初建时,由日商承建的水塔进行注水试验时,纤细的塔身微微摇晃起来。当晚,设计水塔的日方责任人连连自责,羞愧万分,最后竟不顾别人劝慰,一头从15层的宾馆窗口跳了下去。这样的新闻,恐怕是人人都要看,都要听的。

2. 知识性

知识性既是社会新闻的特点之一,也是社会新闻的职能之一。当今受众看新闻、听新闻,既要满足“新闻欲”,也要满足“知识欲”,而社会新闻则往往带有知识性,能够满足受众的这一欲望。如野人、毛孩、“双头人”等社会新闻,既是新闻,又提供了有关知识,较好地体现了社会新闻的特点与职能。

3. 趣味性

这是社会新闻的主要特点,受众喜爱社会新闻,很大程度上取决于此。如《底垢“沉睡”已百年,苏州河首次“清肠”》、《跌跌撞撞还当扒手,南京抓获一78岁女贼》、《点1只鸡吃出11个鸡屁股》等,读者一见标题,就产生欲罢不能、必欲看完全文的浓厚兴趣。从某种意义说,没有趣味性,也就难有社会新闻。在“四人帮”横行的日子里,社会新闻统统被斥为“黄色新闻”,记者、编辑被弄得谈趣味而色变。记得在“文革”前夕,《羊城晚报》曾在一版右下角登过一条豆腐干大的社会新闻:一头疯牛大闹广州街头。当即遭到某领导的训斥,他用手比划着办公桌高低对报社总编辑说:“你们的水平就那么低!”直到现在,一提到社会新闻及趣味性,有些同志仍然瞻前顾后、心有余悸。例如,前不久有位记者采写了一篇社会新闻,讲的是一对失散50年的兄妹团聚的事。然而某新闻单位就是压着不发,一是认为没有经过户籍警察的帮助,显不出新闻的思想性,二是认为故事情节太曲折,太富情趣。还是陶铸同志说得好:“不要怕趣味性,不要把趣味性与政治性对立起来,真正有思想性的东西,趣味性就强”,“要寓教育于趣味之中”。

4. 突发性

多数社会新闻伴有突发性,从一定意义上讲,社会新闻属于事件新闻、动态新闻的范畴,如《一辆26路无轨电车翻车》、《天降“火球”穿户过》、《上海动物园内虎口救人》等社会新闻的事实,都是突然发生而事先无法预料的。

5. 思想性

习惯于板着面孔说教、认为社会新闻是“低级趣味”的人也许会认为,社会新闻何来思想性?其实,成功的社会新闻,其思想性一般也体现得较突出、深刻,读者看了这样的社会新闻后,思想上必然得到一次生动的教育。如哈尔滨有一1.80米身高的小伙子溺水江中,虽拼命挣扎,但无力再浮上水面,顺江漂流,慢慢下沉,江边围观者虽有数十人,但望着身强体壮的小伙子和湍急的江流,无人下江救人。在这紧急关头,只见一位白发老太拨开众人跳入江中,推着救生圈向落水者游去,最后又在众人的帮助下,艰难地将这小伙子救上岸来①。看了这则社会新闻,广大读者,特别是对那些见死不救、无动于衷的围观者,谁不为这位老太所表现的崇高品格而受到感染与教育?

值得强调的是,根据大量对受众的调查说明,当代的广大受众,特别是青年读者、听众,思想活跃,善于思考,喜欢自我教育,不喜欢抽象、概念化、泛论说教性的新闻报道形式。因此,能将思想性、指导性与可读性、趣味性熔于一炉的社会新闻,是比较能引起读者、听众感情共鸣与心灵交感的,若再轻视社会新闻,忽略社会新闻对广大受众思想上潜移默化的良好教育效果,将是有负于受众和时代的。

三、社会新闻的采访要求

因为社会新闻的涉及领域广阔,题材分散,知识、趣味性强,又加伴有突发性,因而在采访上就有其特有的难度。再则,其他的新闻题材来源,一般都还有个"消息总汇",如工业新闻可跑工业局和工厂,文教新闻可跑文化局、教育局和剧团、学校,社会新闻则没有"社会局"可跑,这就更增加了社会新闻的采访难度。除了新闻的共同采访要求外,社会新闻尚有如下特殊要求。

1. 闻风而动,刻不容缓

因为许多社会新闻所反映的是突发性的事件,如一场火灾或一场地震过后所引起的社会秩序变动等,类似事件,发生突然,信息传播也快,记者若不闻风而动、赶赴现场,争分夺秒地采访、发稿,那就时过境迁,新闻变旧闻。对这类社会新闻来说,记者的思维敏锐、行动迅速,往往是起决定作用的。例如,1960年3月4日,誉满全美的男中音歌唱家、意大利歌剧表演艺术家雷奥纳德·华伦猝死在纽约大都会歌剧院舞台上,《纽约先驱论坛报》记者格拉蒙立即驱车赶往现场,一个半小时内采写出了《歌剧明星在舞台上猝然

① 《新民晚报》,1996年8月23日。

死去》的轰动新闻,一举获得1961年颁发的普列策新闻奖。事情经过如下:那天晚上格拉蒙采访任务完成后回办公室交差,偶然打开电视机,恰巧出现了华伦摔倒在舞台上的一幕。格拉蒙凭直觉感到,像华伦这样成熟的歌唱家,绝不可能在舞台上失态,而即使他摔倒了,也很值得报道。格拉蒙没有丝毫迟疑,立即赶赴出事地点。

2. 利用空闲,捕捉线索

新闻单位不可能专门派几个记者,成天到社会上去抓社会新闻;某一记者为了要抓几条社会新闻,特地用几天时间去逛大街、串商店,也不实际。所以,要使社会新闻线索不断,抓住"八小时以外"的时间做文章,是一个重要方面。如早上去菜市场买菜,星期天带孩子进公园,上下班的路上,采访的来回途中,都应该利用起来。一些老记者称这类时间为"边角料"时间,若利用得好,将大有所获。如60年代初期,新华社上海分社有位记者,上下班都要经过一家棺材店,起先该店生意兴隆,顾客不断,该记者并不放在心上。后来,渐渐地察觉棺材店顾客少了,生意清淡了,便引起了注意。一次下班,专门到这家棺材店找有关人员询问,才知道该店生意逐渐清淡的原因,是因为我国火化行业的逐步发展,加上人们的思想觉悟提高,逐步摒弃旧的风俗。于是,该记者立即以此为题材,写了一篇饶有兴趣、思想性也强的社会新闻《棺材店门前的长队哪里去了》,博得了同行和读者的好评。

3. 研究社会,多思好奇

这是获取社会新闻线索的主要方面。许多社会新闻虽然有突发性、偶然性特点,但这种突发性、偶然性存在于必然性之中,只要记者平时对某些事物具有好奇心,经常把一些社会现象、社会问题放在脑子里多转转,是能够较好地把握社会新闻采写主动权的。

记者脑子里要装下"小社会",凡是比较容易出社会新闻的社会各个角落、场合,如车站、码头、公园、商店、自由市场、急诊室等地,要经常放在脑子里转转、想想,怎么样了?有什么变化吗?脑子想到了,两只脚便会自然朝这些地方迈。越是容易被人遗忘的角落,如监狱、火葬场等,越要想到,往往从这些地方采写出来的社会新闻,也越能引起受众的兴趣和共鸣。例如,某年春节,当人们都在喜庆佳节之时,全国优秀新闻工作者、《解放日报》记者俞新宝,却来到一个"被人遗忘的角落"上海龙华火葬场,通过深入细致地采访,他向广大读者报道:为了让人们过好春节,该场殡葬职工坚守岗位,并打破常规,做到随叫随出车接尸,从大年夜至年初三,共收尸300余具。该报道激起了广大读者对辛勤工作在这个"死角"上的殡葬职工的由衷尊重之情。

4. 广交朋友，建立热线

记者要广泛交朋友，善于交朋友，这是新闻工作的性质所决定的。因为社会新闻的线索遍布整个社会，所以，就要求记者更得多交朋友、交挚友，并建立起“热线”联系。记者应该在不同行业、部门、地区，都能交上一个乃至一批朋友，把自己的住址、电话告诉他们，这就等于在社会的各个角落安上了“耳目”、“哨兵”，便于及时掌握社会动向和新闻线索，社会新闻的数量、质量都可以得到一定程度的保证。“网大鱼多”，鱼一多，便可挑大的。《羊城晚报》的社会新闻之所以多而好，该报辟的《读者今天来电专栏》是一着妙棋，全市不管哪个角落发生了突发性事件，即使是识字不多的老人和三尺孩童，只要拨通专线电话，报个简讯，该报就能立即作出反应。此种做法，值得每个新闻单位和每个记者效仿。

5. 讲究趣味，反对庸俗

即社会新闻既不能忽略新奇性、趣味性，又不能削弱思想性、重要性，两者要兼而有之、不可偏废。在这一点上，我们的认识与西方资产阶级记者相比，是有根本区别的。我们讲究健康、积极的情趣，要求有趣不俗，有益无害，对情趣要求有所选择，反对猎奇，反对“有闻必录”；而西方资产阶级有些记者，则是偏重一方，为了迎合和刺激受众的某种变态心理和低级趣味，不惜猎奇，不惜“有闻必录”，至于对受众的心理影响和社会效果，他们是全然不顾的。例如《撒尿得遗产》、《101 岁的送报人日前怀孕》等，比比皆是。

6. 力求辩证，客观全面

分析一些社会新闻，选材往往不很严谨，不讲究辩证，为了追求客观，就丢掉全面，强调了这一面，就忘掉了那一面，从而造成了顾此失彼的不良宣传效果。例如，上海某报曾多次登载一位轮渡老站长的事迹，其中特别提及一个材料：一女青年在乘轮渡上班时，不慎将结婚纪念戒指落入黄浦江中，50 多岁的轮渡老站长不顾个人安危，跳到江中，在江底足足摸了 4 小时，一块一块石子摸过来，终于在一块石子缝里摸到了这枚金戒指。江上数百艘船只停驶，江边数千人观看，人们齐声赞叹老站长的高尚品德。诚然，这位老站长的品质是“比金子还贵重”，但不少读者看了报道，自然产生了这样的想法：黄浦江上大船小船来往穿梭，轮渡工作安全第一，责任重大，身为站长，丢下本职工作和轮渡安全不顾，为了一枚金戒指，足足在江底摸了 4 小时，值得吗？

再则，社会新闻中批评、揭露性的题材为数不少，在材料的采集与选用上,应当掌握范围,注意分寸,否则,容易产生副作用。如罪犯的残毒手段、公安人员的侦破技能等,是否要问得那么细、写得那么透,很值得考虑。另外,由于道听途说、以偏概全、无限上纲,社会新闻引发的侵权官司较多,更值得我们注意。

改革开放的深入,向新闻提出了新的挑战。传统的新闻观念和模式已不能适应瞬息万变、丰富多彩的现实生活,新闻应该进一步走向生活,走向立体,走向真诚,走向人的心灵,在这一点上,社会新闻的天地是最为广阔的。

第二节 灾害新闻采访

所谓灾害,即指由某种不可控制、难以预料的破坏性因素引起的、突然的或在短时间内发生的、超越本地区防灾力量所能解决的大量人畜伤亡和物质财富毁损的现象。灾害具有突发性强、可预知预防性低、损害性大、对外援依赖性高等特性。

所谓灾害新闻,即以灾害孕育、发生、发展、危害及预防、抗灾、减灾等人类与之斗争为题材的新闻体裁。灾害新闻按不同的标准可有不同的分类,如按灾害孕育成灾过程可分为:灾害预防报道,灾害孕育状态报道,灾害后果报道,灾害成因报道,抗御灾害报道,灾害研究报道,以及防灾、对策、体制、政策、法规、行政活动等报道。如按灾害报道题材则可分为:自然灾害报道(包括气象灾害、地表灾害、地质构造灾害、生物灾害等,即通常讲的“天灾”),人文灾害报道(包括生产性事故、交通事故、民间生活灾害等,即通常讲的“人祸”)。灾害新闻大都是社会新闻,但社会新闻不都是灾害新闻。

于光远同志曾经说过:“灾害是永远不会退出历史舞台的自然—社会现象,人类的文明史实际上也就是征服自然、兴利除害的斗争史。”照理,灾害应该是新闻报道的一个不应忽略的领域,因为这是一个永恒的题材,科学再发达,也不可能完全断绝灾祸的发生。暂且不说西方新闻界对灾害新闻尤为重视的程度,就连我国古代报纸也是看重灾害新闻的。据目前可以掌握的材料看,我国至少早在1626年6月(明熹宗天启六年五月中旬)出版的一期邸报,即报房京报,就刊载了灾害新闻。全文约两千余字,详细披露了十天前(1626年5月30日,即明熹宗天启丙寅五月初六日)北京城内王恭厂发生的火药库爆炸事件。但是,我国新闻界在相当长的一个时期内,由于“左”的思想的影响和报喜不报忧的思维定势,几乎是谈“灾”色变,对这一类题材讳莫如深。例如,1970 年 1 月 5 日凌晨,云南通海县突遇里氏 7.7 级的特大地震,死亡 1.5 万余人,直接经济损失达 27 亿元之巨。当时仅由新华社对外发了一条简讯,只字不提受灾情况,而且把震级压低了。详情直到 30 年后的 2000 年 1 月 5 日才公之于众。后来对灾害新闻的认识虽有一个逐步清醒和提高的过程,但其发展历程仍属曲折、坎坷。直到“文化大革命”结束,特别是党的十三大报告明确指出:重大问题经人民讨论,重大情况让人民知道,灾害新闻才名正言顺地登上中国新闻舞台,在新闻大家族中占有重要的一席之地。其中以上海《解放日报》1979 年 8 月 12 日刊载的《一辆 26 路无轨电车昨日翻车》和《人民日报》、《工人日报》1980 年 7 月 22 日同时登载的渤海二号钻井船翻沉事件为标志。

灾害是人们共同关心的事实,具有很高的新闻价值。这主要是由该题材的特性所决定的,具体有——

1. 突发性

灾害报道是没有常规可言的,因为灾害都是突如其来,新闻媒体又必须立即予以采写、编发,让人们马上知晓、迅速组织外援。如日本九级大地震等事件,各地和各国记者都是以最快速度赶往出事地点,以最快、最有效手段向外界发布灾害新闻的。

2. 严肃性

灾害的发生本身是一桩悲惨、严肃的事情,灾害新闻起着传播灾情、争取外援、拯救灾民的重要作用,因此,必须极其严肃,丝毫马虎不得。

3. 客观性

要使人民了解真实的灾情,灾害新闻就必须准确、真实、客观,灾情不可扩大,也不应缩小,一就是一,二就是二,一时弄不清楚的,可采写连续报道,任何弄虚作假,都是灾害新闻不允许、人民不满意的。

4. 情趣性

任何灾害都会造成损失,都会影响社会安定和人民安全,而人类对安全最具敏感。从心理学角度讲,灾害带给人们的情感、情绪的反映一般是悲痛、颓丧、焦虑和恐慌等,但通过成功的灾害新闻的处理,受众的这些消极不良的情感与情绪都可能得以转化,悲痛得以安慰,颓丧得以振奋,焦虑得以舒缓,恐慌得以平静。因此,灾害新闻本身具备了极大的情趣因素,加上一方有难、八方支援,有关报道又充满了人间真情,受众对灾害新闻就更关心,情感与情绪就更容易得以转化。如 2011 年 3 月 11 日的日本大地震和海啸、核辐射等事件发生后,日本国民表现了良好的素质,并未显得十分惊慌,在重灾区的避难所里,有吃的、喝的,先分发给老人和儿童,需要转移时,让老人和儿童先上车、先登机,充分显示了人间真情,这样的报道,甚是打动人心。

5. 科学性

科学性是灾害新闻的主旨,必须让人们通过灾害报道,澄清对灾害认识上的愚昧和麻痹,力戒迷信等非科学色彩,用科学和理性武装群众,找出灾害的成因,落实防止和抵御的手段及措施,可以说,这是灾害新闻独特的理性品格。

记者在灾害新闻采访中应当强调和注意的事项有——

1. 解放思想,实事求是

灾害作为一种客观现象,决不以人的意志为转移,不因报道就存在、就多发生,也不因不报道就不存在、少发生。报道灾害与丑化、损害国家形象也无必然关系。中国记者应当尽快纠正"灾害不是新闻,救灾才是新闻"的旧观念,历史告诉我们,新闻报道排斥灾害新闻,其本身就是一种灾害。因此,记者在采访中一定要高举解放思想、实事求是的旗帜,改变观念,勇敢、迅速地向人民告知灾害的真相,让人民直面灾害的悲剧性质,激发起危机感和责任心,呼吁本国人民及国际社会的援助,与党和国家风雨同舟,患难与共,共同努力弥补灾害造成的损失。

2. 热情讴歌,正确导向

不回避灾情,直面灾害的悲剧性质,但又不是被动、消极地被灾害牵着鼻子跑,而是主动积极地采集党和政府及人民群众抗灾救灾的事实,热情讴歌抗灾救灾的壮举、义举,在灾害新闻中融入科学和理性,给人以正确的舆论导向,激发起广大干部群众的信心、力量和希望,这是灾害新闻所必须高扬的时代主旋律。记者在采访中必须围绕这一主旋律挖掘材料。这是因为,大面积的灾害肆虐,事关国计民生、政局稳定和社会发展的大局,记者千万大可凭一时的感情冲动,不分主次地乱采乱写一气,一定要坚持主旋律。我国近些年来的洪灾、旱灾、地震等灾害报道,既按新闻规律办事,真实客观地报道了灾情,又坚持主旋律,高奏正气歌,上上下下、国际国内反映很好,给新时期的灾害报道提供了有益的启示。

3. 融入情感,弘扬人性

灾害新闻应当坚持以人为主体,其视角应集中指向人民。这是因为,一场灾害过后,人们感到痛苦、悲伤,灾区人民对重建家园表现了极大的渴望,广大受众对灾区人民也表现了极大的同情和关注,因此,灾害报道的人情因素格外突出。例如,1998 年我国许多省份遭受特大洪灾,损失惨重,我国新闻媒体及时如实地予以报道,字里行间浸透人情,对广大受众产生极大的感染。武汉《长江日报》登载的《山西一家“老兵”买菜 40 吨,租火车送到江城》一文更是令人动情,说的是山西省永济市曾长福一家,当得知长江大堤抗洪抢险部队官兵有时吃不上新鲜蔬菜时,老大拿出医疗补助和准备给儿子盖房子的钱,老二拿出准备给女儿上大学的钱,94 岁高龄的老爷子也拿出自己的全部积蓄,共凑了 4.5 万元,买了 40 吨新鲜蔬菜,租火车送到武汉,慰问抗洪抢险的子弟兵。

再则,人民是历史的主人,是抗灾赈灾的主体,灾害新闻责无旁贷地应当热情讴歌人民群众抗灾救灾的英雄业绩。这就需要记者在采访写作中融入满腔的热情,从而才能推出极富人情味、感染力、感召力的佳作。

在灾害新闻的采访中,记者应特别注意抓取灾害新闻的组成因素,具体有——

1. 死伤情况

灾害不论大小,一般都有人畜伤亡,这是构成灾害新闻的重要因素,其中主要包括死伤数目、脱险或获救数目、受伤情况、伤者的照料、死者的处理、死伤及脱险人员中有无知名人士等。

2. 财产损失情况

在某些人口众多的国家和地区,有时财产损失的重要程度和引起人们关注的程度,要超出人员的死伤这一因素,一笔巨大财产的损失或一座古迹的被毁等,可能更会引起人们的关注。

3. 原因

灾害的原因具有极大的重要性。即使一场天灾,仍然可以找出人力所应尽而未尽到的责任,如气象台、地震局、防汛指挥部等机构未及时预报或通知有误等。当然,在确定灾害新闻的原因时,记者一定要谨慎,在未获确凿材料和证据前,不要轻易下结论,要尽可能找到事件的参与者、目击者及其他有关方面人员(消防队、救护队、交通警察等)的证言。找到灾害的原因,有助于人们吸取教训,提高警觉,从而预防类似灾害的发生,或即使发生也可减少损失。

4. 救护、救济情况

受众对这一类情况的关切程度,几乎与灾害本身相等,不管是出于人类的同情心还是出于社会安全的考虑,救护和救济情况的及时报道,是最能给受众以满足的。

5. 灾区灾后情况

对灾区灾后的景象,人们也是十分关心和急于知道的。再则,一场灾害的严重性,除了死伤人数、财产损失等报道外,灾区景象的描述是最能直观表现灾害严重程度以及获取人们同情的。当然,这一类情况的报道要适度,一般不应过于渲染。

思考题:

1. 要拥有受众,必须兼顾哪两种新闻的需要?
2. 建国后社会新闻经历了哪"四起三落"?
3. 社会新闻的具体特点是什么?
4. 社会新闻有哪些采访要求?
5. 简述灾害新闻的地位及其特性。
6. 灾害新闻有哪些采访要求?
7. 灾害新闻有哪些具体组成因素?

第十章

特殊类新闻采访

尚有一类新闻、通讯体裁和表现形式，在采访上有一些特殊的要求，写作上也有一些特殊的手段，因此，单独列出一章阐述。

第一节　新闻小故事采访

新闻小故事是通讯的一种体裁，素有“小通讯”之称。其特点与作用是，从社会生活、社会实际的侧面取材，主要用以反映新人、新事、新气象、新风尚，反映时代洪流的“浪花”，可以收以小见大、“一叶知秋”之效。人们对新闻小故事往往有所偏爱，因为它篇幅短，人们花时少、容易看；因为有故事，人们喜欢看。特别是我国目前报纸版面紧张，大通讯占“地”多，因而小故事也容易受到编辑的青睐。

小故事是通讯的基础体裁，大通讯离不开小故事，有时就是由几个小故事串接而成。因此，从一定意义上说，写好新闻小故事是写好大通讯的基本功。

小故事的采写要求应当掌握下述四点：

1. 取材范围要小

小故事的主要特点是小，除了篇幅短小、字数通常限制在五百字左右以外，还有就是选材范围要小，即涉及面不要太广，一般是“一人、一事、一题”，或者说，小故事的立意要从大处着眼，谋篇则要从小处入手。否则，就失去小故事的特点了。

2. 人物事件要真

新闻小故事属新闻范畴，必须严格遵循新闻报道的真实性原则，必须是真人真事,不允许虚构,不能与文艺创作等同。但是,小故事失真的现象时有发生,表现突出的方面有——

一是为了增强人物的典型性,不惜把几个人的事情堆在一个人身上。其实,世无完人,小故事中的人物并不要求很全面,只要其某个方面突出,其他方面一般也就可以了,大可不必拔高求全。过于全面了,反而令读者生疑。

二是为了增强报道的思想性,随意添加思想及心理活动。一类是在人物活动的关键时刻,硬加上"他默念着"、"他暗想"等,其实多半是作者自己在"默念"、"暗想"。手头有份材料,说的是有篇关于破冰救人的报道,讲救人者在下冰窟前如何想起毛主席的教导,眼前如何闪现罗盛教的光辉身影。稿子送给被报道者看时,对方说:"毛泽东的教导我曾学过,但当时来不及想,罗盛教我还不知道是谁。我当时只想,再不快救她,她就没命了。"另一类是在人物根本不可能细细思考的前提下,偏要让人物来一大段"心理表述"或"思考、独白",如手榴弹顷刻之间要爆炸,黄继光一跃而起扑堵机枪眼,都要使主人公来个二三百字的思想及心理活动,几秒钟的时间,能允许吗?这显然是某些记者不懂科学、违反常识而干的蠢事。至于文艺作品中的这种描写则是允许的,但新闻作品却不允许有这种虚构的现象。

三是为了增强故事的生动性,虚构细节描写。故事的生动性在于事情本身,在于记者采访时的深入挖掘,指望到了写作时再去虚构一些细节,或是搞合理想象,那就只能造假。

上述现象虽出现在写作阶段,但根子则在采访上。如果记者在采访时认真挖掘典型性、思想性及生动性,那么,违反真实性的现象就将大大减少。

3. 故事情节要奇

许多有经验的记者都认为:小故事要花大力气写。这个"大力气"则主要花在写好故事情节上,这是小故事写作的关键。有了情节,新闻故事才有波澜,人物和事件才立得起来。而要使故事有情节的关键,则又是抓住一个"奇"字,要出人意料、出奇制胜。在奇的基础上,故事情节还应讲究层次性、完整性。总之,这个"奇"字,既受故事内容本身的制约,又取决于记者谋篇布局的功力。

在具体写作中,记者应侧重写人物的活动,而少写背景之类;重描写,少议论;重具体,少概括。但有些记者不善于花这种"力气",而习惯对背景之类的材料作洋洋洒洒、详详细细的处理。其主要表现为:当情节或事物矛盾进入关键之处,正需要具体展开、深入时,则一笔带过:"通过学习"、"经过一昼夜的奋战”、“通过三年的努力”等等，究竟怎么学习、奋战、努力的，读者不得而知。如有一则小故事写一老工人如何克服困难、坚持学文化的事例，该老工人为什么要学文化的背景之类交代很多，而到了关键之处，即老工人克服了些什么困难、怎样克服的情节，作者仅用了一句话：“困难再大，也没有老工人的干劲大，他终于攻克了文盲关。”新华社社长穆青写铁人王进喜就值得我们学习：王进喜学习《矛盾论》时，矛盾两字不会写，他就先画了个贫农，再画个地主，用来表示矛盾的意思。一次，王进喜用了几个晚上写了一封信，请人帮助修改，改了又抄，一连20遍，别人说：“我替你写吧。”他说：“我不是为了写信，我是想学文化。”同样是写老工人学文化，哪一篇写得好，谁在采访、写作时善于花力气，答案十分清楚。

4. 涉及褒贬要慎

新闻小故事的题材大都是正面表扬，因此，报道时应有所突出、强调、侧重，有鲜明的倾向性，但要全面，不能搞绝对化、片面性。小故事采写也应避免为了突出一个人或某一方面，不惜贬低一群人或另一面的做法。如有篇《夜读》的小故事，写的是某干部勤奋学习的事迹，故事开头这样描写：“深夜，走近职工大楼，只见别人家的灯光都已熄灭，惟独李书记的窗口里还透出明亮的灯光……”突出干部的学习精神固然不错，但以广大群众似乎都不爱学习作铺垫，这种处理方法就值得考虑。

第二节　特写采访

所谓特写，即以描写为主要表现手段，对能反映人和事本质、特点的某个细节或片断，作形象化的“放大”和“再现”处理的一种新闻文体。它既不同于一般的消息、通讯，也不同于文学作品，而是两者“杂交”后的产物。不能划归新闻(消息)体裁是理所当然，暂时只能归于通讯之列。该体裁种类有：人物特写、事件特写、旅行特写、速写和大特写等。

特写是五四运动时期出现在我国报端的，20年代末期有了较大发展。随着新闻事业的发展，特写在中国近几年报刊上又重新活跃起来。该体裁之所以重新受到读者的青睐，是因为改革越深入，竞争就越是激烈，特别是报纸新闻为了更好地参与竞争，就更要求新闻“镜头化”，要求记者凭“直观”写。因为特写能使新闻事实成为“可视形象”，能给读者以强烈的情感刺激与艺术享受，是报纸新闻同形象化的电视新闻抗衡、竞争的一个重要方面。因此，特写体裁的身价日益倍增，特别是常以“广角镜”、“热点追踪”、

"特别报道"名目出现的"大特写",这几年在各新闻媒体中所占比例越来越大,特别是晚报、都市报类的报刊,更是将其视为重要卖点和重中之重,不惜抽调精兵强将采编这一体裁。

要采写好特写,应当特别注意五个环节。

1. 观察须严细

因为特写是截取事物的细节或片断作形象化的"放大"和"再现",提高镜头化和可视性,因此,记者对用以"放大"和"再现"的细节或片断就一定要观察仔细,这是特写体裁一个基础性、前提性的重要环节。只有这样,放大、再现后的细节或片断才是既形象又真实的,否则,就可能出现如同"哈哈镜"中的失真变形形象。例如,江苏宜兴市菜贩坐地倒卖欺行霸市一度猖獗,极大地损害了消费者和生产者的利益。为了弄清事实真相,《宜兴报》一女记者某日凌晨3点半便来到现场观察,将菜贩子欺行霸市、坐地倒卖的一幕幕情景尽收眼底,然后用特写形式放大、再现,引起社会极大反响。

特写讲究近镜头,注重放大和再现新闻要素中的一二个,要点突出,以少胜多,简洁朴实,明快有力。因此,要求记者具有平时加紧训练敏锐观察、在短时间内快速描绘事物的能力。

2. 选材须精当

一般的新闻或通讯,也有个精选材料的问题,但是,因为它们重在交代新闻事件的始末,即要求新闻事件的完整性,包括经验、效果及背景等,因此,时间及选材跨度大,材料相应就多些。特写则是根据体裁与主题的需要,注重人物和事件单个有特别意义、情趣的细节或片断,继而不惜重墨地予以形象化地突出处理。换言之,新闻和通讯的选材强调事物的纵断面,而特写则强调横断面。因此,在对材料的选择上,特写要求更高,难度更大,必须深入挖掘、反复比较才行,而不能轻易将一些意义不大、情趣不浓的次等事实拿来放大、再现。可以这样说,精选新闻事件中的某个横断面,是写好特写的前提,没有这个选择,也就没有特写。例如,在改革开放的今天,总有一些领导干部的精神状态不能到位,《志丹,志丹;富县,富县,你们的县长来了吗?》一文,说的是延安市开生产救灾电话会,这样一个重要的会议,志丹、富县两个县的正副县长却分别迟到17分钟和15分钟。选择这个侧面,并以特写形式来批评某些领导干部的思想作风和工作作风,就显得特别形象、深刻。该特写还着意抓取会场上人们急不可耐地"瞅着手表"、"会议室内烟雾弥漫,话务员在不停地高喊"等场景,较成功地使气氛得到了渲染,主题得到了深化。

在新闻特写中,结合叙述和描写,可适当选择一定的背景材料穿插其间,用以说明和烘托新闻主题。例如《主席后代将出唱片》一文,说的是在毛泽东诞辰102周年之时,中国唱片总公司和广州新时代影音公司将联手推出一盘由毛泽东的孙子——毛新宇演唱的磁带,磁带选择的大部分都是与毛泽东有关的歌曲,其中包括毛新宇自己作词的两首歌曲。毛新宇作为毛泽东的后人,用歌声表达对爷爷的怀念。特写穿插了这样一段背景材料:"据中国唱片总公司的制作人曾健雄介绍:想让毛新宇初放歌喉,是因为一次毛泽东思想研讨会上,毛新宇偶然唱了一首歌,歌惊四座、字正腔圆。"

3. 结构须紧凑

一般的新闻或通讯结构,按照事实重要程度和内在逻辑联系的顺序来安排层次,或是按照事件的时间顺序来组合事实,通常表现为高潮在前,低潮在后,或是高潮、低潮、高潮相交错,也可能根据内容和表述上的需要,常常作些形散神不散的"松散结构"处理。如报道一开始,可先摆出一个高屋建瓴的提示,一个悦人耳目的画面,一个扣人心弦的情节,然后则放慢节奏,从"开天辟地"慢慢道来。特写则不然,它的结构强调紧凑,不容松散,也没有高低潮之分,要求作者抓住某个事实,高潮接高潮地写,要气势夺人、一气呵成。

结构紧凑看似写作的事,实质更是采访的事,即要求记者在采访中就应一并考虑这个问题,从而在材料的挖掘上更有针对性。

4. 篇幅须短小

一般新闻和通讯因强求事件的完整性,加上要说明事件为什么会产生的原因及其意义,还得适当地穿插背景材料,故篇幅一般可以长些。特写则是写单个细节或片断,至于新闻事件的前因后果、来龙去脉等,则一笔带过或不予涉及,故篇幅也就相应短小,一般在五百字到千字之间。

根据特写篇幅短小的这个特点及要求,记者在采访时就必须清晰自己的重点,而不应在无关紧要的材料上多费精力。

5. 角度须奇异

一般新闻、通讯可以写全景、远景,而特写则是通过记者的微观细察,通过一个较奇特的角度,对准一个有特色的近景,按动"快门",收取以小见大、出奇制胜之效果。如,它应该撇开一场球赛的全过程,抓住某一运动员的特征、特有表现或一球之争作重笔描绘;应该舍弃整个会议程序,专写一个问题的讨论场景或某个有意义的会见等;应该截取新闻事件时间进程中的某一瞬间或某个细节入笔,然后再充分展示和尽情描绘。

第三节　报告文学采访

报告文学是近代社会急剧变化和新闻事业迅速发展的产物,其历史可以追溯到18世纪,形成于19世纪末20世纪初。第一次世界大战后,报告文学这一名称在德国左翼报刊上正式出现,中国则是在五四运动后逐步发展起来的。30年代初的“左翼作家联盟”积极倡导和组织报告文学的创作,1936年夏衍的《包身工》和宋之的的《1936年春在太原》等优秀作品的出现,标志着中国的报告文学创作已进入了成熟阶段。文化大革命后,著名记者黄钢的《亚洲大陆的新崛起》、著名作家徐迟的《哥德巴赫猜想》、女作家黄宗英的《大雁情》、诗人柯岩的《船长》等一大批报告文学相继发表,一时间形成了报告文学热。众多作者争相涉猎,从不同生活面和不同角度,反映了我国在改革开放年代中涌现的新人新事,使这个原先相对说来较为狭小的领域内,出现了新人泉涌、佳作迭出的繁荣局面。日本等国及我国台湾地区的报告文学也空前繁荣,其他文学体裁却日益衰落。探究其中原因,主要是社会生活日趋复杂,生活节奏加快,人们对虚构的东西不感兴趣,喜欢来自生活中真实的人和事,也无暇读繁杂冗长的小说之类,愿意用较少的时间直接了解生活的主体。

报告文学是迅速、及时、形象地表现现实生活中具有典型意义的真人真事,带有新闻报道和政论性质的一种独特的文体。换句话说,报告文学是新闻性与文学性高度统一的独特文体,新闻是其内容,文学是其形式。

从内容上看,报告文学同新闻报道的基本要求没什么两样,两者所要告诉读者的都是现实生活中真实存在的事物,都是具有鲜明时代特点的真人真事。既然如此,两者都得依靠采访,且采访的手法、手段及要求也都基本相同,如果有什么区别,因为报告文学的题材较一般新闻报道要重大,表现手法具有文学的特性,因此,采访必须更全面、更深入、更细致些,除了访问、观察外,还常常得开座谈会、查阅资料等,要直接采访,还要间接采访。可以讲,采访是报告文学创作过程中的中心环节,是关系其成败的决定因素,正如著名记者田流所说:“没有采访就没有报告文学。”

报告文学采访的主要要求有——

1. 立足时代,摸准题材

从某种意义上说,报告文学是“报告时代的文学”,“是时代的号角”。衡量一篇报告文学的价值,主要取决于它是否具有浓郁的时代精神,“探究时代的矛盾，摸准时代的脉搏，反映时代的精神，表现时代的风格”，就应当成为报告文学作者的追求。

我国目前无论从农村到城市，从经济到政治，都处在一个伟大的改革开放的时代，也可以称为信息密集时代，报告文学的题材空前丰富。优秀的报告文学产生于伟大的时代，伟大的时代需要报告文学，广大报告文学作者应该闻鸡起舞，闻风而动，站立在时代的前沿，倾听时代发出的呼唤，为广大读者奉献更多题材新、立意高的优秀报告文学。

对于报告文学来说，选好题材具有首要意义，正如黄宗英所说：“报告文学，重在选题。”题材把握不当，写作技巧再高明，也出不了好作品；把握得当，则犹如采取一滴血便能了解一个人血型和血液状态一样，窥见时代精神，作品便有生命力，感召力。“如果艺术作品只是为了描写生活而描写生活，没有任何发自时代的主导思想的强有力的主观冲动……如果它不是提出问题或回答问题，那么，这样的作品就是僵死的东西。”（别林斯基语）因此，作者应当通过生活的表皮，透视时代的内核，摸准、捕捉那些富有时代精神、代表社会发展方向、受到广大人民群众关注的重大问题和典型事物，作为报告文学的题材。1917 年，俄国无产阶级革命如火如荼地进展着，美国作家约翰·里德敏锐意识到这场革命“是人类历史上伟大的事件之一，而布尔什维克的兴起则是一件具有世界意义的非凡的大事”。于是，他毅然远涉重洋，奔赴彼得格勒，吃尽了千辛万苦，亲历了十月革命这一伟大的历史事件。当十月革命的风暴使全世界目瞪口呆之时，具有划时代意义记录这场风暴的大型报告文学《震撼世界的十天》问世了！我国作者采写的《谁是最可爱的人》、《哥德巴赫猜想》、《在被告席上》、《好军嫂》等报告文学又何尝不是具有无比的震撼力。

2. 深入采访，确保真实

真实是报告文学的灵魂和生命，失去真实，报告文学就意味着死亡。“只有用真实做杠杆，才能撬起报告文学的思想来”。报告文学的作者以充满激情的笔触，真实地勾画当代生活中实际存在的社会典型，而不是经过作者高度概括、塑造的艺术典型，这是报告文学同其他文学作品在质上的区别。

有人说：报告文学离不开部分虚构、塑造，只要主要事实和情节真实就可以了。这种认识是十分错误的。田流同志曾一针见血地指出：“报告文学必须真实，在理论上已被大家公认了，但在实践上并没有完全解决。有的作者认为在基本事实真实的前提下，情节可以‘调动’，时间可以‘变化’，次要的细节可以‘虚构’,等等。就在这种认识、看法下,为了提高作品的‘艺术性’,添油加醋的事发生了;为了增强文章的‘戏剧性’使之更‘曲折动人’而制造情节、故事的现象也出现了;甚至只是为了文章的发表,竟不惜捏造、编制起耸人听闻的‘故事’、‘人物’来了。如此等等,都属于创作思想不端正的范畴。”

报告文学如同其他新闻文体一样,真实性的雷池不容逾越,深入细致地采访,就是获得真实、保证真实的重要渠道。写过《新岸》、《男“妈妈”》等一批优秀报告文学的著名作家李宏林这方面的采写体会很值得借鉴。他给自己定了一个信条:写批评题材时,要把真凭实据样样弄到手,准备被批评者到法院去控告;写表扬题材时,则把采访对象了解透,优缺点都知道,各方面反映做到心中有数,并得出自己的见解,不为偏激的意见所左右,一旦引起纷争,做到能为自己写的对象负舆论责任。他的体会是:一是要做深入、细致的采访,要注意不能单凭采访对象提供的材料进行写作,而要听取与采访对象有关的诸方面的反映,对采访对象得出一个较为准确的认识;再就是要在采访中有发现问题和认识、评价生活的能力。前者要的是严肃、踏实的记者工作作风,后者要的是马列主义修养、社会阅历和对时代脉搏的掌握。

总之,报告文学这一体裁的创作,所依据的材料必须全部真实,是一种“戴着镣铐的舞蹈”。

3. “清扫”外围,间接采访

人总是置身于一定的社会关系之中,认识一个人或一件事,还应该认识他所依存的社会背景和生活环境。这样,既可以尽量减少片面性、局限性,又往往可以找到一条能通往新闻人物内心世界的小径,进而提高采访活动效率。报告文学题材涉及面既大又广,因此,采访中提倡不仅要访问新闻人物,也要访问其周围的知情人,或先访问新闻人物周围的知情人,后访问新闻人物。这种采访形式通常称之为间接采访。

新闻采访形式上一般分为直接采访与间接采访两种。所谓直接采访,即对新闻事件的当事人作访问;所谓间接采访,即对新闻事件的有关目击者、知情者及有关联的人作访问。

比较直接采访,间接采访的好处颇多,特别是报告文学的采访,若是先间接采访后直接采访,更有效益。具体有——

第一,有助于提高采访效率。实践证明,间接采访往往是直接采访的“阶梯”,有时甚至是“跳板”,其采访效率相当高。这是因为,直接采访虽然一般也能获得成功,但由于种种原因,致使这一形式的采访常常受阻,如新闻事件的主角出国或去外地开会了;或去世了(李四光、蒋筑英、孔繁森等);或新闻人物怕难为情不善谈、谦虚不愿谈、怕批评与揭露拒谈等。遇着上述情况,记者为了迅速及时又保质保量地完成采写任务,那最好的办法、有时也是唯一的采访方法,即间接采访。

记者通过侧面的间接采访,能对新闻事件、新闻人物有一定的了解和熟悉,再作直接采访时,就能有的放矢,突破口就易打开。如面对谦虚不愿谈和怕批评、揭露而拒谈的采访对象,记者可直述间接采访所获的某个事实,然后追问:"这件事是你做的吧?"对方不得不答,突破口打开后,谈话就容易深入。即使新闻事件的主角不在,记者通过众多知情者的间接提供并结合多方核实,也能获得一定质和量的新闻事实,焦裕禄、李四光、张华、孔繁森等人物的报道,都证实了这一点。因此,许多记者都十分提倡间接采访这一形式,如《人民日报》老记者纪希晨认为:"每采访一个单位或个人,只要时间允许,决不先找采访对象本身,而先找该单位、该对象的上下级及周围的单位和人,好处很多。"田流同志也谈到:"有些被采访的人很健谈,你去采访就顺利得很,也有的先进人物,他就不肯谈。怎么办呢? 我就找他周围的人。"徐迟同志采写《哥德巴赫猜想》一文,事先设计的一个战术就是:先打外围,最后接触陈景润本人。他先找数学所的党支部书记周大姐,然后逐一找大数学家王原、吴文俊和年轻数学家杨乐、张广厚及数学刊物的有关编辑。上下谈遍后,最后才找陈景润本人。徐迟认为,一下子就找陈景润谈效果不好,所获材料及记者的认识是平面的,不是立体的。那么,外围打到什么程度呢? 他认为"就是做到不访问本人,就可以写文章"。

在"清扫"外围时,千万别忽略对新闻人物周围女性亲友的访问。这是因为,男性采访对象往往习惯说一些梗概,或是做一些结论性的判断,女性采访对象则比较细心,记得事情的许多细枝末节,对报告文学的写作尤为有益。

第二,有助于扩大视野,增加线索。光找或先找新闻事件的主角作直接访问,记者的视野很可能受到局限,因为这是"一对一"的交谈;而间接采访一般是"一对几"的交谈,常常又是座谈、讨论式的,不言而喻,随着众人的叙述和启发,记者的视野就能从中得到扩大,收集思广益之效。同时,记者还常常能从中得到意外的新闻线索,丰富自己的报道题材。田流同志采写的关于马明军、赵军翔、盛贵山等人物的报告文学,线索都是他去了吉林农村后,通过在老乡家吃派饭、经过多方访问和提供才获取的。

第三,有助于保证新闻的真实性。新闻失实的原因固然很多,但其中也不乏新闻事件的主角出于某种原因,在叙述事实时有意无意地将新闻事实“变形”或扩大的事例。而在这种情况下,记者一时很难鉴别这“一面之词”之真伪。再则,有些同志的采访作风浮夸,如到了某单位,匆匆听有关负责同志粗略介绍后,将当事人再叫来问上一番便算完事。这是很难保证事实不出差错的。加上现在的采访层层派人陪同的现象较为严重,甚至有些地方的某些干部,在采访对象与记者未见面之前,该说什么,不该说什么,事先都已“导演”、交代过,采访时还要在一旁“监听”。此时此刻,采访对象言不由衷的现象,也属常有的事。如果记者在直接采访之前或之后,多找些人谈谈,或者“微服私访”,则材料的真伪在一定程度上便可得到鉴别和核实。新闻界原本将间接采访称作“采访勾推法”。此名从何得之?相传唐朝有一太守善问官司,每次审案,他先不问原、被告本人,而先下去了解原、被告周围的人和环境,在掌握了大量的人证、物证等旁证性材料之后,再升堂断案,因而往往断得合情合理合法,很少发生冤假错案。后人称此断案法叫“勾推法”,引用到新闻采访中来,就称其为“采访勾推法”,亦即间接采访。

第四,有助于增强报道的深度。报告文学要达到一定的深度,直接取决于记者采访的广度,从辩证法的角度看问题,广度是深度的前提和保证,没有一定的广度,就难有一定的深度。而要达到这些功效,间接采访是较适宜的。记者在间接采访时,由于接触的对象较多,那么,所获材料就能从不同的侧面、角度反映出特点。这样,记者对材料选择的余地就大,深度就容易保证,思路也容易活跃,对问题便能从更加广阔的范围去思考、联想。

第五,有助于防止片面性。常有这样的情况,一些先进人物在接受了记者的直接采访及稿件见报后,则种种非议接踵而至:“别人的成绩都揽到他一人身上去了!”“这人平时倒看不出,真会自吹自擂!”日子甚是难过。实际情况并不是采访对象言过其实,而是直接采访所得材料受到限制,加上一般先进人物都表现为谦虚不愿多谈,使得记者在写作时产生一定难度,于是,个别记者为图省事及追求文章生动性,就可能搞起合理想象、拔高之类。张海迪被树为人们学习的榜样后,一次在中央人民广播电台的“青年之友”节目里曾感慨:“我目前最大的苦恼,一是时间少,二是怕记者。”这里的“怕”字,即主要怕记者对她拔高。

实践证明,记者在接触新闻人物之前或之后,再通过间接采访多接触一些人,让新闻人物的事迹出于众人之口,那么,报道中的新闻人物也就既材料丰富、形象丰满,广大读者也不会对新闻人物产生非议。

说到底,间接采访不仅是个方法问题,更是个作风问题。一些记者不重视间接采访,从根本上分析,实质是个工作作风不踏实、不深入的问题,即不愿多吃苦、不愿多跑多问、不愿通过多渠道去采集与核实材料的问题,应当尽快端正。

4. 精心选材,合理用材

在具体采写中,报告文学主要应抓住两条:一是立意,二是剪裁。所谓剪裁,实质就是选材、用材的问题。

同其他新闻体裁一样,报告文学是不能依靠处在同类性质、同等水平上的素材堆砌而成的,要靠作者对主题深刻理解、感受后,然后精心选材、合理用材,力求使作品张弛得当、条理分明。艺术往往是以小见大、以少胜多。要"能找到一束'追光',让读者从宽大、纷乱的舞台上始终看见最有光彩的细节"。报告文学一定要精心选材、剪裁,千万不要以为其他新闻文体和小说、散文等是"大家闺秀"、"都市小姐",便精心梳妆打扮,报告文学则是随便置几套粗布衣裤即可打发的"乡下姑娘"、"山里妹子"。从某种意义上说,相当部分的报告文学感人、取胜之处,就在于选材好、用材好、剪裁好,令人经久不忘。如"焦裕禄手指经常揣在怀里,用左手按着作痛的肝部,或者用一根硬东西顶在右边的椅靠上坚持工作,日子久了,藤椅的右边被顶出一个大窟窿"。"陈景润一次走路撞到树干,还问谁撞了他"等材料,多么感人至深!

歌德讲过:"创造性的一个最好的标志就在于选择题材之后,能把它加以充分的发挥。"这就要求作者在写作之前,对材料要有一个统筹安排,文章布局是否统一、和谐、匀称、呼应,每一段用什么材料、怎么写,段与段之间如何做到内在的和形式上的衔接等等,都要精心设置,力求达到错落有致、一层连一层、一峰高一峰之境地。

有些报告文学需要引经据典,这对增强作品的活力和揭示主题是有益处的。例如,著名作家杨匡满在采写《作曲家施光南》一文时,除了阅看报刊上发表的数万字有关施光南的通讯、评论、介绍文章外,还几乎从头至尾翻阅了他的歌曲集,并查阅了音乐辞典,重读了罗曼·罗兰的《约翰·克利斯朵夫》,作品中引用的一些材料,就颇为贴切自然,使作品增色不少。当然,引经据典必须恰到好处,切不可太多太滥,"就像放入菜中的调料,是起调味作用的,喧宾夺主,性质就变了。"

5. 交友交心,观察体验

善于交朋友、交心及观察体验,在一切采访活动中都是重要的,由于报告文学的特点所致,交友交心、观察体验显得更为重要。

每个新闻人物都同社会有着千丝万缕的联系,在他们的心灵深处都有一个感情的海洋。采访中,记者应当同他们真诚相处,倾心交谈,建立一定的理解和感情后,加强观察和体验。诚然,采访是门艺术,需要方法和技巧,但更需要真诚,心和心的碰撞,比任何方法和技巧都重要、都有效。著名女记者孟晓云指出,报告文学需要真实,更需要真诚。真诚地对待生活,真诚地对待采访对象,真诚地拿起笔向读者述说自己的感受,从采访到写作,都需要真诚的态度。只有这样,被采访者才能与记者心心相印、倾囊而出,记者也才能被生活所打动从而打动读者,使他们感到报告文学是那样贴近自己,似乎就是自己的观察、发问和呐喊,即使它描写的人和事是那样遥远,但却能从那里找到自己的命运。她曾采访了三十年如一日在深山老林坚持普及小学教育的王振远。王老师只因会写毛笔字,帮助别人抄了大字报,就被打成右派,蒙受22年不白之冤;只因家里珍藏着省吃俭用下来的钱买竖排版的书,在动乱岁月中就被打成黑帮分子。听了王老师的这些坎坷经历,孟晓云也向对方讲了自己的遭遇,母亲被打成右派,逼使她用一双小女孩的眼睛来看这严酷的世界;"文革"中父亲被打成走资派,她又尝尽了人间的辛酸。两颗心一旦碰撞,便产生了一种信任的氛围,采访就变得不像采访,而似朋友间的交谈。在山谷中漫步时,王老师便吐露了心声:"我是一瓶净水,后来洒上一滴墨汁,这墨汁沉淀了,一摇晃水又浑浊了,我就把这瓶水,别管是净还是浊,全浇灌在幼苗上,孩子们因此而能滋润,能摆脱愚昧,我这一生也就得到安慰了。"试想,记者如果摆出一副采访的架势,能找到这种质朴、自然的语言么?也许只有应酬的套话。老记者、老作家在这点上都有共同的体会。如黄宗英指出:"我不纯客观地去描写人物、报告事件,而是与我描写的人物同甘苦、共命运,去迎艰涉险,痛醉黄龙。"徐迟说得更幽默:"感情建立到什么程度呢?要培养到像林妹妹和二哥哥、二哥哥和林妹妹那样的程度。"

报告文学是报春的花朵,是时代的战鼓,是战斗的轻骑,是历史的记录,并呈现持续繁荣、有增无减的势头。但是,报告文学毕竟是一种新兴的文体,不像各类新闻文体及小说、诗歌、戏剧那样历史悠久,没有一套完整的理论。因此,如何搞好报告文学的采访与写作,确属一个新的课题,仍需要广大作者付出艰辛。

第四节　连续性报道采访

在当今时代,人们不仅想获取更多信息,还想更深刻地理解这些信息所蕴含的意义,掌握信息的来龙去脉,甚至预测信息的发展趋向。因此,这就要求记者注意信息追踪,对重大新闻事件和人物作连续性报道。

一、连续性报道及其特点、作用

所谓连续性报道,即指对新闻人物或事件在一定时期内持续进行的报道。一般用于重大题材或正在发展过程中的事物,不断从新的角度反映过程的进展及其在社会上引起的反响,收到集中、突出的宣传效果,以形成舆论和引起读者的关注。换句话说,即对典型人物、事件或问题,从开始到发展、结果,作"一环扣一环"的过程报道,使信息传播得以强化,受众接受信息的心理意向得以增强,进而使受众对报道对象及其蕴含的意义有整体性、系统性的理解,并能有效地形成广泛的社会舆论和强烈的社会震动。譬如,无论是几年前对"不肯下跪"的青年孙天帅的报道,还是前不久对一位癌症病人《死亡日记》的连续披露,均属此列。连续性报道通常也称作追踪报道、"滚雪球"式报道。从类别关系上看,连续性报道又区别于那种只是在事件开始或结束搞"一次性处理"的单项式传播,它属组合式传播大类,即利用新闻信息之间的联系和制约关系,加以科学和艺术的组合之后再进行传播。因此,连续性报道也可称为同步性组合传播。

连续性报道何以有如此独特作用并深得广大受众青睐?我们不妨从有关学科中对其作一番理论上的探讨和论证。新兴的现代科学方法论——系统论、信息论、控制论(统称"三论"),对此都作了较科学的阐述。

从系统论的角度出发,可从两个方面看此问题:一是系统无处不在,万物皆成系统,世界上万事万物都可以看做由处于一定结构中的要素构成的系统,而这些要素有机的、合理的优化组合,往往能引起事物质的变化和产生神奇之力量。新闻传播也自有系统,故亦同此理。二是随着信息的日益社会化和受众认识手段与能力的发展变化,人们将日趋注重整体性的思维方式,即从多侧面、多角度、多变量出发,把事物看成是一个有结构、有层次的整体性的系统,注重对事物作多项因果分析的认识,而不满足过去那种偏重于对事物作单项因果分析的"一次性报道"。

从信息论的角度出发,信息的主要特性之一,即信息不是静止不动的,而是不断运动变化的。这是因为客观事物是在不断运动变化着的。正是由于这种不断运动变化,就伴随存在着种种可能状态,因而标志事物运动可能出现的形式的信息,就源源不断地产生着和流通着。基于此理,连续性报道的"得宠",也就在情理之中了。

从控制论角度看问题,信息,是控制论的一个基本概念,控制的过程也可以说成是信息运动过程,而这信息运动过程应当通过"双向通讯"的反馈联系运动实现控制过程。所谓"双向通讯",即指有去有回,从而形成一个由两条线路组成的而运动方向又相反的封闭线路,也即反馈联系。具体讲,就是控制系统把某个信息传输出去后,又将信息作用的结果返回到控制系统,并对控制系统的再输出发生影响,信息在这种循环往返的过程中,不断改变内容,实现控制。

连续性报道的过程正是控制过程中信息的双向运动的实现。如 1996 年 8 月 7 日《河南青年报》率先在新闻特刊头版显著位置刊登了一则特殊的寻人启事:"性别:男;籍贯:中国;职业:外资企业中国打工仔。1995 年 3 月 7 日下午从珠海工业区瑞进电子公司因不屈从下跪愤然出走。"该启事犹如一枚重磅炸弹,在社会上引起强烈反响,广大群众在为这位中国青年不屈不挠精神拍手叫好之余,随即又产生"这位青年是谁"、"不肯下跪的具体原因和过程是什么"、"不知能否找到他"等探究心理。这些均属寻人启事这一信息作用的结果,反馈到新闻单位后,势必就对新闻单位的有关信息再输出发生影响。

二、采写中的注意事项

在新时期的舆论宣传中,怎样更有效地利用连续性报道这一形式,很值得研究。基于新闻学原理和"三论"有关原理,采写连续性报道应注意下述事项:

1. 注意优化组合

系统论有个优化原则,即在对要素的组合上选择了最佳结构,从而发挥了最好的整体功能。根据这个优化原则,我们应当进一步注意——

第一,反对简单相加。系统不等于各部分之和,系统获得新质和新功能的秘密在于结构的有机性,在于它把各要素有机地组成一个系统整体,各要素受系统整体的规定,各自不具有独立性。如古希腊留传至今并曾使多少人为之倾倒的“维纳斯”雕像,虽然双臂残缺,不少艺术家也都极力想为其重塑双臂,补上这一缺憾,但总是失败,人们还是认为这尊双臂残缺的雕像最能体现外形美和精神美的高度和谐与统一。连续性报道亦同此理,要求作者不要过于枝节横生、四面出击,对材料要严密取舍,不要把在性质上并无多大相关的材料统统包揽进去,这样势必会影响连续报道的整体性。

第二,掌握报道节奏。既然是对同一对象进行连续、追踪性的报道,那么,掌握好报道节奏的问题就很重要。具体处理时的方法是,根据报道对象在其发展变化过程中的阶段性,抓住其在量变过程中某些质的飞跃,或于某日组合几条信息作“倾盆大雨”式的突出传播,或逐日、逐月地搞“绵绵细雨”式的发布。总之,不要搞平均主义,不要搞硬性凑合,一切以事物质的变动为准。如《河南青年报》对“不跪的人”的报道,就处理得颇有节奏感:从发寻人启事起,直至孙天帅被录为郑州大学学生、学校为他举行隆重的开学仪式止,层层递进,视事件的质的变化作一篇或二篇的连续报道;当事件进入高潮时,该报在1996年9月11日隆重推出“寻找那个不跪的人”的专号,在头版刊登了著名诗人王怀让的长诗:“中国人:不跪的人”,并配发了孙天帅的大幅照片;第二版则刊登了团中央、团省委以及社会各界著名学者、专家发表的对这次寻人活动的看法;在第三版又用三分之一的版面为孙天帅登了一则求职广告:“本版广告只收800元,这也许是中国报纸收费最低的广告版面,但这800元中,却浓缩着一个曲折感人的故事……”新闻的冲击力再次得到巨大激发,第二天起,全国各地二百多家企业先后争相邀请孙天帅去工作。

第三,讲究善始善终。连续性报道旨在强化新闻本身及其蕴含的社会意义,启发人们从更广、更深处去思索更多问题。因此,从这个意义上说,该形式的最后报道尤显重要。虎头蛇尾不行,有头无尾更不行,受众翘首以待“下回分解”,连续报道若中途收场,人们当然不会满意。各地对一些灾难事件、腐败案件的报道常出现此类现象,受众很不满意。

2. 注意系统思维

传统思维难以摆脱平面性、单向性、静态性的缺陷,而系统思维则可使我们的思维立体化、多向性、动态化,使报道对象作为完整、清晰的模型呈现在受众面前。要达到这一目的,就要求我们在思维过程中,把事物的各组成部分有机地统一起来,进行多侧面、多角度、多层次、多变量的考察。还是以《河南青年报》对“不跪的人”的连续性报道为例。自“寻人启事”刊登起到找到孙天帅止,社会各界反响日益强烈,受众普遍认为报社目的绝不是仅仅在寻找一个人,而是在寻找中华民族不屈的性格,寻找中国人不怕压、不信邪、不盲从的精神,是对自尊、自立、自强的民族精神的热切呼唤。该报及时刊登各界人士和群众的来电、来信,发表有关方面邀请孙天帅去工作,去读书的消息。由于该报对这一事件的连续性报道所进行的多侧面、多角度、多层次、多变量的系统思维,使广大读者对事件本身及其社会意义的认识大大深化,在对事物多种联系、多种质的认识上,其完整、深刻的程度也均达到预期的效果。

3. 注意反馈失调

控制论告诉人们,信息正是通过反馈机制的运动而实现控制和操纵的。但是,反馈过程的有效实现是要有条件保证的,不然的话,若是反馈失调,反馈过程将会引起严重的后果。

反馈失调通常指的是反馈过程中容易发生的两种情况:一种是反馈不及时,也即反馈"僵化"。前面提及的对一些灾难事件、腐败案件的报道就是这样,最初报道一问世,广大受众议论纷纷,对连续报道予以极大关注,但由于有关传播媒介反馈不及时,控制不得力,加之信道"噪声"干扰太大,故有关连续报道无下文,受众甚感失望。另一种是反馈过度。照理说,反馈本来的作用是要通过反馈的调节,使系统的行为更接近它所要实现的目标。但是,若是调节过度,反而会使目标偏离,会从一个极端走向另一个极端。这种现象在控制系统的行为上被称为"振荡",容易形成物极必反,导致整个系统极不稳定。这种"振荡"现象在许多连续报道中都或多或少、或重或轻地存在过。例如,2010年3月23日至5月12日,我国媒体连续报道6起校园戮童惨案,一时间舆论哗然,全国上下人心惶惶。详情如下表所示。

3月23日—5月12日校园暴力犯罪案基本情况

时间	地点	具体地点	行凶者	死伤情况	方式	结局
3月23日	福建南平	该县实验小学门前	郑民生	8死5伤	持刀	凶犯已处决
4月12日	广西合浦	西镇小学门前	一男子	2死5伤	追斩	疑犯被捕
4月28日	广东雷州	雷城第一小学	一男子	伤18名学生和一名教师	刀斩	疑犯被捕

续表

时间	地点	具体地点	行凶者	死伤情况	方式	结局
4月29日	江苏泰兴	泰兴镇中心幼儿园	47岁男子	致32人伤,29名学生+2名教师+1名保安	狂斩	疑犯被捕
4月30日	山东潍坊	当地小学	一男子	伤5名学前班幼童	铁锤	疑犯自焚亡
5月12日	陕西南郑县	林杨村幼儿园	吴焕明	9死11伤	菜刀	疑犯服毒身亡

对于接二连三的此类惨案的发生,经事后调查,近70%的民众认为媒体应负“引导”责任,对此类报道应“淡化处理”、“冷处理”,不做或少做报道,应警惕“媒体示范效应”①。由此可见,连续性报道应当重视反馈调节,同时也要注意反馈失调。要权衡利弊,统筹考虑。特别是在负面题材过度报道可能产生负面效应的情况下,连续报道不宜“大而粗”,而应提倡“小而精”。

连续性报道的“身价”虽在日益提高,但丝毫也不应由此而贬低、排斥“一次性处理”的单项传播报道。单项传播与组合传播功能不同,各有千秋,不能互相替代,不能“合二为一”,犹如一个人的双臂或双腿,都是缺一不可的,只能是各司其职,互为补充。

第五节 批评性报道采访

近年来,传播媒介中的批评性报道,在量和质上,都比以往有较大幅度的提高与改进。但是,与不断发展与深化的改革开放的形势要求相比,距离仍明显存在。这里面既有采访写作具体方法、技巧上的问题,更有新闻工作者和各行各业干部群众的认识问题,亟待转变。

诚然,任何一个单位或个人都不希望受到传播媒介的批评,从这个意义上说,批评性报道“是得罪人”的事情。但是,传播媒介如果因为这些而放弃批评性报道这一形式,对有关单位或个人严重危害党和国家利益的错误过

---

① 《新闻记者》,2010年第7期,第15页。

失视而不见、充耳不闻,或装聋作哑、故意回避,那么,则无异于助纣为虐,是一种严重的失职行为,党的新闻工具的指导性与战斗性等就无从体现,同时,不仅危害社会的整体利益,也危害有关单位或个人的局部利益。因此,只要我们正确看待批评性报道的意义、作用,在采访写作时讲究一定的方法、技巧和策略,就能达到批评教育、纠正错误的目的,就能将“得罪人”的程度降到最低点。

一、批评性报道的意义和作用

1. 积极开展批评,是传播媒介与生俱来的一个重要职能

这是因为,传播媒介有反映舆论、影响舆论的特性。传播媒介是传播新近发生的事实,当然也包括某个单位或个人错误过失的事实,况且,这种传播是公开而不是隐蔽的,是面向千万受众而不是面向极少部分人的。正因为如此,某个单位或个人的错误过失,一经公开报道,就实实在在地暴露在千万受众面前,任何人既不能隐瞒遮盖,也难以置之不理。而不像内部通报那样,往往收效不大,被批评者甚至可以不予理会。“不怕上告,就怕登报”,正是说的这个道理。

2. 积极开展批评,是当前新闻改革一个重要而迫切的课题

多少年内,我国新闻报道习惯走的是报喜不报忧的不正常的路子,特别是十年动乱中,新闻报道尽唱赞歌,粉饰太平,“假、大、空”新闻泛滥成灾。如何从这种不正常的状态中挣脱、解放出来,真正走向既报喜又报忧的实事求是的路子,是目前摆在我国新闻工作者面前的一项重要而又迫切的任务。

说实在的,报忧并非坏事,更不是抹黑。尚处在社会主义初级阶段的中国,体制本身的弊端和前进路上犯有过失、错误,当属在所难免,也是客观事实。社会及其生活中的某些“黑”,决非新闻报道抹上去的,正相反,新闻报道将这些“黑”揭露出来,给予积极、有效地批评,动员人们予以注意并进行斗争,同时指出改正、克服的途径与方法,这不是抹黑,而是擦黑。新闻工作者若是对其回避、遮盖,只能于事无补,也不是辩证唯物主义者的应取态度。

3. 积极开展批评,是党和政府有力量的体现

党中央在1954年关于改进报纸工作的决议中指出:“各级党委要经常注意,把报纸是否充分地开展了批评,批评是否正确和干部是否热烈欢迎并坚决保护劳动人民自下而上的批评,作为衡量报纸的党性、衡量党内民主生活和党委领导强弱的尺度。”实践证明,新闻报道敢于触及时弊,把政治、经

济、文化生活中的某些错误、过失给人民作较为彻底的亮相,人民通过这样的新闻报道,看到了党和政府敢于讲真话、吐实情,真正坚持真理、正视错误,反而认为我们的党和政府真正有力量,真正兴旺发达,充满希望,增强现代化建设的信心。同时,党在揭露、批评这些错误、过失的过程中,自身的纯洁性、战斗性也得到增强。新闻报道若是一味大唱赞歌,或是新闻单位想批评揭露,但党、政府的某个部门给压下了,那么,广大群众反而反感、失望,对党、政府的形象反而无益。同时,这也是党和政府的某些部门和领导一时没有力量、失去真理的体现。

4. 积极开展批评,是人民群众民主管理国家的主人翁精神的生动体现

人民群众常常将自己的想法、呼声、要求甚至不满,通过电话、走访、读者来信等形式反映到编辑部。考察其实质,这是他们信赖传播媒介的举动,是他们民主管理国家的主人翁精神的生动体现。传播媒介若是及时、有效地进行传播,就势必加强和促进他们与舆论工具之间的信赖程度和紧密联系,也势必激发他们民主管理国家的热情与增强主人翁意识。例如,2009年北京奥运会期间,有读者向《人民日报》反映,北京鸟巢出现一纸杯矿泉水卖10元钱的现象,《人民日报》当即核实并以《如此赚钱太霸道》为题予以报道,立即制止了这一行为,社会反响很好。

改革开放以来,我们运用传播媒介积极开展批评,及时揭露、批评国家中的政治、经济、文化生活等方面的不良现象,从而提高了党、政府在人民心目中的地位,密切了党、政府与人民群众的联系,有力地推动了事业的发展。但是,这一工作与形势要求和人民的愿望相比,还做得远远不够,有些新闻工作者和党政部门的领导思想观念尚未更新,还心存疑虑,怕乱了方寸。实质上,积极地开展批评,已成为促进我国社会主义事业健康、和谐发展的一个杠杆,改革开放的全面深化,也愈来愈离不开积极的批评。因此,端正和提高对批评性报道的认识,改进这一报道形式的方法和手段,是当前新闻改革的一个重要而迫切的课题。

二、采写批评性报道的注意事项

批评性报道的难度远远高出其他形式的报道,因此,要求记者在既慎重又敢碰硬的前提下,应该特别重事实准确并讲究方法、策略。

1. 深查细访,捕获细节

相比较表扬性报道,批评性报道更应以事实说话,要像马克思所说的那

样“多注意一些具体的现实”。分析以往的批评性报道,是一种只重说理、不重事实的倾向,即记者不重视在采访中悉心观察、捕捉能说明问题的典型、具体的细节,而只重视在写作时不适当地加进超脱客观事实之外的评论、议论,结果弄得报道“事微理巨,道貌不合”,既说服不了被批评者,也不能使广大受众信服。典型事实、具体细节哪里来?全凭记者深入社会实际、悉心采访而得。我们应当像王克勤、简光洲等记者那样,冒着生命危险,突破层层封锁,亲临新闻事件现场耳闻目击,详细占有第一手材料。作者只是借助于对这些事实的阐述,表达自己的观点,读者则是从这些具体事实的阐述中,自然得出作者希望他们得出的结论。

2. 反复核实,务求准确

批评性报道是用以直接批评一个单位或个人错误过失的,政策性、原则性很强,因而准确性要求也很强。如果疏忽大意、马虎从事,造成事实上的出入,就可能伤害同志,造成混乱,不仅问题解决不了,还可能使自己陷于被动。因此,记者要有一丝不苟的采访作风,多方面听取意见,反复核实事实,甚至作为工作程序,稿件未见报前,应送给被批评者本人看过。不应当主观臆断、捕风捉影或是夸大事实,应当提倡建设性,避免破坏性。从一定意义说,准确是批评性报道的生命。

3. 语言质朴,巧用含蓄

批评性报道要感人,甚至使被批评者也感到心悦诚服,与作者的文风有直接关联。标语口号式或批判、审判式的吓人、压人之类的文风,决不会产生积极的效果。反之,“用语平常”、“质朴”等清新、实在的文风,却能收到好效果。如《12 个小时与 137 辆小车》、《一位副部长的“酸、甜、苦、辣”》等报道,通过质朴无华的用语、入情入理的叙述,不仅感人,而且立意也高。

批评性报道的文字若是太露,虽能体现分量,但因刺激性太强,效果未必好,因此,作者要善于使文字含蓄、俏皮些,看似轻松,但却寓意深刻、很有分量。试以《6 万大军破冰雪,还有观敌瞭阵人》一文为例:一夜大雪,使长春市各主要街道白雪覆盖,清晨,6 万扫雪大军走上街头。叙述到这,记者笔锋一转,写下了一段耐人寻味、颇见分量的文字:“下午 3 点 30 分,记者骑车沿斯大林大街察看,见斯大林大街 75 号、77 号、79 号、81 号、74 - 1 号……门前白雪依旧,竟找不到一兵一卒。市政府 11 月 8 日的‘军令’早已下过,不知他们为何按兵(冰)不动?!”这段批评文字具体、实在,特别是短短一句“不知他们为何按兵(冰)不动?!”情态毕现,境界全出,在含蓄之中对错误进行了鞭挞。

4. 分寸得当，贬褒有致

批评性报道大都是一些负面、阴暗面的记录，它揭露、鞭挞的，或是社会上的歪风邪气，或是工作中的官僚主义，大量的是思想、工作作风方面的问题，属人民内部矛盾。对于这类问题的批评，应是实事求是的，应是与人为善、和风细雨的。也就是说，既要旗帜鲜明、尖锐泼辣，又不能言过辞激、强加于人，不能不顾一切地冷嘲热讽、肆意挖苦，更不能随便扣帽子、打棍子，应当让人读了报道后，只觉得有同志、朋友式的严肃，而不感到有敌对性的苛刻。这是因为，批评只不过是一种手段，通过这一手段所要达到的目的则是，经过报道去贬那些日益暗淡、缩小的阴暗面，从而让被批评者和广大读者都受到教育，达到扶正祛邪、改进工作、增强团结、振奋斗志的目的。概言之，批评的目的是救人，而不是整人；是对事，而不是对人，是建设性的，而不是破坏性的。

在具体表述中，记者要严格掌握批评的方向和尺寸，不要轻易搞一锅端，错误、过失明明有十分的，最初批评、揭露时搞个七八分就停一停。在批评的过程中，及时报道被批评者的反映，或是对被批评事实的不同意见，或是对批评的认识和改正错误的近况。作者要善于抓住被批评者的积极因素做文章，提倡贬中有褒、贬褒有致、重在“转化”的报道方法，从而就可以使被批评者感到自己并没有被一棍子打死，只要有了认识和改进，就能得到肯定和表扬，也可使其他被批评者照有“镜子”、学有榜样，真正收到“批评一个人，教育一批人”之目的。总之，作者应把批评的动机与效果有机地统一起来。例如，《新民晚报》2011 年 4 月 2 日 A4 版以《铲平花园扩楼，挖地三尺造房》为题，批评上海白金瀚宫小区某业主不顾公众利益、违规搭建的错误行为。事后，该业主深感内疚，出具整改方案，拆除违法建筑。《新民晚报》当即又在 4 月 7 日以《“我立即整改，希望你们监督！”》为题，登载该业主悔改的消息，使这一批评报道收到积极效果①。

三、应当依法办事，确保道路畅通

现实告诉人们，批评报道道路不畅，严重存在五难：一是采访难，一些被批评单位和个人往往对记者采访设置障碍，甚至刁难；二是稿件送审难，某些领导采取护短的态度，对他们被批评的下级竭尽包庇之能事，拖延、扣压

① 《新民晚报》，2011 年 4 月 7 日。

甚至否定送审稿;三是见报难,某些新闻单位领导怕得罪人,怕引火烧身丢掉乌纱帽,撤掉记者采写的批评稿;四是解决问题难,稿子见报后,问题常常得不到解决,被批评者吵闹不休,有打不尽的官司、扯不完的皮;五是批评者处境难,有些记者、通讯员或提供情况的人,常常因此而遭到歧视、排挤或打击报复。因此,要使批评性报道道路通畅,需要新闻工作者有特殊的修养。但是,仅靠单方面的努力远远不够,要彻底解决问题,就得有法律保护,即应当尽快制定一个有关法律和特别条款,对提供情况和采写批评性报道的人,切实予以保护,甚至给予一定形式的表彰和奖励;对那些拒绝批评甚至搞打击报复的人,应视情节轻重,予以处理和制裁;同时,也包括事实上造成出入,甚至搞假报道,严重损害单位或个人名誉的作者,应承担法律责任的内容。唯有这样,才能保证批评报道道路畅通,使这朵带刺的玫瑰常开不败。

第六节 深度性报道采访

20 世纪 80 年代中期,深度报道在中国崛起,对受众的信息接受冲击力产生了极大的影响,也为记者的思维与工作方式变革、新闻业的竞争等注入了新的活力。

一、定义与特征

所谓深度报道,是一种涉及重大题材,系统提供新闻事件的背景,用客观形式进行解释分析从而延伸和拓展新闻内涵的报道形式。近年来,深度报道的界说呈众说纷纭之势,"体裁说"、"形式说"、"思维说"等各执一词。实质上,无论从哪个角度考察,深度报道不能算是体裁,更不能说是思维,而只是一种报道形式。有人说深度报道是中国改革开放和新闻改革的新生事物,这是一种误解。深度报道这一术语是西方舶来品,英文是 in-depth report,第一、第二次世界大战期间因受众要了解战争深层次原因和背景而崛起,英美称其为大标题后报道,法国称作大报道。周恩来同志早在 1921 年当深度报道在西方报纸上流行之初,就提倡对新闻事件的报道要"溯其根源,求其真相,判其出路",他强调:"现象一日千变,简单之消息,每与前后矛盾,缺乏有系统之排列及有条理之叙述,故长篇通讯终不可少也。"这里所指的长篇通讯即深度报道。

深度报道侧重回答新闻要素 why、how,旨在揭示新闻深层次的内涵,其特征主要有:主题的鲜明性、题材的重要性、报道的详尽性、表现手法的多样性。

二、产生的背景

纵观历史,每一新事物的产生,都有其特殊原因,深度报道的出现概莫能外。前面已经提及,深度报道在世界的出现是在第一、第二次世界大战期间,因为人们对战争的前因后果迫切求得详细信息,故这一报道形式便顺乎自然地产生了。在我国,深度报道产生于改革开放时期,是我国从传统的计划经济向社会主义市场经济过渡时期产生的一种报道形式。"深度报道表现出规模宏大、纵横捭阖、超越时空、谈古论今的思辨力和穿透力,从相当广阔的时代背景上展示了 20 世纪中华民族第三次历史性巨变的内涵和深度。"(时统宇语)改革开放的中国,新旧体制在转轨,社会出现一系列失衡与阵痛,广大受众自然产生种种困惑,引发种种思考,于是,受众对于新闻报道的需求,就不仅仅是何时、何地、何人、发生何事的一般性报道就能满足的,而是要追求深层次的信息,要求就事物的前因后果、来龙去脉分析、解释,因此,立足于宏观与整体,变对事物的单侧面反映为全方位扫描的深度报道便应运而生。1987 年前后,《中国青年报》的《红色的警告》、《黑色的咏叹》、《绿色的悲哀》和《经济日报》的《关广梅现象》以及随后相继推出的"焦点访谈"、"经济半小时"、"新闻调查"、"新闻透视"、"公众热点"等冠之以不同名称的深度报道栏目,一下子便赢得了广大受众的青睐。难怪新闻界业内人士将 1987 年称为"深度报道年":"1987 年的新闻改革,本没有什么值得大书特书的事件,但它在新闻改革的历史上恐怕仍是重要的一页。"

三、业务要求

1. 着眼整体,博中求深

没有广度,就难有深度,采写深度报道,记者的眼光不能停留在一时一地一事上,而应从事物的整体出发,广泛地考察分析事物的各个部分,最终达到对事物深刻内涵的挖掘。

2. 改变机制,分工宜粗

由于中国记者长期受过细的分工限制,单向性、专一性的采访较多,缺乏全面锻炼,因而采写深度报道往往显得力不从心。深度报道一般要透视较大范围和较深层次的社会问题,因而记者的分工就不宜过细,要允许并提倡跨行业、跨地区采访,记者要善于“满天飞”,采访天地广阔了,对事物的认识也就有了高度和深度。1988 年,中国的经济似乎处于多事之秋,为此,新华社《瞭望》杂志从全国抽调 10 多位能力较强的分社记者,组成几个小分队突击“环境意识”、“农业试验区”、“城市交通调查”、“广告意识透视”等重大题材。奉召进京的内蒙分社记者王志纲自带了一个课题,即开放与割据、搞活与失衡、中央与地方的关系问题。面对如此重大且敏感的课题,有关领导竟一时不敢拍板。而王志纲认为:“记者的活动应有其独立性,对现实有自己独立的思考。对中央的决策,不但要吃透宣传,而且要拾遗补缺,提供参考,这样的记者才是中国的脊梁。”总编辑或许是被王志纲的胆识所感染,终于拍板,并给他配了辽宁分社记者夏阳作搭档。两位记者花了整整 109 天时间,行程达 4 000 多公里,跑了黑龙江、辽宁、福建、广东、四川等十多个省市,常常长途汽车一坐便是二十多个小时,屁股都起了水泡,挑灯夜战到凌晨是常事。最后,给党中央的一份“陈情表”——《中国走势探访录》终于问世,并得到中央主要领导同志的高度重视和赞扬,两位记者提出的问题与中央领导同志不谋而合,且事实充分,论证有力,在该年 9 月中旬的中央工作会议上,党中央作出了“治理经济环境,整顿经济秩序”的重要决定。两位记者的大名也随之不胫而走,新华社《经济参考报》一位负责人评论说:“这种轰动效应在新华社是空前的。”不少记者赞叹,两个记者小子把中国改革之船的舵盘给拨了一下。由此可见,记者的分工确实不宜过细,应创造崭新的机制,提倡记者跨行业、跨地区采访。

3. 精选角度,优化组合

深度报道在 20 世纪 80 年代中期勃兴后,成果是显著的,但诚如不少专家学者指出的那样,也同时出现了大、偏、玄、滥等不良倾向。所谓大,是指贪大求长,误以为深度报道就要洋洋万言,且要搞长篇连载,短了就是“浅度报道”;所谓偏,是指偏激地热衷追求揭露型、否定型的报道题材;所谓玄,是指行文口气夸张吓人,语言表述似是而非,给人以故弄玄虚、耸人听闻的感觉;所谓滥,是指有些题材明显不适合采用深度报道的形式,却硬要“沉思”、“透视”一番,给人以一种为搞深度报道而搞深度报道的倾向。事实上,报道的深浅与文章的长短并无直接、必然关系,长而浅和短而深的报道均比比皆是。

要解决、纠正大、偏、玄、滥等不良倾向,真正实现深度报道的精炼与深刻,就有一个精心选择角度和优化组合材料的问题。并不是如有些人误解的那样:深度报道是对报道对象多角度、多层次、多侧面、多变量的全方位反映,不存在角度选择问题。然而,全方位并不是等同搞拣到篮里就是菜、胡子眉毛一把抓,仍有一个精心选择和优化组合的加工制作过程。

4. 触及矛盾,正视现实

实践证明,没有矛盾性,没有正视现实,就不能显示深度报道的特性与魅力。我国深度报道研究专家马增奇分析得很透彻:从客体角度讲,改革开放正面对着充满矛盾氛围的现实;从主体角度讲,深度报道正是在触及社会矛盾之中才显现了其特殊的深度与感染力。确实,我国正处在新旧交替的大碰撞、大转折的时代,各种矛盾、摩擦、冲突交织在一起,使人们时常处在一种徘徊、焦虑、期盼的状态之中。“如果我们仅仅停留在肯定的东西上,那么这是理智的空虚的规定。”(黑格尔语)《人民日报》的《中国改革的历史方位》和《中国青年报》的《红色的警告》、《黑色的咏叹》、《绿色的悲哀》及“焦点访谈”、“经济半小时”等栏目的报道,正是以触及矛盾和重大社会问题为特征,方显示出深度报道雄浑的力量与独特的魅力。

深度报道方兴未艾,且该报道形式的生命力与日俱增,进一步对其探索和研究,仍是日后较长时期内新闻业务的一个重要课题。

第七节　预测性报道采访

日本著名新闻学者武市英雄早几年曾指出:“不要等待新闻的到来,而要考虑以什么为新闻,当代社会要求记者具备提前获取新闻的主动精神。”更多的西方新闻学者与专家近年来也相继指出,能否成功地进行预测性报道,是21世纪名报、名台、名记者的标志之一,21世纪国际新闻界将可能是预测性报道占主导地位的世纪。

一、产生的历史背景

预测性报道的产生与时兴,离不开特定的历史背景,主要有——

1. 希望预知未来,是人的普遍心理需求

古往今来,人们总是希望能预知未来,要生存、要发展,不能没有预测,预测是人类的固有思维之一。手里有几个余钱,想升值、想投资,是买股票还是存银行,或是买房子,就离不开对股市、存款利率和楼市的预测;同样道理,朝、韩两国互相炮击并发出战争威胁,那么,朝韩是否会爆发全面战争?

这场战争将打到什么规模？打多久？最后对世界的政治、经济等会产生什么影响？相信地球上的人都希望预知。早在1998年下半年,《北京晚报》就在一版推出一个独特的“明日生活提示”栏目,其阅读率在新闻栏目中很快位居第三。

2. 是信息化时代的必然产物

在高新技术飞速发展和信息产业日趋发达的今天,信息已无可争议地成为现代生产力的一大要素和当代经济发展的重要资源,环绕信息竞争的局面日趋剧烈。在这场竞争中,有一种趋向值得关注,即越来越多的竞争者热衷于对未来信息的竞争,其目的十分明确,即预知未来,把握未来,永远稳操胜券。因此,预测性报道的产生与时兴便属题中应有之义。实践证明,预测性报道给社会的良性发展带来巨大影响,被人们称之为“警世新闻”、“醒世新闻”。如《不是唬你,40年后可能“食无鱼”》一文,讲的是世界海洋渔业商业捕捞疯狂扩张,竭泽而渔后果堪忧,呼吁世界各国对渔业要加以控制①。

二、定义与特点

所谓预测性报道,即新近发生的预测性事实的报道,也即什么人最近对什么事作出了什么预测的事实的报道。预测性报道是以现有材料与事实为根据对未来作出预测,对可能出现的问题、前景作出分析,它与着眼于“新近发生”的事实、事件的动态新闻不同,报道着眼于“未来发生”的事实或事件。

三、采访中的业务要求

1. 改革观念,主动出击

以往记者采访多半是被动出击,即使是“闻风而动”,也是坐等有什么事实发生后再迅速出去采访。而采集预测性报道则必须在平时悉心研究有关问题、情况的基础上,择机主动出击。要变被动为主动,观念的变革当走在前面。要变革的观念主要是变革传统的新闻观念。传统的新闻观念是只有事实或事件发生了才构成新闻,现代观念则只要找到姓“新”的新闻根据,即

① 《文汇报》,2011年1月7日。

使事实或事件有待日后发生,同样构成新闻。事实上,预测性报道决不是凭空抓瞎,其也有事实依据,即什么人作出了关于什么的预测,有了这样的事实依据,事实与未来便统一了,完全符合新闻报道原则。

2. 审慎行事,准确第一

预测是一门学问,预测的准确性把握有较大难度。预测通常存在不确切性,短期预测的准确率可能容易把握些,如日本福岛核电站发生爆炸后,放射性物质通过空气和海水扩散,对我国沿海城市究竟有没有影响?我国有关权威部门频频作出预测:"未来三天不可能影响我国。"再长一点时间一般就不作预测了。但是,长期预测由于受社会方方面面的变化所影响,最终误差可能较大。而预测性报道涉及的题材多半为政治、经济、军事、灾害等,与人心的安定及社会的稳定关系紧密,因此,记者一定要审慎行事。实践证明,准确又及时的预测性报道对受众和社会均有益,反之,迅速但错误的预测性报道对受众和社会都有害,对媒体和记者的声誉也不利,因此,准确第一的观念必须牢固确立。

第八节 精确性报道采访

近年来,包括中国在内的整个国际新闻界新闻报道形式发生最显著的变化是,越来越多的媒体采用民意调查、内容分析及实地实验等社会科学研究方法来组织新闻报道,数据和图表在新闻报道中所占比重也日益增多,因而使新闻报道的内容能更准确、正确地反映和解释各种社会现象和问题,信息来源的权威性得到增强,新闻的可信度大幅提升,最终导致精确性报道的兴起。我国真正的精确性报道首推《北京青年报》,该报于1996年1月3日率先在其"公众调查"专版上辟出"精确新闻"栏目,刊登《1995年,北京人你过得还好吗?》一文,我国媒体科学规范的精确新闻报道的序幕就此拉开。1997年8月16日,中央电视台"中国财经报道"栏目与国家统计局中国经济景气监测中心联合推出"每周调查"栏目,被公认为首开我国电视精确新闻报道之先河。目前全国已有数十家媒体开设精确新闻专版,只不过有的称之为"公众调查"、"社会观察"等而已。

一、精确性报道的定义

所谓精确性报道,即指将社会科学的研究方法与传统新闻报道方法融为一体的报道形式。泛指以各种问卷调查结果组合为新闻的报道形式。

开创精确新闻报道风气的是美国北卡罗莱纳大学新闻系教授迈尔。他在1967年担任底特律《自由报》记者时,恰遇该市发生严重的黑人暴动,他和另外两位社会科学家采用随机抽样的方法,在暴乱地区抽选437位黑人进行访问,随后将访问所得资料输入电脑,以统计方法仔细分析黑人暴乱的原因,并依据研究结果,为底特律《自由报》写了一系列报道。迈尔的系列报道不仅为该报赢得了普利策奖,也使精确性报道名声大噪,逐渐受到美国及世界各国新闻界的重视。迈尔于1973年撰写出版《精确新闻报道》一书,较为详尽地论述了该报道形式的起源、功能及操作程序。几乎与此同时,即1968年至1972年美国两届总统大选期间,是美国新闻界重视精确性报道的转折点,到1976年美国总统大选期间,该报道形式已蔚然成风。新闻传播学者麦康伯于1970年初在北卡罗莱纳大学新闻学院的新闻报道课中首先讲授精确新闻报道内容,另一学者瑞恩在1978年调查全美77所设有新闻硕士班的大学,发现61%的学校把社会科学研究方法列为必修课。

许多国家及港台的一些大报台,目前均设有专门的民意调查小组,及时对政治、经济及社会问题进行民意调查并予以报道。早在20世纪70年代,台湾精确性报道已成风气,台湾著名新闻学者罗文辉教授1991年出版的《精确新闻报道》一书,与美国学者迈尔所著一书同名,但学科体例要整齐得多,内容要丰富、充实得多。我国的精确性报道近些年虽然逐渐兴起,但尚未形成势头,理论与实践的研究尚属新的课题。

二、精确性报道的特色与作用

长时期来,包括中国在内的国际新闻界,均不同程度地发生对新闻报道的“可信性危机”,受众较普遍地感到媒体发布的新闻“不可不信,不可全信”、“新闻信一半”。认真分析其中的原因,传统的搜集和制作新闻报道的方式存在一定弊端是一个重要的原因。诚如《新闻学词典》所指出的那样:事件描写的不准确、似是而非的评价;只一味追求报道那些瞬息即逝的、耸人听闻的事件,不会从历史的、政治和社会经济的广角镜去分析材料,看出潜在的重大意义的社会现象。对照传统的新闻报道方式的不足,精确性新闻报道则显示其显著、独特的作用与特色。具体有——

1. 不受新闻来源的制约

通过仔细考察分析便不难发现,传统的新闻报道方式弊端之一,是记者难以摆脱新闻来源的制约,无论是个别访问,还是开座谈会,或是参加会议等,记者总是过分依赖消息提供者,不仅难以辨别材料的真伪,也难以窥视深层次的内容,于是,报道不是浅尝辄至,就是将事实搞错。如果记者的工作方式变被动依赖为主动出击,采用精确性报道的方式进行采访,就可摆脱新闻来源的制约和摆布。例如,现在中国儿童的“穿名牌、吃名牌、玩名牌”现象严重,一个孩子的月平均消费普遍超过一个大人。《今晚报》记者没有轻率依赖一般消息来源作出报道,而是选用了国家统计局所属美兰德信息公司对北京、上海、成都、广州、西安五大城市所做的调查统计数据表明:全国 0 到 12 岁孩子的每月消费超过 35 亿元,其中北京的孩子每月则花掉 14 亿元,为全国之最。报道一发表,引起了家长和各有关方面的浓厚兴趣和高度重视,不少家长和老师表示,孩子的正常消费是必要的,但吃、穿、玩都要讲究名牌和高档是不可取的,也不利于孩子的各方面健康成长。此文之所以反响大,是读者认为报道的信息来源权威可靠。

2. 真正反映群众的意愿

不管承认与否,诚如罗文辉教授指出的那样:中外新闻界明显的“精英主义”倾向是实实在在存在的,即每遇重大事件,媒体过分相信和看重社会精英的意见和评价,如政府官员或专家学者、名人等,很少顾及民众的看法。出现这种倾向,固然有时间、财力等因素的限制,但更主要的原因还是意识和报道形式的守旧。精确性报道这一形式的出现,就有效地扭转了这一倾向,使报道较普遍地反映了群众的意愿。例如,慈善机构乐施会委托全球舆论调查公司,对 17 个国家共 16 422 名年龄 16 岁以上民众调查,主题是“最爱吃什么”,结果是:意大利面条和中餐最受欢迎。《意面最受欢迎,中餐广受青睐》一文详尽地摆出诸多调查数据,令人信服①。此文反响强烈,多家报社予以转载。

3. 利于舆论监督的落实

在西方社会,新闻媒体被看成是行政、立法、司法以外的第四权力,具有反映民意、监督政府等责任。在我国,新闻媒体同样有着舆论监督等职能。精确性报道的出现,无疑会增进上述职能的发挥和落实,因为该报道形式能及时、广泛、真实地反映群众意愿,帮助政府依据人民的意愿制订、修正方针

---

① 《新民晚报》,2011 年 6 月 18 日。

政策。再则,精确性报道具有权威性、可信度强的特点,有利于批评性报道的正常展开,许多记者的实践证明,将各种社会调查手段、科学统计方法与新闻采写业务融会贯通,是搞好批评性报道的行之有效的手段。比如,疲劳驾车特别是夜间长时间驾车的危险如同酒驾和醉驾,这一道理泛泛而谈,驾驶员通常印象不深,夜间车子照开不误。《夜间长时间驾车危险如酒驾》一文,通过有关研究人员对数十名21岁至25岁的健康男青年夜间驾车的反复试验,结果显示,超过2小时等于酒驾,超过3小时等于醉驾,极易发生车祸。这一消息一经刊发,广大驾驶员震动很大,自觉避免夜间不长时间开车①。

三、精确性报道的业务要求

精确性报道的采制过程中,除了熟悉新闻传播学的基本理论与方法外,还应掌握社会学、统计学等相关学科的理论与方法。具体操作时,应特别注意下述要求。

1. 依照一定的研究程序

为了保证研究的品质与水准,无论是自然科学研究还是社会科学研究,首先都必须依照一定的研究程序。精确性报道的研究程序与一般社会科学的研究程序大致相同,都必须经历选择研究题材——熟悉、探讨相关文献——提出研究问题或假设——采集资料——资料分析综合等环节,两者区别则在于结果,一般社会科学研究是将研究发现写成研究报告,而精确性报道是将研究发现写成新闻稿。

2. 掌握科学的抽样方法

精确性报道是以各种民意调查结果组成的报道,记者通过科学的抽样方法,结论产生于对被调查者提供的意见、数字等内容分析的基础上,能减少或不受记者个人意愿、主观认识及经验等因素的影响,因而能最大限度地反映民意。再则,精确性报道规定整个分析过程操作的原则和标准是前后一贯的,包括用数量分析法分析事实等。其所分析的材料是依据科学的抽样方法从客体的全部内容中抽选出来,能够代表客体的“样本”,结论一般也是正确的,能反映客观事实。例如,1984年11月15日,美国总统大选的前一天,盖洛普民意测验预测里根总统会获胜连任,且以59%对41%的选票

---

① 《新民晚报》,2011年1月23日。

差距击败民主党总统候选人蒙代尔。许多人不相信这一预测，但是，第二天揭晓的大选结果是：里根的得票率占所有选票的59.1%，蒙代尔得票率占所有选票的40.9%。为什么盖洛普民意测验只访问1 985名可能投票的选民就如此精确地预测了大选结果？关键是抽样方法科学，样本具有代表性。从某种意义上说，这也应验了马克思所说："一种科学只有成功地运用数学时，才算达到了真正完善的地步。"

3. 格外重视问卷设计

问卷法是社会学的一种调查方法，是运用统一的有问有答的资料搜集工具向各个被调查人了解情况与意见的一种方法。精确性报道特征之一就是以问卷调查的结果写报道，问卷既是资料搜集的工具，又是内容分析和新闻报道的依据，在精确性报道的采写业务中起核心作用，因此，问卷的设计应格外重视。

根据中外记者的大量实践，问卷的设计一般需经历下述步骤：选题→选项→设计量表→确定抽样范围→发放回收问卷→运算、分析问题→写作新闻。例如，使用手机易引发癌症，一时间闹得人心惶惶，据此，丹麦进行了大规模调查。以问卷设计的步骤序列，操作是这样展开的：选题——使用手机有没有引发癌症的危险；选项——被猜测与使用手机有关的白血病、脑癌、神经细胞癌等；设计量表——有关患者是使用手机后患病还是从未使用过手机而患病这两个量度；确定抽样范围——42万名在1982年到1995年期间使用过手机的丹麦人；发放回收问卷——由丹麦癌症基金会与美国华盛顿流行病研究所合作展开；运算、分析问卷——分别精确统计调查结果，再计算出百分比，进而认真进行问卷分析；写作新闻——记者通过对丹麦大规模调查显示，手机没有引发癌症危险①。

问卷设计合理与否，直接关系到调查的精确和报道的质量，因此，在设计问题时，还应特别注意：问题要简洁明了；封闭式提问的答案选项不宜太多；避免设置双重性问题；提问宜中性，不要带倾向性、诱导性；提问与措词宜平和，不要让受访者感到为难，等等。

综上所述，当代新闻记者更倾向于运用数学模拟的方法，将新闻报道建立在调查数据的科学分析上，而不是仅仅依赖哲学思考，受众也不是以往的被动阅读者、现成观点的接受者，他们乐于参与社会的分析与评价。因此，新闻报道精确化趋势已经形成，有关的学术研究理应跟上。

---

① 《文汇报》，2001年2月11日。

思考题：

1. 新闻小故事的特点与作用是什么？
2. 何谓特写？
3. 报告文学采访上有何具体要求？
4. 连续性报道的特点、作用及采访要求有哪些？
5. 批评性报道有何意义与作用？
6. 深度性报道产生的背景是什么？
7. 论述精确性报道的时代意义。

第十一章

新闻报道的基本要求

要干好社会上三百六十行中的任何一行,都必须遵循该行的基本要求,包括新闻采访在内的新闻工作也概莫能外。从新闻工作的性质与实践需要出发,其基本要求通常概括为坚持真实性、坚持思想性、坚持时间性与坚持用事实说话四项。这既是新闻报道的基本要求,也是新闻采访的基本要求。

第一节 坚持真实性

所谓真实性,即指新闻报道必须反映事物的原貌,通常也称为准确性。

从根本上说,新闻的本源是事实,事实是第一性的,反映事实的新闻报道是第二性的,事实在先,新闻在后,有了事实,才有新闻。主张新闻必须真实准确,老老实实地按照事物的本来面目去反映它、解释它,这是辩证唯物主义的科学态度。真实性是新闻事业的生命所系,是取信于民的力量所在,也是新闻学的起码常识。社会生活中的任何人都有获取新闻的需要,任何新闻传播活动都与人的生存及生活环境的改善、与人的切身利益息息相关。新闻报道若不是真正的事实信息,就偏离了人的新闻需要,信息若是虚假的,就可能贻害于社会和人类。因此,新闻传播从一开始就以传播真实的事实信息为特征。不清楚这些道理,就不能当记者。原中共中央宣传部部长陆定一同志有一次曾对《新闻战线》记者感叹:"新闻工作搞来搞去还是个真实问题。新闻学千头万绪,根本性的还是这个问题。有了这一条,就有信用了。有信用,报纸就有人看了。"在这一点上,资产阶级记者也看得较为清楚,如美国著名报人普利策在 1883 年至 1911 年主持《世界报》期间,一再告诚记者要“准确、准确、准确”,“必须把每一个人都与报纸联系在一起——编辑、记者、通讯员、改写员、校对员——让他们相信准确对于报纸就如贞操对于妇女一样重要”。1923 年美国报纸编辑协会制定的《新闻工作准则》中也规定:“诚实、真实、准确——忠诚于读者是一切新闻工作的名副其实的基础。”当然,资产阶级说的和做的常常是两码事。纵观西方的新闻报道,失实现象还相当严重,一项最新的民意测验表明,美国大多数公众认为美国新闻媒体报道失实和带有偏向性的现象非常严重,一半以上的美国人对《纽约时报》和《华盛顿邮报》等大报越来越失望,已经难以将它们作为了解新闻动态的可靠来源。

我国在新闻真实性上也走过严重的弯路,有过惨痛的教训。1958 年 10 月 1 日《天津日报》曾登载这样一条新闻:“毛主席视察过的(天津市)东郊区新立村公社新立村水稻试验田获得高额丰产”,“经过严格的丈量、过磅和验收,亩产十二万四千三百二十九斤半。”尽管是言之凿凿,但稍有常识的人一眼便可分辨真假。事后调查证实,这则报道是假的。但从那个年代起,失实报道犹如海水决堤,大量涌出。到了十年内乱期间,假新闻更是登峰造极,人们称报上登的是“造谣新闻”、“阴谋通讯”。有读者给当时的《人民日报》总编辑写信,信封正面客客气气写着“总编辑同志收”,背面则写“戈培尔先生收”。时至今日,新闻失实现象有相当程度的好转,但还不能说完全根绝,稍一松懈便又抬头,以致广大受众产生由此及彼、因一推十的泛化心理,对新闻报道仍持有“只能信一半”的观念。特别是在网络舆情日益高涨的今天,网络假新闻也有增长的趋向。如 2009 年十大假新闻评选中,由网络率先刊载的假新闻竟达三篇:《奥巴马送金正日 iphone 和苹果电脑》(环球网)、《女黑老大包养 16 个年轻男子供自己玩乐》(《时代周报》网络版)和《杨振宁证实夫人翁帆怀孕 3 个月》(中国日报网),极大地损害了网络媒体的公信力。《新闻记者》主编刘鹏 2011 年 3 月发文惊呼:“网络传播技术使虚假新闻呈爆炸式扩散”。因此,对这个问题我们还不能掉以轻心,还得经常向记者、编辑敲敲警钟,还得花上大力气,彻底铲除诱发受众产生逆反、泛化等心理的最主要原因——新闻失实,以维系党的新闻事业的生命。

一、真实性的具体要求

在实际工作中,若是掌握了真实性的具体要求,并能用它们对事实的真伪程度严格进行把关,那么,新闻失实现象便可大幅度地得以减少。这些具体要求有——

1. 构成新闻的基本要素必须真实

通常包括时间、地点、人物、事件等,因为这是新闻赖以成立的起码因素,若有半点虚假,都会招致人们对整个新闻事实的怀疑,故千万马虎不得。譬如,某件事明明是张三干的,记者却错搞成李四所为,尽管时间、地点、事件等因素都不错,熟悉内情的受众就不会相信、接受这个事实。

2. 新闻所反映的事实的环境和条件、过程和细节以及人物的语言和动作等必须真实

新闻报道不同于文学创作,即使在谋篇布局、遣词造句时要调动些文学艺术手段,也必须绝对服从、忠实于事实的真实,基本事实不能变动,否则,就不成其为新闻报道。

3. 新闻引用的各种资料必须确切无误

一般包括数字、史料、背景材料等,采访中一定要注意反复、多方核实,在可能的情况下,要找到原始材料,并请权威人士或当事人、知情人核实,若引用已经转手、加工过的资料,当慎之又慎,在没有把握的情况下,宁可不用。

4. 新闻中涉及的人物的思想认识和心理活动等必须是当事人所述

在以往报道中不时出现的"牺牲前,他脑中闪现雷锋、王杰的光辉形象"、"在冲上去的一刹那,她默念着……"及"大家一致认为"等表述,据查多半不是当事人所述,而是记者在代想、代说,甚至在当事人已去世或客观实际不可能允许当事人"闪现"、"默念"太多东西时,有些记者还在津津乐道地塞上大段这类东西,实在是连起码常识都不顾了。难怪有读者给报社写信指出:"你们记者真神啊,能从死人嘴里掏出活材料。"

5. 讲究分寸,留有余地

该要求有两层含义:一是要求新闻报道既客观全面,又要注意防止片面性、绝对化,否则,即使是一个基本真实的事实,也会令人生疑。例如,国内传媒曾经广泛播发的《甘肃省人民政府开了四天会没花一分钱》一文,人们承认这个会是开得俭朴的,但不免要问:即使不大吃大喝,喝杯开水花不花钱?开盏日光灯、用个话筒什么的花不花钱?因此,该文的说法叫人难以接受。二是在许多情况下,单单就某一个具体事实而言,是绝对真实的,但是,将该事实放到全局、大背景下考察,就很难说是真实的了。例如,农村生产责任制的推行和党的一系列农村经济政策的落实,确实使我国各地农业生

产和农村面貌改变了、发展了,及时、准确地反映这些事实,是广大记者的责任。但报道不能偏激,不能以点代面,不能不顾各地农村变化有大有小、发展有快有慢,甚至几千万农民尚处在贫困线以下的事实,而一个劲地鼓吹:一个地方农民经济刚有点好转,就称之为“向穷困告别”;某地农民手头稍微活络一点,就说成是“中国农民现在是正愁有钱无处花”;某报在一篇评论中甚至称八亿中国农民现在已处在“吃讲营养,穿讲质量,住讲宽敞,用讲高档”的富裕阶段。这就有失实之嫌了。这是因为,整体不是个体的简单相加,宏观也并非微观的简单放大,微观科学固然是宏观科学的前提,但宏观科学更是微观科学的指导和保证。因此,若遇上述情况,就要求记者采访时应从辩证角度出发,科学地把握住具体事实与全局的联系,把握住报道的口径与尺寸。诚然,新闻报道一个时期应有一个时期的重点,也应该用较多事实、篇幅反映重点,但是,侧重不能变成唯一,更不能用侧重面否定另一面,报道“万元户”就不敢报道贫困户,反映市场繁荣就不去反映物价长势过猛,那就容易导致受众对新闻报道生疑,甚至诱发受众产生逆反心理。所以,新闻报道在任何时候都应注意多侧面、多层次,既保重点,又讲全面,从宏观与微观、个体与整体的结合上去考察事物。

二、新闻报道失实的原因

新闻报道失实由多种原因造成,但主要由采访不足造成。认真剖析这些失实原因,可以使记者思想上得以警觉,作风上得以转变,技能上得以成熟,从而堵塞新闻失实的一个个漏洞,最大限度地保证新闻真实性。

新闻报道失实既有客观上的原因,更有主观上的原因,具体有——

1. 初步接触,不明要求

这主要是指刚刚从事新闻工作的青年记者,由于没有工作经验,或没有系统接受过新闻业务理论的教育培训,尚不懂“吃饭的规矩”,因而在报道时往往将文学创作与新闻报道等同,一些虚构、塑造之类的假新闻就因此冒出来。

2. 作风浮夸,粗枝大叶

不少记者的思想和工作作风较成问题,在采访时,或是走马观花,被表象、假象之类遮住视线,或是偏听偏信,搞先入为主,或是心不在焉,粗制滥造新闻。如此这般,报道就难免失实。例如,邓颖超在世时,在有一年中秋过后的某一天,曾对记者说:“你们写的《中秋佳节话友谊》,报上登了,我看过了。那篇文章有两个地方不符合实际,第一,文章说'人民大会堂江苏厅秋菊盛开',你们看,这里摆放的'秋菊'是绢制的,怎么能写成'秋菊盛开'?第二,那天日本朋友唱了《在北京的金山上》和《歌唱敬爱的周总理》两支歌,你们的文章里却写成只唱了《歌唱敬爱的周总理》一支歌。"接着,她严肃地强调:"我们的新闻报道一定要真实,确切!"要堵住这个失实口子,记者的思想和工作作风由浮夸转变为深入扎实是个关键。

3. 知识不足,真假难辨

记者的本意并不想造假,但是,由于某一新闻事实涉及某个知识,而记者对这一知识并不掌握,采访时就缺乏辨别力,故容易把假的、错的事实当成真的、对的予以报道。例如,2010 年 6 月 7 日,上海一家发行量最大的晚报在《四百多张历史照片重现》的报道中,称王光美是"共和国第一任国家主席夫人",令人大跌眼镜!毛泽东是在 1954 年第一届全国人民代表大会上当选为中华人民共和国第一任主席,刘少奇是在 1959 年从毛泽东手里接任国家主席职务的,应属第二任。那么,王光美也应属第二任国家主席夫人。显然,记者若是知识广博,要避免这类差错并非难事。

4. 道听途说,不经核实

许多失实报道,就是因为记者道听途说又未经过核实、验证而造成的。如前不久盛传于我国众多媒体的"白岩松自杀"、"央视主持人方静是间谍"、"金庸去世"等假新闻皆缘于此。记者究竟应不应该道听途说?对这个问题应当两面看:一方面,记者应该也必须养成道听途说的习惯,可以说,这是记者的职业习惯。在上下班的交通车上,在外出采访的车船上,或是平时走亲访友,别人在谈论什么,而且无意避开你的话,记者都不妨凑上去注意听听,甚至可以参与交谈。实践证明,许多新闻正是记者道听途说得来的。新闻、新闻,是"闻"来的么。但是,从另一方面看,道听途说的材料经过七转八传,虚假的、走样的成分颇多,如果要拿来报道,则记者一定要到新闻事件发生的地点,找到当事人、知情人等,仔细验证材料,否则,光凭道听途说就信以为真,新闻报道将被闹到不可收拾的地步。大约是 1934 年,巴金曾去广州小住了一段时间,并写了一篇《广州一月记》,以马琴的笔名发表在开明书店出版的《中学生》杂志上。该文引用了从朋友处听来的材料,说当时的海珠桥是从某家外国公司买来的旧货。结果,因报道失实而引起有关方面的交涉,开明书店最后只好花了两万元大洋打点并在报上公开道歉方才了事。解放后,巴老曾深有感触地对中国新闻社的记者说:"这件事教训了我,使我懂得写新闻报道不同于搞文学创作,任何一点失实都是不允许的。”由此可见,核实、验证道听途说的材料,是堵住这类失实报道的有效措施。

5. 追求生动,合理想象

新闻报道欲求得生动感人,记者的功夫应当首先和主要花在采访上,即通过深入细致的采访,采集、挖掘生动感人的事实。采访决定写作,采访搞得深入扎实,则写作容易生动感人;采访浮浅草率,则必然导致写作的贫乏。有些记者并不认识采访与写作的关系,常常到了写作阶段,为了弥补采访的不足,求得事实的生动感人,竟不惜违反新闻报道真实性要求,凭借主观随意性的猜测臆想,闭门造车,搞所谓的合理想象。这个缺口一打开,失实报道便顺势冒了出来。前苏联记者波列伏依是闻名世界的军事记者,但有一次因为采访中的疏忽,导致报道失实。详情是这样的:二次大战结束后,他转入采写和平时期的建设报道。有一次,他到莫斯科一家工厂采写战后第一篇反映一位成绩显著的老工人的报道。通讯登出两天后,该老工人来到编辑部,气鼓鼓地说:“波列伏依同志,您给我胡诌些什么玩意儿呀?”原来,通讯中有这样一段细节描写:“他早早地起来了,穿上了节日的盛装,刮了刮脸,仔仔细细地梳了梳头发。”波列伏依采访时,这位老工人戴着帽子,现在,老工人当场摘下帽子,头上一根头发也没有。这使得波列伏依十分尴尬与内疚。可贵的是,波列伏依正视错误:“这件事使我永远确信无疑:一个新闻工作者,不论是为报纸写文章,还是写作其他任何作品,甚至是艺术特写,他都不能、也没有权利展开幻想的翅膀,即使是在细节描写上,也应该做到准确无误。”

6. 急功好利,“有中生无”

一些记者出于某种功利,当某一事物尚处在欲发生而未发生的阶段时,就大搞“提前量”,搞“合理预言”。如把“动工”说成“竣工”,把“正待收割”说成“已获特大丰收”等,结果,这个事实或是最后没有真正发生,或是发生了但并不是原先预料的那个样,新闻报道便失实了。例如,某省人民广播电台前不久在一篇法制报道中说:“该犯罪嫌疑人因用刀砍伤对方,有可能被判五年以上有期徒刑。”但最终法院对其的判决结果是无罪释放,因为他属正当防卫,砍伤的是一持刀抢劫犯。新闻要尽快与受众见面,这是应当的,但必须是在事实发生之后,一味地“见报第一”、赶浪头,就容易导致失实。在少数记者手中正掌握着一种“膨化技术”,即把一说成十,把十说成百,随意夸大事实。如有篇报道写到某村坚持实行责任制后的变化,文中说这个村发挥山地多的优势,实行专业责任制,用经济手段管理和发展生产,一年就改变了贫穷落后面貌,全村买了发电机,用上了电,16 个光棍娶上了媳妇。而实际情况是,发电机是一年前上级配发的,两台全坏了,在这一年内,村里光棍没有一个娶上媳妇。新闻中的这一“膨化技术”,是一种恶劣的文风,应该坚决摒弃。

7. 移花接木,偷梁换柱

有些报道,就事实而言,是绝对真实的,但由于对该事实前因后果的分析、解释上,记者根据某种意图搞了些动作,以致报道让人感到牵强并有失实之嫌。例如,上海某报曾报道南汇县的一个“长寿乡”,报道中列举的 80 岁以上的人数、百岁以上老人的健康事实皆属实,但在分析为什么长寿的诸多原因时,记者指出:“这个乡之所以成为长寿乡,是因为改革开放以来,农民生活安定,医疗卫生条件不断得以改善。”长寿者增多,这些固然是主要原因,但不是全部原因,这里有遗传、地理自然等原因,况且,改革开放才一二十年,对百岁老人来说,是跨了几个朝代的人,这十多年的安定生活,恐怕并不能概括长寿的原因。再则,对新闻图片的肆意修改始终是新闻界的一大顽疾,例如,共产主义战士雷锋 1965 年所拍的持枪照片,原片背面明明是凌乱的灌木,之后发表时却被换成了松柏;“文化大革命”前毛泽东、刘少奇、朱德、周恩来四位领导人的合影,后来长时间却将刘少奇抹去。为了政治和宣传的需要,这种任意修改照片的业务手段该遭到唾弃了。

8. 沽名钓誉,胡编乱造

或是吃了、拿了人家的,或是在名利上有所图,于是,就不惜编造假新闻,虽是发生在极少数人身上,但影响极坏,严重损害党报、党台的声誉,也败坏了自己的名声。例如,明明只有二万人的一个乡,竟报“植树可达一亿多株”;明明是正在研制阶段的“西施美”化妆品,非要说成是“京剧大师梅兰芳曾长期使用”。更有甚者,湖北省浠水县一通讯员,竟用“严肃”的笔名在报刊上滥发假新闻,说他在从兰州部队的回家途中,在火车上丢失了钱包,一位好心的兰州姑娘马上解囊相助,送钱给他做路费,连名字都不愿意留。于是,《感谢你,兰州姑娘》一文在《兰州日报》登了;他又把兰州姑娘改成广州姑娘,时间、地点稍加改动,以《感谢你,广州姑娘》为题寄给《羊城晚报》,也发了;《中国青年报》也接着发了这位“严肃”的文章。

新闻失实是党的新闻事业的大敌。大敌不除,报纸、广播、电视无信誉,新闻界无宁日。因此,广大新闻工作者对此应当警钟长鸣,同新闻失实现象作坚持不懈的斗争。近年来,各新闻单位虽然对新闻失实现象制定了一系列防范和处置措施,如一经发现失实,或登报批评,或收回稿费及取消半年乃至一年用稿权等等。但是,这总还是“头痛医头,脚痛医脚”的权宜之计,不能从根本上解决问题。直至现在,“妙笔生花是记者的诀窍”、“无假不成文”、“坚持真实性是课堂语言”等论调还颇有市场,这是很值得深思的。若要彻底杜绝新闻失实,下述三点是根本大计:一是加强每个新闻工作者对党的新闻事业性质的认识和新闻失实危害性的认识,从而迅速转变思想作风和工作作风,提高同失实现象作斗争的自觉性。在这方面我们应向广西日报传媒集团学习,他们敢于自曝“家丑”,将旗下《南国早报》等媒体这几年新闻报道失实案例汇集起来,编辑出版《我们错了》一书,作为集团编辑记者学习的警示教材,使全体编采人员把维护新闻真实性内化为媒体“立报之本”,把新闻职业道德作为做人、作文之“根”;二是建立科学的管理机制和规章制度,切实做到层层把关,确保报道真实。中央人民广播电台的“中国之声”栏目做法很值得学习,近几年来,他们通过建立严格、规范、科学的采编播机制与流程,确保资讯传播即时、快捷、真实,通过修订、完善《“中国之声”宣传制度汇编》、《“中国之声”节目生产流程》等,使全体编采播人员自觉按制度工作,按规范办事①;三是尽快制定一部新闻法,对真实性原则用法律形式给予保证,从而在法的威慑下,在较大的力度上堵塞新闻失实的缺口。

第二节 坚持思想性

所谓思想性,即新闻报道的思想观点或政治倾向。在中国指马列主义、毛泽东思想、邓小平建设有中国特色社会主义理论在新闻报道中的体现。即指政党的新闻事业通过具体的新闻报道,以影响、指导受众的思想和行动,把他们引导到一定的目标上去。力求在新闻报道中体现马列主义、毛泽东思想,这是我国新闻报道的基本要求之一,也是中国无产阶级报刊、广播、电视、通讯社的性质与任务所在。我们党办报刊、广播、电视及通讯社等,决不是无为而治,总有一定的政治目的。这是因为,要建设具有中国特色的社会主义,单靠物质不行,同时还得靠精神,靠建设高度、健全的社会主义民主和法制,在随着生产力发展的同时,得努力开发民智,提高全民族的文化和精神素质。再则,我国目前正处于全面改革开放并向纵深发展阶段,几乎每天都会出现不少新现象、新事物、新矛盾、新问题,它们究竟是正确的还是错

① 《中国广播》,2011 年第 4 期,第 17 页。

误的？是有生命力的还是无生命力的？是真正的新事物还是旧事物复活？所有这些都需要新闻传播媒介作认真探索研究，及时给人们以思想上的指导。因此，我们历来反对新闻报道就事论事、言不及义，而强调要有马列主义、毛泽东思想的基本立场、观点、方法和体现党的方针、政策，回答实际工作、生活提出的有普遍意义的问题，以指导人们的思想和言行。

但是，上述理论仅仅回答了有关坚持思想性问题的一个方面，即要坚持思想性。问题的另一方面是，究竟怎样使新闻报道较好地体现思想性，从一定意义上说，这是坚持思想性问题的关键。这是因为，"报纸是作为社会舆论的纸币而流通的"。就是说，报纸是办给人看的，读者是办报人和报纸的"买主"，报纸只有当读者买了、看了才能发挥作用。况且现在的受众不同以往，其构成与知识水准等都有了变化，他们喜欢独立思考，不喜欢耳提面命式的思想指导。特别是经过30多年的改革开放，他们更有强烈的自我判断意识，面对社会和人生的各种现象与矛盾，他们勤于和善于思索，迫切想求得再认识或新认识，不满足传统观念和现成答案。因此，仅仅是以记者、编辑一厢情愿的想法为指导，而置广大受众的心理要求于不顾，那么，坚持思想性、指导性多半要落空。从心理学角度不妨再进一步分析这个问题：人都有自我意识的能力，其表现为认识自己与认识别人的统一，认识主观世界与认识客观世界的统一。同时，人的这一意识的产生与形成，都是以自身与周围世界、客观事物相分化为标志的，是通过对他人的认识、与他人的交际中而实现的，即如马克思所说："人起初是以别人来反映自己的。"[①]人们表现出来的这一良好心理品质，固然是新闻报道要求思想指导性的重要条件，但是，新闻工作者也不应忽略，人们又都有自尊和自信心理，不顺应受众的心理需求和不尊重、不相信受众的生硬说教或硬性强求，效果就不能如愿或适得其反，甚至诱发或加剧受众的厌烦心理。因此，从上述两个方面来看待坚持新闻报道思想性的问题，才是全面的，在具体报道时若能配之以适当的技能，效果才是理想的。

一、传播信息是思想性得以实现的客观条件

新闻工作者应当努力找到思想性与受众心理需要的交叉点，这个交叉点找到了，思想性或指导性实现的客观条件就具备了，道路也就畅通了。其

① 《马克思恩格斯全集》第23卷，第67页。

实问题并不复杂,只要明确新闻媒介的主要功能和受众接受新闻报道的主要目的,理顺新闻媒介与受众的关系,答案也就清楚了。新闻媒介的主要功能是传播信息,受众接受新闻报道的主要目的是获取信息;新闻媒介与受众的关系,即欲使人知者同欲知者间的关系。撮合双方达到一致的交叉点及新闻报道所需要的客观条件,便非信息莫属。

现代社会正逐步进入信息时代,信息是重要的资源,而报纸等传播媒介则是广泛、大量、及时传送这一资源的重要渠道。处于信息时代的广大受众,则渴望及时得到这些信息资源,并渴望更深刻地理解这些信息所蕴含的意义,了解其来龙去脉,同时预测其趋向。因此,新闻工作者只要注重传播信息,思想性、指导性得以实现的客观条件就具备了;也只有注重传播信息,吸引受众看报、听广播和看电视,思想性、指导性的实现才有可能。我国在1962年的新闻业务理论讨论中,有同志曾指出:"寓思想性、指导性于新闻性之中"的口号,这是很有见地的。有关报刊在对读者的调查中,提出了报刊受读者制约的三条理由:一是报刊是办给读者看的,读者是它赖以生存的基本条件;二是读者不是被迫看的,思想指导和宣传教育是一种信息交流,只有读者愿意接受才能奏效;三是读者是有选择地看报的。提出这三条理由是明智的。总之,强调新闻报道的思想性,不应忘却新闻的主要功能,不应忘却受众接受新闻报道的主要目的。否则,坚持思想性就失去客观条件,就没有前提和基础。

二、抓准问题是思想性强的关键

一般说来,广大编辑和受众衡量一篇新闻的质量高低,往往不是先看其写作技巧如何,而是先"掂分量",即看新闻是否提出和解答了当前有普遍指导意义的问题。记者精心选择某个事实,提出某个切中时弊的问题,受众感到正中下怀,毫无疑问,这篇新闻的思想性、指导性必然强;反之,纵然是在写作上再下工夫,思想性、指导性也难以出来。因此,如何抓准问题,或如有些老记者所讲的"点子"出得好、敲得准,是思想性、指导性强的关键。

那么,在具体采访中,记者应该抓些什么问题呢?具体有——

1. 抓社会发展过程中迫切需要解决的问题

各地各单位的领导和广大群众,在贯彻执行党的方针政策、促进社会健康发展的过程中,均希望报纸、广播、电视等能及时报道一些走在前面且走得扎实的典型,也希望报道一些虽然走在前面但濒临失败的典型。因为这些正反典型的及时报道，或能起树帜引路、排难解惑的作用，或能起引以为戒、免走弯路的效力，便于受众自我意识的自然形成。例如，眼下排堵保畅是我国各大中城市共同面临的难题，北京成了“首堵”，上海是“国际大堵市”，“堵城”遍布全国，“治堵”是上下企盼解决的最大愿望之一。《万名公务员仅10辆公车》一文披露：日本东京几乎平均两个人一辆车，但却道路通畅，成为全球治堵最成功的城市，融民资建轨道交通、严格控制公务车使用等措施是治堵良策。文章一经刊登，反响强烈①。

2. 抓广大群众普遍关心的问题

实践证明，凡是广大群众普遍关心、议论纷纷的问题，都可能是实际工作、生活中迫切需要回答和解决的问题。记者若从这一方面抓问题，往往能与受众的心理需要一拍即合，产生较强的思想性、指导性。例如，带孩子去儿童专科医院就诊，对绝大多数家长来说，都是一个备受煎熬的艰难历程。上海《文汇报》记者对此专门作了采访，并发表《儿科陷困局，医生缺口逾20万》一文，指出诊疗费用偏低、人才流失严重、政府补贴不足等是造成这一困局的主要原因。该文一经发表，引起政府和社会各方的较大重视②。

要抓准问题，记者必须处理好下述环节。

（1）领会精神实质。要完整、准确地学习领会马列主义、毛泽东思想、邓小平理论和党中央政策、指示的精神实质。因为这是广大新闻工作者的理论武器和行动指南，离开它，新闻工作者就会如同盲人骑瞎马，不辨方向。

（2）坚持深入实际，调查研究。作为记者，机关当然要跑，但更要深入基层，因为机关提供的材料往往只是“流”，来自生产、生活的第一线的材料才是“源”。记者只有经常沉入生产、生活的“海底”，与人民群众同呼吸、共命运，新闻线索才可能丰富，抓问题才能及时、准确、深切。

（3）思想解放，肯钻敢碰。问题抓得好而准的报道，常常不是轻而易举之事，特别是抓一些批评、揭露性的报道，常常更会遇到一些困难和阻力。这就要求记者思想解放，不畏艰险，敢于碰硬，有坚持不懈、一钻到底的精神，或者说，要敢当、争当当代“包公”。实践证明，只要记者站在党和人民的根本立场上，坚持实事求是的原则，坚持按照新闻规律办事，触到棱角不怕扎手，遇有阻力、压力决不退缩，是能够抓准、抓好问题的。

---

① 《新民晚报》，2011年3月1日。

② 《文汇报》，2011年2月18日。

三、增强可读性是思想性强的业务手段

有些同志认为,只要原封不动或是稍加穿靴戴帽地把领导机关、业务部门的决定、指示或会议文件报道出去,就算有了思想性、指导性,甚至将此看做是新闻报道不犯错误的诀窍。显然,这种理解是不全面的,是办报、办台人群众观点薄弱的一种表现。

新闻媒介在反映领导机关、业务部门的指示等时,毫无例外地应当按照新闻工作的规律办事,通过新闻这个特有的手段给受众以思想上的指导。江泽民同志1989年11月24日在《关于党的新闻工作的几个问题》一文中指出:"新闻宣传在政治上同党中央保持一致,决不是机械地简单地重复一些政治口号,而是站在党和人民的立场上,采取多种多样的方式,把党的政治观点、方针政策准确地生动地体现和贯彻到新闻、通讯、言论、图片、标题、编排等各个方面。"己所不欲,勿施于人。如果不是这样,硬是把思想性、指导性搞成"指令性",搞成"牛不喝水强捺头",那么,报纸就会脱离生活,脱离受众。事实也已证明,板起面孔说教,空道理连篇,早已令人生厌。有些编辑也不得不承认:空洞说教的报道,连编辑看这些玩意儿都提不起劲,却要求千百万受众领教并接受指导,怎么说得过去呢?

为了不使受众产生反感并消除排斥力,业务手段处理上的核心问题是使思想性与可读性(可听性、可视性)有机统一。所谓可读性,即通俗易懂有趣味。可读性与思想性不是冤家对头,而恰恰是相辅相成的"兄弟"。可以讲,思想性与可读性的结合、统一,是新闻报道的规律和业务手段,也是宣传的一种艺术。1956年5月28日,当时的党和国家领导人刘少奇在听了新华社负责同志关于新闻报道的四个基本要求汇报后指出:"新闻要有思想性和艺术性;不能只强调政治性——立场,还应当强调思想性、艺术性和兴趣。"

要使思想性与可读性有机地统一,业务手段上应当注意下述三点。

1. 引而不发,含而不露

这里既包含态度问题,即尊重受众,相信受众的理解、接受能力,又有艺术要求,即新闻的思想观点在文字上不直接显露,而是将其藏在精心选择的事实以及对事实艺术的叙述之中,让读者、听众看完、听完新闻报道后自己去想,自己去得出结论;他自己下了结论或悟出道理,自然就会心悦诚服,衷心接受指导了。不能再像过去有些做法那样,在新闻稿件中用大段文字对

读者、听众大搞“应该”怎样、“必须”怎样、“强调”怎样及最后还“号召”怎样式的“狂轰滥炸”。在西方新闻界,这种方法通常称为“藏舌头”。“舌头”即指新闻的思想观点,或称为显“果”藏“因”法,传播学则称之为目的隐蔽法。尽管说法不一,但实质相同,即记者只需把事实或结果摆出来,目的、原因、观点等则让受众去猜而得之或悟而得之。只要记者艺术地使用这一业务手段,那么,就能即刻收取含不尽之意于言外之效,就能达到潜移默化地进行思想指导的艺术境地。譬如,以一位大学教师讲课效果不好为题材,新闻报道若是把“舌头”显露出来,则一定是这般写:“×教师课讲得乱七八糟,一塌糊涂,效果极差,学生一致感到不值一听,纷纷要求教务部门撤换教师。”若是把“舌头”藏起来,则应当这样表述:“×教师讲课时,1/3 学生看小说,1/3 学生打瞌睡,其余的 1/3 则时而交头接耳,时而看看手表,盼望下课铃声早点响起。”两种写法,效果孰优孰劣,显而易见。纽约《北美日报》曾评中国报刊文风时指出:“其实含蓄比夸张效果好得多。真正有内容、有深度的东西从来不是张牙舞爪、锋芒毕露的。板面孔一副官腔的东西,当然只能拒人于千里之外。殊不知,即使是谈严肃重大问题也是可以诙谐幽默放松一点的。掌握得体,并不会影响深度、流于庸俗。拼命追求花哨是浅薄的表现。”这番话是颇值得我们品味的。

2. 借用知识,纠正偏见

思想性、指导性若从根本上说,就是通过新闻报道,用新的信息和知识,去满足受众的求新欲和求知欲,进而矫正原来的错误认识或是畸形歪曲的言行。特别是在当前,我国正处在前所未有的开放环境,今后将更加开放,人们几乎每天都可能遇上新事物、新问题、新矛盾,凭原有的知识去解释、适应这些新东西已力不从心。为了适应这个环境和形势,人们渴望新闻报道提供更多的新信息、新知识充实自己,以便在摸索前进中能有方向,少走弯路。记者若能明确受众的这一心理变化与需求,自觉地、艺术地将知识性与思想性熔于一炉,则新闻报道在思想性、指导性上往往能收到理想的效果。例如,20 世纪 80 年代初改革开放刚开始的那阵子,有些男青年不问室内室外、晴天雨天、白天夜晚,戴着“麦克镜”(一种宽大的墨镜)进进出出,许多女青年每天抹擦演员用的白色化妆油,因为那时没有像现在这般多样的化妆用品。不少新闻单位都简单地把这一社会现象指责为“这些青年由于缺乏免疫力,沾染了资产阶级生活方式”。于是,青年人就难以接受,产生了厌烦、逆反心理,甚至不少青年写信给有关新闻单位,认为“80 年代青年的爱美之心,你们 50 年代的记者编辑不能理解,咱们两代人之间存在‘代沟’”。

以“青年是我师,我是青年友”为办报宗旨之一的《中国青年报》,则通过对有关眼科、皮肤科医生及有关演员的采访,在类似的报道中,采用与青年朋友谈心的口吻,指出室内、阴雨天戴“麦克镜”对视力的损害,以及白色化妆油对皮肤的损伤。这种把科学知识与思想指导结合起来的做法,深得青年们的欢迎,他们纷纷投书《中国青年报》表示感谢。

由此可见,及时传播新知识,做好服务工作,满足改革开放中各阶层人士对新知识的渴求,是当前新环境、新形势对新闻报道体现思想性、指导性的新要求。

3. 增强趣味,寓教于乐

人们均有讲究情趣的心理特征,如果记者能改变过去那种呆板、乏味的说教形式,而在新闻报道中增强健康向上的情趣,将思想性、指导性寓在趣味性之中,那么,新闻报道则会备受欢迎,思想性、指导性也一定会较好地得以体现。有些记者心存疑虑:思想性是极其庄重、严肃的东西,而趣味性则是轻飘、低级的东西,两者如同水火一般不能相容。应当指出,这是一种偏见和误解。思想性、趣味性应当统一,也可以统一,“寓教于乐”古今有之,即使在无产阶级领袖极其严肃的经典著作中,也不乏妙趣横生的情节和文笔。无数新闻实践也足以证明这点。例如,《光明日报》记者曾选择了一个小得不能再小但颇有情趣的题材——有关方面乐意充当雌雄各一的两只小白猴的“月老”,而将一个大得不能再大的思想政治主题——海峡两岸中国人统一的问题,揭示得淋漓尽致。白猴,是自然界罕见的一种珍贵动物,全世界原先仅发现一只,是雌性的,生养在我国台湾。为了能繁衍后代,台湾有关报纸曾向世界发出信息,公开为名为“美迪”的雌白猴征求配偶。真乃是天助人愿,第二只白猴发现了,是云南永胜县几个农民在山林中捕捉的。巧中之巧的是,这只白猴是雄性的。《光明日报》记者捷足先登,用题为《台湾雌白猴急求配偶　云南雄白猴喜送佳音》发了一篇600余字的新闻,并配了一幅白猴图片。文中提出,如今由云南提出愿当“月老”,促成分别生活在海峡两岸的白猴的“美满姻缘”。于是,科学新闻披上了浓厚的政治新闻色彩,而这一色彩又融在情趣横生的事实中,政治、情趣的结合达到水乳交融的地步,实属我国多年少见的雅俗共赏、各界同好的珍闻。

长时期来,坚持新闻报道思想性的问题尽管大力倡导,但说实在的,并没有很好的解决,相反,受众的逆反心理及对新闻报道的不信任感,却至今没有减弱。因此,如何坚持并艺术地体现思想性,以使更多的读者与听众更加信任、热爱报纸与电视、广播,仍属一个严峻的课题,千万忽略不得。

第三节　坚持时间性

所谓时间性,即指迅速及时地报道新闻。力求迅速及时地把新近发生、发现的事实报道出去,最大限度地缩减新闻事实的发生与报道出去这两者之间的时间距离差,这是新闻报道的重要特征,是新闻存活及构成新闻价值的重要条件,也是新闻的珍贵处所在。这是因为,新闻姓“新”,是“易碎品”,报道慢了,就贬值,就成了雨后送伞。新闻的时间性有时也会涉及、影响政治工作与对敌斗争的主动。如《我三十万大军胜利南渡长江》一文一经发表,南京、上海等地的蒋军官兵闻风丧胆,官太太们纷纷收拾细软,大举南逃。因此,从我们的角度看,时间性绝不仅仅是时间上快点、慢点的问题,有时还应从政治角度严肃看待。

西方新闻学一般认为,决定新闻价值的首要因素是新闻时效。在他们看来,最没有生命的事物莫过于几小时以前发生的新闻,最早刊出最后消息是任何报馆所奉行不悖的原则,“昨日”两字更是视为死敌。为了抢到新闻,抢到独家新闻,他们甚至不择手段,同行之间大打出手。这种做法固然不足取,但争分夺秒抢新闻的观念与作风,我们可以也应当借鉴和学习的。例如,美国总统里根遇刺事件发生后仅一分钟,合众国际社电传机就打出了由该社记者狄安·雷瑙尔兹抢发的简单快讯。日本的广播新闻节目均实行滚动式传播方式,即前一小时播出的新闻,到了下一小时,至少已有50%被淘汰。无论怎么说,西方记者从过去注重“抢今日”到如今的“争分秒”的时间观念,是无可非议的。

长期以来,我国的一些记者时间观念较差,许多新闻不新,用“最近”、“不久前”、“前些日子”、“日前”等弹性很大的字眼作新闻时间根据的新闻,可谓比比皆是,报道十天半月前的事情不算旧闻,半年一年前的事情换上“最近”等字眼予以报道也不足为怪。如某地粮食局某年12月开了个会,当时未予报道,直到169天后,即到了次年的5月,报纸才予以报道,时间概念换上“不久前”,粮食局的干部群众只能掩口窃笑。难怪新华社的新闻订户墨西哥《至上报》国际部主任批评我们:“我不理解为什么在中国发生的事,而你们的消息往往比西方通讯社的要迟到。本来我们的报纸对于中国的消息以及中国周围的消息,尽可能采用新华社的稿件。但是,我们编辑工作的原则是等消息而不是等通讯社。你们的消息来迟了,我们只好采用西方通讯社的消息了。”

认真分析一下新闻报道迟缓的主要原因,可以归纳为四点:一是有关记者、编辑的观念陈旧,作风素质较差,"大锅饭"吃惯了,以致凡事笃悠悠、慢三拍;二是新闻机构的管理体制不太合理,审稿制度繁琐,一篇稿件往往要"过五关、斩六将",周转一多,"活鱼"就难免拖成"死鱼",甚至"臭鱼";三是通讯、交通设备落后,不少记者的装备仅仅只是一个本子、一支笔,大城市以外的交通工具也很简陋,不少新闻单位的印刷、通讯设备还较落后;四是发行渠道的单一,长期来"邮发合一"的发行制度,发行层次多,辗转费时。

当然,我们也欣喜地看到,近些年来,在各行各业争速度、抢时间进行经济建设的影响下,我国广大新闻工作者的时间观念也在急剧发生变化,也已强烈地意识到当今社会日益注重时效的趋向,并纷纷起来同新闻报道的迟缓现象作斗争。如,新华社曾采取积极措施,率先在全社上下掀起"争分夺秒抢新闻,精心写作求质量"的热潮,以此作为打开新闻改革局面的突破口。在新华社的影响下,我国各新闻媒介普遍结合新闻改革,从多方面着手,狠抓新闻的时效,各新闻媒介之间也进行激烈的竞争,广大记者的时间观念比以往得到较大程度强化。如 2008 年汶川大地震、2011 年日本大地震和本·拉丹被击毙等消息,新华社和我国媒体几乎都是在第一时间发出,使中国受众都感到满意。

坚持新闻报道的时间性是一个带综合性指标的问题。在我国目前物质基础尚比较薄弱的情况下,要克服新闻的迟缓现象,保证新闻的时效再上一个新台阶,应当抓紧七个环节。

1. 新闻从业人员的时间观念要转变、强化

当今社会是一切都讲高速度、高效率的社会,各行各业比以往任何时候都亟需信息,从某种意义上说,新闻报道的时间性就是富民政策的桥梁,也是新闻从业人员新时期群众观点的具体体现,更是一个国家新闻事业发达程度的重要标志。这个观念若不强化,新闻从业人员就可能落伍,对工作就意味着一种渎职。

2. 新闻从业人员的工作作风修养要增强

作为记者,要尽快改变过去那种习惯在"低速公路"上行走的工作精神状态,必须闻风而动、争分夺秒地采写新闻稿件;作为编辑,要"热件热处理",不能慢条斯理;作为新闻单位的各方面管理人员,要采取最经济、有效的手段,将有价值的最新事实传播、发送到受众那里,尽可能使报道成为"冒热气的新闻"。上述三方面人员,记者往往更为主要,记者的工作作风不转变,采写动作缓慢,那么,其他方面人员的动作再迅速,也往往于事无补。因

此,要求记者一旦获取某个新闻线索后,就迅速占有理想的交通工具;在赶赴新闻事件发生的现场后,尽快占有通讯工具;一旦获取有价值的新闻事实后,立即通报编辑部。

应当特别强调关于抢新闻和抢独家新闻的问题。我们不能像从前那样笼统、偏激地把抢新闻指责为西方资产阶级记者的工作作风。抢新闻,即为抢时间,在这个问题上不存在什么阶级性。西方新闻学对时间性及抢新闻原则的阐述虽然出发点不同,但其立论是基本正确的,观点是鲜明的,与我们没有本质区别。从心理学角度看,“抢”即竞争,竞争能使事业产生动力,从而推动事业前进。正是靠着这个竞争,我国的新闻事业这些年来才取得了惊人的进步和发展。所谓独家新闻,即指第一个被发现并予以报道的新闻事实。从一定意义上讲,能否经常抢到独家新闻,是报纸、电台、电视台有无力量、有无特色、有无水准的具体体现,是一个名记者的具体标志。特别是在同一地区有众多新闻媒介并存的情况下,抢新闻就显得更为迫切和重要。可以这样说,赶场子、抢新闻,是记者工作的一种常态。当然,作为中国记者,还需顾及中国的国情,在这个问题上还应注意两点:一是注意抢和压的辩证统一,即抢新闻要考虑政治和社会效果,应当在准确、无副作用的基础上抢,而该压的则压,要服从一定的组织纪律和遵守相关的新闻政策。如1971年9月13日的林彪“自我爆炸”事件,西方记者在事件发生后的第三天就发了消息,而我们则扣压了两年,直至党的“十大”政治报告中才正式公布。既强调抢,又注意压;既主张迅速,又讲究及时,这是我们的历史经验,是社会主义新闻事业的一项原则,应当遵循。二是要剔除和排斥西方资产阶级记者那种损人利己、不择手段抢新闻的做法。特别是为了争夺一个采访对象或是传送信息的设备,而打得鼻青眼肿的做法,更是我们万万不可效仿的。概言之,我们对抢新闻的态度和原则是:一是不失时机地迅速采写新闻,争分夺秒;二是根据时机有效及时地发布新闻,不一味图快。

3. 采编人员的分工不宜过细

按照我国新闻单位现有的体制,采编人员的分工过于细致,跑工业的记者不能采写工业以外的稿子,跑大学的记者不敢跨中小学的门,即使分管以外的新闻事实蹦到面前,也不敢问津,唯恐有“狗拿耗子”或“抢人饭碗”之嫌。而编辑则只满足于编改稿件,一般不出去采访。这种“黄牛角,水牛角,角(各)管角(各)”的现状若不加以改变,将会继续危害新闻时效。

新闻单位的人员设置、分工和工作范围、程序等现状,应当迅速改变。原则是应适应新闻工作的规律和根据新闻报道的需要,适当的分工是可以的,也是需要的,但过细、过死,人为的画地为牢、囿于一隅,无疑是一种作茧自缚。有人建议,记者就只抓头条、抓快讯、抓短新闻,而专题调查、典型报道、经验综述、评论等,则可让编辑或各行各业的专栏作者采写。也有人建议,记者不宜过于受行业、地区局限,可以"满天飞",可以搞"下去一把抓,回来再分家",或干脆搞采编合一,既利于新闻时效,又利于出名记者。仁者见仁,智者见智。不管说得有无道理,但有一点是可以肯定的,也是共同的,即广大新闻工作者都希望探索新闻体制的改革,以利时效的提高,以利我国的新闻事业。

4. 先简后详地搞连续报道

面对一个新闻事实,特别是一个突发事件或重大事件,为了赢得时间,记者可先就新闻的结果发一个简讯,然后再通过深入采访,就新闻事实、事件的背景、起因、发展情况、影响范围及各界的评述等,作深度、连续的报道。因为简讯涉及的范围小,篇幅短,采写周期短,故容易抢发。如2011年2月底,利比亚发生全国性动乱,三、四万在利比亚的中国公民生命受到严重威胁。党中央及时作出重大决策,决定撤出所有中国公民,这是一个世界瞩目的重大举措。上海东方卫视对此全程跟踪及时报道,从2月22日派出的专机接回的第一批二百余名公民、包括刚出生二十二天的婴儿在内的消息起,每天以最快速度向受众报道相关最新简讯,直到3月5日35 860名公民全部撤回国内后,东方电视台在3月6日播出长达半小时的《祖国接你回家——利比亚大撤侨纪实》专题片,详细披露了中国政府协调各方,并联络埃及、希腊、马耳他、突尼斯等国,通过派出包机、租用轮船、组织车队等方式,在短时间内全部撤出侨民,令世界对中国的此举感到惊叹①。

5. 简化审稿制度

新闻的特性要求人们,稿件除了在写作、修改、排版、印刷等必要环节上停留一些时间外,不应当在任何人的桌面上耽搁。新闻稿件无须篇篇送审,可审可不审的就不审。这是因为,审稿人一般都是领导干部,工作较忙,出差频繁,送审稿往往得不到及时处理。即使非审不可的稿件,记者也必须做好工作,说明理由,力求做到审稿人等送审稿,使送审稿做到"立等可取"。有人曾说,"送审即送命",即送审稿往往"死"于审稿途中。这种现象应当引起人们关注。还是应当提倡文责自负,应当相信绝大多数新闻工作者既会对上面负责,又会对广大受众负责,更会对自己负责,故意糟蹋稿件从而

---

① 东方电视台,2011年3月6日《环球周刊》。

糟蹋自己名声的记者,应当说是不存在的。

西方通讯社及新闻媒介新闻时效之所以快,有一个重要的原因,即从记者采写稿件到报道出去,中间没有太多的环节,稿件到了编辑手中,只消几分钟时间,一般就可发出,最快的仅一二分钟。在西方编辑看来,迟发消息是丢脸的事。我国新华社在近几年里,对此也有了较大的动作,如对国内新闻报道的“今日新闻”中,规定凡属事件性新闻,记者必须在事件发生后的两小时内将稿件发到总社,特别急的新闻,经一道编辑处理就发。这一做法对各新闻媒介都是颇有启益的。

6. 尽可能更新通讯设备和交通工具

在当今发达国家,通讯技术自动化程度相当高,电子计算机进入了编辑室,记者配备手提电脑装置,编辑有电脑版面设计机,印刷工人有电子排字机,新闻从采写到传播,基本自动化。加上交通工具的现代化,小车、摩托车早已普及,西方有些国家还给有关记者配备直升机。相比之下,我国在近年来虽然在报纸出版方面进入了电脑照排时代,但在硬件的总体水平上尚有不少欠缺。如,除部分发达地区外,不少地方的记者还是普遍靠一支笔、一个采访本采集新闻,加上如果在交通工具上的落后,就影响到出版周期。我国的物质基础还不雄厚,想一下子改变现状不切合实际,但是,只要各有关方面予以重视,肯下决心,并搞好新闻媒介的经营管理,那么,在一定程度上更新通讯设备和配备交通工具,还是可望可即的。

7. 组织强有力的多渠道发行网

比较上述各个环节,影响新闻时效的主要症结是发行问题。目前我国实行的主要还是“邮发合一”的发行制度,即由邮政部门统一办理报纸订购、计划发行与传递工作。当然,这一发行网络有其优越性,特别是对于广大农村读者来说,目前只能依靠这一发行制度。但是,这一发行制度因发行层次多,辗转费时,加上近年来报刊量的激剧增加,这种发行网络已越来越不适应需要,使新闻报道时效受到较大损害。1985 年,为了适应报业与政府财政“断奶”的体制改革和新闻市场的激烈竞争,《洛阳日报》率先打破单一的邮发渠道,第一个实行自办发行,如今,我国的报纸三分之二已实行自办发行。

他山之石,可以攻玉。日本的报刊订阅率达 91.6% ,居世界第一,但其中邮寄仅占 0.1% 。原因何在?主要是该国拥有强有力的发行制度,如按户投递制度,即报社雇贩卖人和送报员,直接送报刊上门。在改革开放的今天,发行制度若能改革,其意义决不仅限于增强新闻时效,实在是一件一举多得的好事。例如,1998 年 10 月 8 日,上海一支流动售报队伍“百家报刊服务社”宣告成立,百余名“社员”均为下岗失业人员,这不仅方便读者及时读报,也解决部分下岗失业人员再就业问题,受到各方面的赞扬。目前,这一类服务社已遍布全市。

总之,只要各有关方面一起努力,采取切实可行的措施,相信我国的新闻时效会不断地跨上新台阶。随着改革力度的加大和物质基础的日益雄厚,赶上甚至超出西方的新闻时效,也是指日可待的。

第四节　坚持用事实说话

所谓用事实说话,即指思想观点通过事实自然地得以流露。记者一般总是带倾向性地选择事实,因此,事实能反映、体现记者的立场与观点。新闻的特殊价值和独特作用,就在于它能通过报道客观存在的事实,以体现某个道理或观点,从而感染、影响受众。可以讲,新闻的作用和威力,全在事实中。读者、听众、观众爱新闻,是因为新闻事实中有他们需要知道的信息和值得信服的道理及思想观点。胡乔木同志在《人人要学会写新闻》一文中概括得很好:“我们往往都会发表有形的意见,新闻却是一种无形的意见。从文字上看,说话的人,只要客观地、忠实地、朴素地叙述他所见所闻的事实,但是因为每个叙述总是根据着一定的观点,接受事实的读者也就会接受叙述中的观点。”

一、新闻为什么要用事实说话

1. 新闻的本源是事实

事实是新闻最基本的内涵,没有事实,也就没有新闻。在一般情况下,文学靠的是艺术虚构,评论靠的是论理,而新闻则靠的是事实。新闻一定得是新近发生的事实的报道。

2. 事实胜于雄辩

事实具有不容置疑、无可辩驳的说服力和感染力。新闻报道固然发挥着组织、鼓舞、激励、批判、推动的舆论作用,指导人们遵照党的理论、路线、方针及政策行动。但是,新闻报道不同于政府的指令,更不同于法,没有强制性。实践已证明,过去那种充满空话、大话以愚弄受众的新闻报道,人们根本不予理睬,他们只是信服于事实,感染于事实。因此,新闻报道只能是通过摆事实而讲道理。例如,报道一个人如何讲奉献,任凭你空话说千道万,老百姓也很难受到感染,更不会信服。而有关对全国劳动模范徐虎的报道,不尚雕琢,不事铺张,仅靠摆出他十年如一日,每天晚上七点钟准时开箱查阅居民报修单,即使节假日或刮风下雨也从不间断为民服务等几个事实,就征服了读者。

然而,不善于用事实说话的新闻报道并不少见。归纳起来,主要有两种:一是滥引政策条文和领导讲话,将新闻文章化。有些新闻报道通篇看下来,竟然没有一个事实,全是政策条文和领导讲话的改头换面。与其说是新闻报道,还不如说是政府公告和会议公报之类;二是用议论代替事实。譬如,报道先进人物,不是着重写他们做了些什么,而是写他们说了些什么。其实,所说的这些话多半又是记者用套话、空话代说的。报道学习、贯彻什么文件或会议精神时,不是着重写人的"行动",而是写人的"激动"。新闻即使到了该具体推出事实之处,往往也是以"他通过三年的刻苦钻研,终于攻克了技术难关,填补了一项空白"等笼统、空洞的议论一笔带过。显然,出现上述情况,问题的实质是记者没有搞好采访这一环,不明白用事实说话的道理。

二、怎样用事实说话

事实能说话,但怎么把话说好,说得感人,就有方法和艺术上的讲究。记者不能做笨拙的宣传家。从采访角度讲,应注意下述四点。

1. 精选事实

这是较好用事实说话的前提和保证。面对众多事实,记者不能搞捡到篮里都是菜,也不能不分主次、事无巨细地端出事实的全过程,而应当根据新闻主题的需要,去粗取精,去伪存真,最后精选出最为典型的事例。例如,反映党风、社会风气逐步好转的事实有许多,而《广州日报》记者则以《节后第一日,公仆忙些啥》为题,报道春节后第一个工作日,广州市委、市府及各系统的干部即有条不紊地投入工作,为民办各种实事,此文角度巧、事实新,可读性强①。

2. 多细节,少议论

用事实说话并不排斥议论,但是,这种议论必须依托于事实,要为事实

① 《广州日报》,2003年2月9日。

服务,即通常讲的要成为点睛之笔。要做到这些,议论时就应当注意:一不能多,多了就喧宾夺主;二不能俗,俗了就为败笔。老新闻工作者吴冷西同志在谈到广播电视新闻工作时指出:“现在我们的记者不会写新闻,特别是不会用事实写新闻。”他谈到这样一个例子:徐州酒厂女工吴继玲,在粉碎葡萄时一只手被机器截断后,在各方大力协助下被送到上海抢救。这一事件本身就已感人,足以说明社会主义制度的优越,但记者在报道中又偏偏加上一笔:“真是社会主义好啊!”吴冷西同志指出:“这是新闻写作的败笔。”

要较好地用事实说话,应当精心采集细节。细节能传神。美联社记者休·马利根指出:“生动的细节可以使纸面上的文章留在人们的心灵上,渗透到人们的情感中去。”请看该社记者20世纪80年代初写的《北京的夏天》一文中的片段:“时髦姑娘,阔边遮阳帽,身着薄薄的棉织短衫,一双白手套,镀金边的太阳镜(没去台湾制商标),胸别金刚钻石饰针,脚穿二英寸(五厘米)高跟鞋,透明齐膝尼龙袜,身上不时飘出阵阵香水味,裙子飞舞……一些讲究漂亮的男青年,西式运动装、领带、烫发……中国‘解冻’了,开放了。”

3. 多解释,少晦涩

采访时常会遇上一些难以弄懂的事物,如专用术语、技术名词、操作程序等,若是原封不动地照抄照搬,不加任何解释、说明,势必就晦涩难懂,报道就死板,事实就没有很好地说话。此时,责任心强和有经验的记者,总是通过仔细、反复地询问与观察,将这些事物弄懂弄透,然后深入浅出,用受众能够接受的语言叙述,报道就通俗易懂,事实就“说话”了。例如,联合国教科文组织曾经开过一个世界气象工作研讨会,令中国人自豪的是,与会各国气象专家一致认定:全世界气象预报准确率最高的是中国辽宁省东沟县气象站。遗憾的是,我国新华社一记者没能让这事实把话说好:“中国辽宁省东沟县气象站不仅能够基本上准确地作出短期、中期和长期预报,而且还能作出超长期天气预报。”除了对气象学有兴趣、有研究的人以外,谁能看懂或听懂这个事实?法新社一记者是这样解释报道的:“绝大多数气象站可以告诉你今天、明天甚至两个星期内是否下雨,然而中国一个县的气象站不仅可以做到这一切,还能相当有把握的对今后十年内的气象变化作出预报。”面对这样的事实报道,即使识字不多的老人和儿童也能接受、理解。

怎样让新闻为更多受众看懂、听懂以扩大受众范围,是世界各国新闻界都十分关注的问题。我国读者、听众、观众文化平均程度较低,新闻通俗化的问题必须更应重视。

4. 插叙场景、背景和人物形象

这种做法，旨在增强新闻形象性和感染力。不妨再回到真实性要求上去说几句。新闻真实性应当包括两个含义：第一是事实真实，即"五个 W"和引用的全部材料要准确无误。第二是形象真实，即对所报道的人物风貌和现场情景等，能有合乎事物本来面目的艺术写照，使新闻做到有神、有色。应当说，事实不真实，新闻无生命；形象不真实，则生命就干枯，没有活力，不能给人以难忘的印象。美国著名记者威尔·柯里姆斯曾说过："最好的写稿人总是把报道写成似乎可以触摸到的有形物体。如果你不这样做，那么你写的报道就会变成过眼烟云。读者也就感觉不到它的存在。"①

新华社 1948 年 10 月 10 日电讯稿《活捉王耀武》一文很能说明问题。记者在叙述这个前国民党高级将领、山东省主席逃离济南城时，穿插了如下的人物形象描写："他穿着对襟夹袄和黑色单裤，扛一个棉被卷，混在难民群里逃出了济南。起初，他雇一辆小车，自己装作有病的商人，腿上贴了张膏药，破旧呢帽低低地罩着眼睛。后来他又雇了两辆大车，另换衣服，索性假装生病，用手巾蒙上脸，盖上两床棉被，躺在大车上呻吟。"仓皇逃命，跃然纸上！这种细节描写的效果，对于刻画人物和表现新闻主题确实不应低估。

思考题：

1. 真实性有哪些具体要求？
2. 增强可读性的业务手段主要有哪些？
3. 欲增强我国新闻时效应当抓住哪些环节？
4. 应当怎样全面、正确看待抢新闻？
5. 怎样较好地用事实说话？
6. 议论有哪些注意事项？
7. 怎样理解增强新闻通俗化的时代意义？

---

① 《美国名记者谈采访工作经验》，第 47 页。

第十二章

记者修养

《辞海》对"修养"一词的解释是:"指在政治、思想、道德品质和知识技能等方面经过长期锻炼和培养而达到的一定水平。"在我国,新闻工作是宣传教育工作的组成部分,是一项精神劳动。新闻工作者成天与人打交道,新闻在采访、传播过程中无时无刻不在与人、与社会发生作用,即新闻工作者通过自己采写的报道,向人们宣传党的方针、政策,灌输共产主义思想,传授各方面知识。因此,新闻工作者自身的作风、知识、技能、职业道德、情感等方面的修养,就至关重要。诚如江泽民同志 1996 年 9 月 26 日视察人民日报社时所说的那样:"新闻事业能不能办好,关键在有没有一支高素质的新闻队伍。""教育者必须先受教育。为了更好地担负起以正确的舆论引导人的任务,新闻工作者,特别是共产党员和领导干部,必须努力提高自己的思想政治素质和业务素质。新闻战线的同志,特别是中青年同志,既要志存高远,又要脚踏实地,在打好思想政治和业务根底上,老老实实地下一番真功夫、苦功夫。"事实上,从党的新闻事业诞生的那一天起,党就十分关心记者的修养和素质问题,在以后抗日战争、解放战争及新中国建立后的漫长岁月里,党都十分重视这一问题。

目前,我国新闻界缺乏名记者,记者队伍在政治、业务上青黄不接的现象严重,有些同志还存在着一种轻视记者修养的错误倾向,"只要能应付报道,就能当记者"的思想尚有一定市场。外国新闻界也有类似现象,如有人提出,新闻学校只要开一门《新闻写作》课就行了。对此,连西方的一些学者也认为是谬论。著名新闻学家麦克杜戈尔曾予以驳斥:"不幸的是,在新闻学以及其他任何领域中,决没有'只要写作'就够了的便宜事。莎士比亚是不朽的,这主要不是由他的词和风格造成的;他之所以不朽,是因为他的思想伟大。”

最近，中国记协对我国有关地区新闻从业人员的情况调查表明，新闻记者编辑的结构呈现出“三多一少”的新形态，即非新闻专业背景的人员多，占40岁以下的68%；年轻人多，占40岁以下采编人员的56%；高学历者多，本科及以上学历者占到94%；拔尖人才少，达到优秀资质标准的仅占40岁以下人员的0.4%[①]。这个调查数据在全国具有代表意义。因此，不少专家纷纷呼吁：尽快建立《新闻采编执业资质标准》，实施新闻传播人才“综合素质建设工程”。在今后的实践中，检测一篇优秀的新闻作品，除了从横向结构上看其是否具备新闻的五要素和新闻采写相关要求，还要同时从纵向结构上看作者相关综合素质和修养的体现。

《人民日报》时任总编范敬宜1996年6月19日在首都女记协举办的“国情与新闻报道名人名家系列讲座”上，结合自己几十年新闻实践经验，列举大量事例，提出新闻工作者提高自身素质的四个方面：

提高把握全局的能力；
保持旺盛不衰的激情；
培养淡泊名利的心态；
锻炼得心应手的文笔。

来听课的百余名编辑记者都说范敬宜同志讲得生动，有说服力和感染力，很受启发[②]。具备记者修养与条件非一日之功，每一个立志献身于党和人民的新闻事业的新闻工作者，都要在自己平时的工作、生活中，自觉地、不断地加强培养各方面的修养，具备有关的本领。我国著名记者陆诒曾对复旦大学新闻系学生风趣地说过：新闻工作者的修养是一个“无限公司”，不存在够不够的问题，也永远不会“毕业”，要干到老，学到老。

第一节　优良的作风

在记者的修养中，首先是要有优良的思想作风修养。即记者要有一定的马列主义、毛泽东思想、邓小平理论的水平和党的政策水平，具备无产阶级的立场、观点、方法，坚持四项基本原则，在政治思想上同党中央保持一致，并具有较强的事业心和责任心。

---

① 《新闻记者》，2010年第7期，第4页。
② 《新闻广场》，1996年第4期，第8页。

从心理学角度讲,新闻采访是一项意志活动,必须表现出相应的意志品质来,也即良好的思想作风修养,其中主要包括意志的自觉性、持续性和自制性等。有了自觉性,记者才能在行动中有明确的目的性,并能较充分认识活动的社会意义,使自己服从于社会的要求,即使牺牲个人的一切,也要坚定、勇敢地克服困难,排除艰险,不达目的,决不罢休;有了持续性,记者才能坚持长时间地以旺盛的精力和坚定的毅力投身于党的新闻事业;有了自制性,记者才能善于控制和支配自己的情感与言行,表现出应有的忍耐性,并有独立见解,不人云亦云、随风而文,迫使自己排除干扰,直达采访活动的目的。1936 年夏天,在日本军队从内蒙古东部急剧向西部入侵的紧急关头,著名记者范长江即赴西蒙腹地采访。为了避开日本别动队及侦探的注意,他化装成商业公司小职员,搭车行程五千里,途中饮露餐霜,夜宿戈壁。为了尽快赶回东蒙,早日报道西蒙危急情形,在已无车可乘的情况下,他毅然决定改骑骆驼,横越沙漠。经过这一趟死亡之旅,范长江到达定远营地时,脸上皮肤溃烂,连熟人也认不出他来。"西安事变"发生时,他正在绥远前线采访,最初他对这次事变性质不太了解,以为只是张学良、杨虎城的个人行动,后来他从傅作义处了解到,由于中共的介入,"西安事变"已和平解决。范长江预感到中国政治要发生重大变化,于是果敢地只身冒险进入西安,先与周恩来作了竟日长谈,了解了"西安事变"的真相及中国共产党和平解决"西安事变"的主张。范长江后又去了延安,毛泽东同他又畅谈了中国革命的性质、任务以及抗日民族统一战线的政策等问题,范长江感到"茅塞顿开,豁然开朗",一回到上海,便发表了《动荡中之西北大局》一文,一改过去国民党报纸对"西安事变"的歪曲报道,让人民知道了这次事变的真相。范长江的行为充分体现出了一个追求真理的记者所具备的意志上的自觉性、持续性和自制性。

在我国,记者是党和人民的喉舌与耳目,是党同人民群众联系的纽带与桥梁。记者通过新闻报道的形式把党和政府的政策迅速告诉群众,又把群众的呼声及时反映出来,帮助各级党委和政府了解实际工作中和人民群众中存在的情况与问题,为制订方针政策提供依据。正如刘少奇同志 1948 年 10 月 2 日《对华北记者团谈话》中指出的那样:"党是依靠你们的。党怎样领导人民呢?除了依靠军政机关、群众团体领导人民外,更多更频繁的是依靠报纸和通讯社。……中央就是依靠你们这个工具,联系群众,指导人民,指导各地党和政府的工作的。人民也是依靠你们。人民想和中央通通气,想和毛主席通通气,有所反映,有所要求,有所呼吁。……你们记者是要到各地去的，人民依靠你们把他们的呼声、要求、困难、经验以至我们工作中的错误反映上来，变成新闻、通讯，反映给各级党委、反映给中央，这就把党和群众联系起来了。”[①]由此可见，新闻不仅仅是一项光荣的事业，更是一项神圣的事业，记者是社会主义物质文明和精神文明的传播者、教育者。因此，这项事业要求每个记者都必须具有高度的事业心和责任感，要充分认识自己的工作性质、意义和肩负的历史使命，而决不是“怀揣记者证，身背照相机，见官‘高一级’，别看多神气”所能替代、应付的。

思想作风修养的核心是新闻工作者的事业心和责任感。古今中外，几乎所有的名记者都认为：采访写作的技巧可以放在其次，而事业心、责任感却是最重要、最根本的。正如著名记者穆青所说：“我觉得记者的责任感是最根本的。对党的事业的责任感，对人民群众的感情，这是记者最主要的两条……新闻敏感呀，政治观察力呀，都是由这两条派生出去的。”老记者萧乾也曾十分风趣地说：“倘若死后在阴曹地府要我填申请下一辈子干什么的话，我还要填‘记者’。”可以断言，只有将全副身心放在工作和事业上，才能醉心于党的新闻事业，酷爱新闻工作。例如，原《新民晚报》记者强荧，常常是写好遗书，冒着九死一生的风险，去新疆沙漠、广西原始森林等地采访，并还自筹一笔款子在上海设立“风险记者奖励基金”，体现了一名新闻工作者强烈的事业心和责任感。

工作作风修养是思想作风修养的另一重要内容。在我国，新闻工作者是为社会主义事业奔走不息的“特殊流浪汉”，新闻是“跑”出来的。著名教育家陶行知先生在贺《新华日报》创刊八周年题的一首诗《新闻大学》中有这样一段：“皮鞋穿破穿布鞋；布鞋穿破穿草鞋；草鞋穿破穿肉鞋；采访的朋友辛苦了，要表述大众的欢乐悲哀。”此诗颇有意味地反映了记者工作的艰苦性。

工作作风的核心是新闻工作者的牺牲精神和冒险精神。新闻事业的确是一项十分艰苦且具有冒险性的事业，需要记者具有牺牲精神。可以这样说，在正直、勤奋的新闻工作者前进的路途上，布满“荆棘、高山、激流与险滩”。从某种意义上讲，新闻不是用“墨水”写成，而是用“汗水”甚至“血水”写成的。例如，“九一八”事变以后，当时在《申报》任职的史量才先生，同情救国运动，支持宋庆龄、蔡元培、鲁迅等发起的民权保障运动，主张对当时《申报》的版面进行改革，内容予以刷新，使该报一步步办成倾向进步、主张

---

① 《刘少奇文选》，上卷，第399页。

抗战的报纸。这些主张引起了蒋介石对《申报》和史量才的极大不满。蒋介石通过当时在上海地方协会挂名的大流氓杜月笙拉史量才到南京面谈,企图拉史量才同流合污,但未达目的。蒋介石最后威胁说:“把我搞火了,我手下有100万兵。”史量才毫不示弱地冷然回答:“我手下也有100万读者。”1934年,史量才先生在沪杭公路海宁县境内,惨遭国民党特务暗杀。因此,任何要有所作为的新闻工作者,都得有足够的牺牲、冒险的思想准备。所谓风险,包括自然界风险,打击迫害的政治风险,枪林弹雨的战争风险等。并不是记者故意要自讨苦吃和寻求风险,而是时代的风雨和新闻工作的性质决定、逼迫记者非吃苦、牺牲、冒险不可。据最新统计,2010年全球有105名记者因公殉职,在过去5年里,全球有529名记者遇难。正如一位老记者所形象总结的那样:“记者肯流汗,才敢叫新闻报道冒热气;肯流血,才敢叫新闻报道放光芒。”

诚然,和平时期当记者,一般用不着去冒枪林弹雨之险;现代化的交通工具和通讯设备,也大大减少了记者的劳动强度。但是,要出色地完成报道任务,吃苦耐劳和不计个人得失的精神,勤奋、顽强、扎实的工作作风,仍是每个记者所必备的。譬如,节假日,别人合家团聚尽情而欢,记者却往往用东奔西跑和奋笔疾书来分享欢乐;观看演出、比赛,别人轻松愉快尽情享受,记者却神经不得松弛,脑子在紧张考虑如何采写好演出、比赛的报道。诚如有人形容的那样:“记者白天是‘疯子’,夜里是‘猫子’。”例如,山东《大众日报》高级记者陈中华,是同行公认的“玩命记者”,2006年鼻咽癌刚治愈,这几年又玩命地干起来,连春节都顾不上休息,大年初一一清早,就跑到殡仪馆,进停尸房采访化妆师这些“被媒体忽略的春节期间坚守岗位的特殊人”。来到中央电视台的《焦点访谈》组,你会发现这里的所有人总是忙个不停,每天都在高负荷地运转着。记者们常常刚刚从外地采访回来,总导演已为他们递上了一小时后的飞机票。所有人都毫无怨言,因为他们已习以为常。

再则,由于党风和社会风气一时未得到根本好转,有少数部门和人员不配合、不支持记者采访,甚至围攻、殴打记者,这种现象也时有发生,仍需要记者发扬牺牲精神和冒险精神。

党的十一届三中全会以来,党风逐步好转,广大新闻工作者的工作作风修养也有了增强,一批批受到党和人民称誉的好记者正不断涌现。但也应当看到,由于种种原因,尚有一部分记者,特别是一部分青年记者,采访作风不够踏实,出门就想小汽车代步,刮风下雨就懒得出去,有的光想在大城市里兜,不愿到农村、山区等艰苦地方去采访。这种作风应当引起重视并需迅速转变。作为媒体的领导和组织,应当积极地建立相应的机制,让年轻记者编辑经受锻炼。如经营管理位居全国省级电台前三甲的天津人民广播电台,从2006年起,长时间、大投入地开展“百名记者在基层”活动,至今已进行了56批,使556人次得到了锻炼,确立了“基层是沃土,生活是良田,群众是老师”的认识,他们以组建小分队的形式,通过选择一个典型环境,集体采访一个主题,扎扎实实在基层练作风、练业务,很有成效。各地媒体应当效仿①。

西方国家的一些记者,立场、观点虽然同我们不一样,但他们对工作作风方面的修养还是比较讲究的。美国新闻学创始人之一普利策讲过的“懒人是当不了记者的”这句话,现已成了西方记者的座右铭。许多资产阶级新闻学著作中,都把“能够接受艰苦的、长时间的不规则的工作”作为记者要则制订下来。我国的记者也受到良好的教育,有着诸多的优越条件,理应在这方面比他们做得更好。

综上所述,在古今中外新闻史上,没有一个有作为的记者是与“懒”字、“怕”字有缘,桂冠的获得是勤奋刻苦、无私无畏的自然结果。

第二节　高尚的道德

我国最早提及新闻职业道德内容的当数宋代对民间小报的指控,如“造言欺众”、“以无为有”、“乱有传播”等。率先明确提出“提倡道德”是报纸职务之一的是徐宝璜先生,而最早将“品性”认定为“记者资格”第一要素的则属邵飘萍先生。

在新闻宣传战线上工作的全体人员,都必须具有高尚的共产主义理想、志气、道德和情操。如何加强新闻从业人员新闻职业道德的修养,在当前具有特别重要的意义。

所谓新闻职业道德,即指记者在采写、传播新闻过程中与人、与社会相处时的行为规范。它包括的具体范围和基本内容有——

1. 坚持真理,忠于事实

应当不屈服于任何邪恶势力,不当“风派”记者,不弄虚作假,在任何情况下,都应以党和人民的根本利益为出发点。中国新闻教育泰斗王中教授曾说过:“记者不要做‘文娼’”,至今品味此话,仍觉意味深长。

---

① 《新闻战线》,2011年第1期,第45页。

2. 谦虚谨慎,戒骄戒躁

在采访中,应当摆正自己与采访对象的关系,不好为人师,不高人一等,以诚相待,虚心求教。

3. 深入实际,体察民情

应当关心广大群众的疾苦,及时反映他们的呼声与要求,不能麻木不仁、不闻不问。做不到这些,就趁早改行。

4. 互敬互学,积极竞争

记者与记者之间,新闻单位与新闻单位之间,根本利益和奋斗目标是一致的,应当不断增进友谊,共同进取,即使要展开竞争,也应凭借正常的业务手段去健康、积极地进行,不应搞不利于事业和破坏团结的行为与活动,决不允许让资产阶级记者那种不择手段、互挖墙脚的恶劣行径出现在我国记者队伍之中。

5. 摆正位置,不谋私利

新华社原社长郭超人曾说过这样一句话:“记者笔下财富万千,记者笔下毁誉忠奸,记者笔下是非曲直,记者笔下人命关天。”由此可见记者肩负的社会责任之大。每一个记者都应当摆正个人与集体的位置,妥善处理好公与私的矛盾,决不允许用党和人民给予的某些权力去谋取私利。值得强调的是,在当前,一些记者在职业道德上,严重背弃新闻工作者的职责与纪律,利用工作之便,拉关系,谋私利,或是拉生意、做掮客,或是索要钱物,搞“马夹袋、红包”之类的有偿新闻。这种现象且有泛滥之势。人们用种种形象的语言来描绘这种记者的形象。说他们是“蜜蜂”又是“苍蝇”,是“接生婆”又是“掘墓人”,是“改革的播火者”又是“腐败的模特儿”,是“赶场子(指鉴定会、庆祝会、竣工典礼、开业仪式、恳谈会)、捡袋子、碰杯子、凑稿子”的“能工巧匠”,等等。《新民晚报》早在1993年1月11日“今日论语”栏目《逢8发与记者发》一文中就谈到:眼下每月遇到有“8”的日子,不少企业人士以为是“发”的良辰吉日,纷纷安排开业或庆典活动,此时,也正是记者赶场子、发大财的好时光。时间过去快20年了,这一现象未能根本扭转,且有愈演愈烈之势,真是令人担忧!一位总编感叹:“逢8我几乎在编辑部找不到记者。”更有甚者,南方某新闻学院两个本科应届毕业生,刚被某法制报社聘为试用实习记者,被派到海南省定安等县暗访娱乐场所设赌情况,不仅输光了赌资,还冒充省领导指示,敲诈勒索当地公安局2万余元,最后被依法逮捕。此风如果不刹,清正、廉洁的记者形象如果不重塑,还侈谈什么“铁肩担道义,妙手著文章”?正如印度诗人泰戈尔所说的那样:“鸟翼绑上了黄金,鸟还能飞得远吗?”事实上,无论是中国历史上还是国际新闻界,记者利用职权接受被访者钱物都被视为不道德行为,都为法律所不容。国际新闻记者联合会早在1954年就通过的《记者行为原则宣言》,就明确把“因接受贿赂而发表消息或删除事实”视为“严重的职业罪恶”。

6. 甘为人梯,严禁剽窃

指导通讯员采访,帮助他们修改稿件,这是每一个记者、编辑职责范围内的事。但常有一些通讯员反映:好端端的一篇稿件交编辑部后,或经记者、编辑稍加改动,或一字未改,登出来了,但自己的名字不见了,换上了“本报记者×××”,自己的劳动成果就这么莫名其妙地被他人占据了。

“记者是社会的良心”。重视新闻职业道德修养,是我国新闻事业的传统。大凡在事业上有成就的我国记者,都十分注重这方面的修养。当代著名记者柏生曾经在《做新闻记者的几个原则》一文中指出:“做新闻记者的第一个原则,是要修养人格。”“这是因为,新闻记者负有批评社会、指导社会的重大责任。如果自己人格有缺点,怎么能够批评他人、指导他人呢?”范长江在《怎样学做新闻记者》一文中也指出:“新闻记者要能坚持真理,本着富贵不能淫,贫贱不能移,威武不能屈的精神,实在非常重要。”全国优秀新闻工作者、新疆电视台记者孙伯华说得颇为幽默:“吸油水的笔是流不出墨水来的。”

记者与人、与社会相处的具体关系主要有三个方面:一是记者与新闻事实的关系;二是记者与群众的关系;三是记者与同行的关系。

第一,记者与新闻事实的关系。坚持新闻真实性原则,从而对党的事业负责,对受众负责,这是新闻职业道德的核心内容。不管是屈服于邪恶势力,还是由于作风浮夸而导致报道失实,均应视为不道德的行为,理所当然地应该受到舆论的谴责。

一个正直的记者,没有权利以任何形式弄虚作假。讲真话,让事实说话,是科学的态度,是宣传的艺术,也是记者高尚道德品质的体现。作为一个新世纪的合格记者,必须对新闻报道的全部事实负责,所有报道,必须从事实出发,以事实为依据,并经过严格认真的核实,否则,就不予报道。我们“得像董狐那样,紧握住自己这一管直笔,作真理的信徒,人民的忠仆。一方面,凡是真理要求我们说,要求我们写的,就不顾一切地写,人民心里所想说,所认为应当写的,就决不放弃,决不迟疑地给说出来,写出来。另一方面,凡不合真实和违反民意的东西,就不管有多大的强力在后面紧迫着或在前面诱惑着,我们也必须有勇气、有毅力把它抛弃,决不轻着一字。”[①]例如,轰动全国的山西繁峙矿难发生后,有 11 个记者被收买,而《中国青年报》记者刘畅,却不为金钱所动,以一种“超然独立的态度和廉洁不贪的气节”,毅然采写了《山西繁峙矿难系列报道》,并荣获了第十三届中国新闻奖一等奖。

历史的经验告诉我们,记者必须对新闻报道的全部事实负责。不能听到风就是雨,上边来了什么新精神、新说法,就赶紧跑到下边找例子,甚至文件还在印刷厂,印证新精神的科学性、正确性的报道就出来了。而应该先冷静地思考一番,这种新精神、新说法是否真有道理,不应盲从,坚决不当风派记者。即使新精神、新说法是正确的,也要认真看一看,思考一番,吃透了,摸准了,对搞好新闻报道也有百利而无一害。邹韬奋先生有句格言:“天下作伪是最苦恼的事情,老老实实是最愉快的事情。”此话在坚持新闻报道真实性原则的今天,仍不失现实意义。

第二,记者与群众的关系。记者与群众的关系一般指两个方面:一是记者与采访对象的关系;二是记者与受众的关系。

记者与采访对象的关系。说到底,这是一个态度问题,即是你先当学生后当先生呢,还是自命不凡,要人家对你俯首听命?有位老记者说得很贴切:“一篇报道,实际往往是记者、通讯员同采访对象共同劳动的产品。”以这样的认识处理相互关系,则关系就易融洽,采访对象的自尊心理得到保护后,便会反馈出更大诚意尊重记者,并热情配合记者将采访活动搞好。否则,就正如美国新闻学者麦尔文·曼切尔所说,“有时,记者制服了一个盛气凌人、不服从引导的采访对象,但访问本身却失败了。”

记者与受众的关系。这一关系处理得如何,涉及我党办报(台)的基本方针。党靠群众支持,受众是报(台)的主人,这是确定无疑的。记者要密切与受众的关系,当从两个方面努力。首先,要创造一切机会广泛接触受众。在受众中要多交朋友,与他们展开经常性的交往。交往,是人的个性心理活动形式之一,任何人活在世上,都必然要和别人交往、接触,而且,交往、接触的范围越广泛,同周围生活联系的形式越多样,他深入到社会关系各方面时才会越深刻,精神世界才会越丰富,个人的心理素质、才能、性格也才会得到更好的教育和锻炼。大凡有作为的记者,对广泛与受众交往这一点,都是十分注意的。范长江就曾说过:“一个记者应该在群众中生根,应该到处都有朋友。”他平时也正是这么做的,上自军政要人,下至和尚、乞丐,他都注意交

---

① 重庆《新华日报》社论:《记者节谈记者作风》,1943 年 9 月 1 日。

上朋友。其次,要及时处理受众来访、来电、来信。受众常会给报社、电台、电视台来电、来信甚至来访,无论是提供新闻线索,反映社会动态,还是倾吐自己的要求、愿望,都体现了对党报(台)的信任与支持。报(台)也确实少不了这一信任与支持。记者如何以高度负责的精神,认真及时地加以处理,通过适当途径给予回音,这同样是记者新闻职业道德的一条基本守则。在西方,受众的来信等通常由总编辑亲自处理。然而,在这一点上,我们有些记者不是做得很好,对读者、听众来信、来稿,借没时间阅看为由,或一压数星期、数月,或看都不看一遍,一退了之,一转了之;有群众来访,你推我,我推你,谁都不愿主动接待。这种种做法,都是新闻职业道德所不容的。

第三,记者与同行的关系。这一关系通常包括三个方面:一是新闻单位与新闻单位之间的关系;二是新闻单位内部之间的关系;三是记者与通讯员之间的关系。

新闻单位与新闻单位之间的关系。我国的报纸、通讯社、广播电台、电视台等新闻单位,都是党、政府和人民的喉舌,工作目标是一致的,没有根本的原则分歧和利害冲突。同行相轻,妒贤嫉能是不对的;互挖墙脚、背后乱踢脚,那就更有悖新闻职业道德。正确的关系应当是:为共同事业而奋斗的记者、编辑之间应建立同志间的真诚情谊,要同行相亲,同行相敬,同行相助。在处理这一关系上,应注意两个问题:一是抢独家新闻与组织纪律问题。应该讲,各新闻单位与记者之间,应开展积极、正常的竞赛。这是因为,在人的个性心理中,竞争是一个重要方面。所谓竞赛,是个体或集体的一方力图超过另一方成绩的相互行动,它是人们相互联系的一种积极形式。通过竞赛,可以使人受到对方力量的感染,提高个人的兴趣和能力,有利于形成良好的个性品质。没有竞赛,活动就没有效率,事业就不能进步。因此,抢新闻应该提倡,一个新闻单位的独家新闻应该是多多益善。但是,我们所提倡的"抢",应是凭真本领去"抢",凭熟练的采写技能"抢",反对一切不择手段的"抢"。同时,这种"抢",在特定的时间、特定的场合,应受一定的组织纪律性的约束。譬如,某一新闻,若是上级党委授权某一新闻单位单独或率先发布,或是规定各新闻单位在同一时间里发布,那么,谁家都不应违反组织纪律而擅自抢发。否则,就违反了宣传纪律。二是对同行失误的态度问题。新闻单位在新闻报道中发生失误,这是难免的。身为同行,不论哪个新闻单位出现失误,应该感到一样惋惜或痛心,在引以为戒的同时,还应尽可能地给对方以安慰和鼓励。然而,有些新闻单位的有些同志并不是抱这样的态度。如,某个新闻单位发生什么失误,群众中议论纷纷,另一些新闻单位的某些记者,并不是站在同行角度也感到脸上无光,而是幸灾乐祸,并借采访之机或其他场合,极力传播同行的失误,惟恐他人不知,有的甚至还在自己的报刊、广播里发文章旁敲侧击、冷嘲热讽。这一类做法,都是违背新闻职业道德的。

新闻单位内部之间的关系。按照社会各行业、系统的分布情况,报(台)内部也相应分设若干部组,各部组每周、每月所发稿件占多少版面(时间),一般也相应有个比例。再则,党的中心工作一个时期有一个时期的重点,新闻报道一般要围绕这个重点作集中、突出的处理,有关部组承担的报道量自然就大些,占版面(时间)就多些。部组的如此分设和版面(时间)的如此分配,无论是从工作角度还是从宣传角度考察,都是必须的。每个部组乃至每个记者,对此问题应确立崇高的集体感,应用整体的观念来看待报道量和版面(时间)的分配。心理学指出,集体感是道德感中一种非常重要的情操,它是由于有着共同的崇高的理想而发生友爱互助的一种情感。为共同事业、共同目标和共同利益奋斗的人们,只有建立这一情感,才能意识到个人利益应服从集体利益,才能抵制"山头主义",才能和集体同呼吸、共命运。事实上,有些部组和记者不具备这一集体感,遇事不能从整体利益出发,而是死死占住"小山头"不让,为争版面(时间)、争头条常常闹得不可开交,应当说,这是新闻职业道德所不容的。

记者与通讯员之间的关系。广大通讯员历来是报社、广播电台、电视台、通讯社的"编外记者"、"消息来源"与"专业之师",是一支不可忽视的新闻报道的重要力量。

通讯员大都生活在基层和群众之中,在了解社会动向和群众意愿方面,条件比记者"得天独厚"。因此,要搞好新闻报道工作,记者除了自身努力以外,还要靠广大通讯员的努力。这是我党几十年新闻实践所证实的事实。一个记者若是与通讯员关系密切,互相尊重,通力合作,那么,他们负责报道的那个行业、地区的新闻宣传工作定会有声有色。

但是,总有一些记者同通讯员的关系处理得不太融洽,甚至很僵。细细分析,通讯员有责任,而主要责任则在记者身上。其主要表现有——

"雇佣观念"严重。少数记者对通讯员不是视同志式的平等关系,而是视为主仆关系,"有事是亲戚,无事不相识","招之即来,挥之却去"。这般处理,通讯员的自尊心理及工作热情必然受到挫伤,因而相互间不可能建立起诚挚的情谊。

轻视通讯员的劳动成果。这是一个比较突出的问题。如,有的记者接到通讯员来稿,发现题材很好,于是,便找些稿件在采访写作上的不足之处为由,撇开通讯员而独自作些补充采访,稍加修改后,最后单独以自己名义发表;有些记者见通讯员来了一篇好稿,甚至连招呼也不打一声,就把自己的名字署在人家前面。如此等等,不一而足。

将通讯员视为"捞外快"的渠道。某些记者以稿子做交易,搞"关系学"。譬如,平时懒得下乡,但一到"时鲜货"上市季节,或是某个乡镇企业有些什么"内销"、"试用"产品之类,脚就跑得勤了,往往也就在这个时候,有关这些单位的稿件就容易见报。不少地方通讯员进城送稿现象十分普遍,有些同志还美其名曰:"编辑当面指正,通讯员当场改稿,能保证稿件的质量和时效。"此说究竟有无道理,我们暂且不论,但有一种现象应该指出:即这些通讯员常常是"脑力劳动"与"体力劳动"一起来。何谓"脑力劳动"?当面改稿是也。何谓"体力劳动"?花生、香油、螃蟹、鱼肉之类手提肩扛"铺路"、"进贡"是也。

那么,记者与通讯员的关系究竟应当如何处理呢?当从三个方面处理:一是要把通讯员看作是专业之师。据一般统计,报(台)每月的发稿量,通讯员要占50%,常常达到60%。这是因为他们绝大多数生活在社会基层,熟悉生活,了解群众,因此,记者应当拜他们为师,紧紧依靠他们搞好新闻报道工作。依靠得好,就犹如各地都安排了"哨兵",消息灵通,耳聪目明,新闻报道工作就会搞得更加有声有色。二是甘于做无名英雄。编辑、记者帮助通讯员修改稿件,既是自己的应尽职责,也是崇高思想与美德的具体体现,许多老编辑、老记者几十年来也正是这样做的,他们默默无闻地甘为他人作嫁衣、作阶梯,在通讯员和青年记者的稿件中倾注了自己的才华与心血。三是努力维护、塑造自身形象。在加强新闻工作者队伍思想和作风建设的今天,记者的言传身教很重要。事实上,把庸俗的"关系学"带到神圣的新闻事业中来,既害党报(台)威信,也损自身形象。可以这样说,记者伸手接过对方馈赠礼品的同时,也给自己的形象抹了黑。有些单位送礼给你,也属迫不得已,记者前脚走,人家后脚就骂娘的也属常事。一位企业经理在请记者吃饭后曾轻蔑地说:"记者的价值不就是几个菜、一瓶啤酒加一个'马夹袋'吗!"

邹韬奋先生所说的一段话很发人深省:"像我这样苦干了十几年,所以能够始终得到许多共同努力的朋友的信任,最大的原因,还是因为我始终未曾为着自己打算,始终未曾梦想替自己刮一些什么。"总之,广大新闻工作者一定要努力做到:既要使文章精彩动人,也要让品质光彩照人。

第三节　广博的知识

在国外,有人认为现在所处的时代已到了知识爆炸的时代,每隔5年左右,旧的知识大约要更新20%。这种说法和估计的科学性程度如何暂且不论,但随着现代科学的发展,知识更新周期和递增速度无疑超过了以往任何时候。而在这当中,每一种新的知识出现后,新闻报道往往率先起着传播作用。毫无疑问,记者的知识修养也比以往任何一个时候都显得重要。

一、知识修养的重要性、必要性

在当前,记者具有较好的知识修养,有着十分重要的现实意义。

1. 能提高采访活动效率

记者是社会活动家,社会接触面极为广泛,若是具有较好的知识修养,就便于同社会各阶层人士接触、交谈,有利于采访活动效率的提高。若是知识贫乏,采访对象所从事的行业、专业的"ABC"知识及基本情况也全然不知,那么,对方心理上就会出现轻视记者的反应,就会削弱接触、交谈兴趣与热情,采访活动效率就会受挫。例如,英国电影《飘》女主人公扮演者费雯丽在参加为重新发放1939年学院奖获奖影片首映仪式时,有一记者问她:"你在影片中扮演什么角色?"该女演员顿时惊讶万分,立即冷漠地回答:"我无意同一个如此无知的人交流。"

2. 能满足受众求知心理

相比较以往年代的受众,如今的读者看报纸、听众听广播、观众看电视,不仅要满足新闻欲,也要满足知识欲。从某种意义上说,报纸、广播、电视等是人民的教科书,记者是党和人民聘请的"教师",因此,要较好地输出"一滴水",理应先得积累"一桶水"。

3. 能加强采访写作综合能力

从心理学角度讲,知识是万能的"力",知识与能力互相联系、互相制约,知识是能力的基础,知识可以转化为能力,并能促使能力的提高。实践证明,一定的知识修养,是记者采访写作综合能力提高的基础和重要因素,采访中对新闻事实的感知力、判断力、写作时引经据典的敏捷性等,都离不开知识修养。反之,记者在识别新闻时就可能成为"睁眼瞎"。例如,《北京晚报》一位记者在一次报道中批评河北省某蚊香厂"孔雀牌"蚊香有毒,造成各地客户纷纷退货，工厂倒闭，损失达50万元。后来，蚊香厂领导向法院起诉晚报，法院经过调查、审判，晚报败诉。原来，记者在采访中听市防疫站的同志说该蚊香中含有××化学物质，就想当然地认为对人体有害。其实，蚊香中所含的××化学物质只要不超过规定指数，燃烧时只会杀死蚊子，对人体不会造成损害。美国纽约《太阳报》采访主任丹纳早在1880年就说过："记者必须是个全能的人，他所受的教育必须有广阔的基础，他知道的事情越多，他工作的路子越广。一个无知之徒，永无前途。"

二、知识修养的范围与内容

新闻工作者的知识修养，通常包括三个方面。

1. 理论知识修养

在新闻工作者的知识修养中，理论知识修养是最重要的。这是由新闻工作性质决定的。因为我国新闻工作的主要职责之一是用马列主义、毛泽东思想、邓小平理论作指导，对社会客观事物进行调查研究、观察分析，从而认识和反映客观事物，是向人民群众作政治思想的宣传。因此，记者自身的马列主义理论知识修养自然就显得十分重要。

从实际工作来看，一个记者在采访写作活动中，将报道写活、写短等固然重要，但主要是看准、写深，遵循和揭示规律，也即能否较好地发现和解决问题，能否抓住、揭示事物的特点与本质。而要做到这一切，从根本上说，是取决于记者的理论水平和理论知识修养。在我国，过去、现在乃至将来，理论知识修养如何，都是一个记者称职与否的重要标志之一。

因此，记者眼光要远大，要舍得花时间，系统学习、钻研理论原著，完整、准确地理解和掌握马列主义、毛泽东思想及其他的理论科学体系，反对搞实用主义、本本主义，要注意理论联系实际，应当经常、自觉地从理论角度总结自己的新闻实践。

2. 新闻专业知识修养

这是指新闻学专业基础业务知识修养，其中主要包括中国新闻理论基本体系、中外新闻事业史及采访、写作、编辑、评论、摄影、广告、公共关系、媒介管理及网络传播等业务知识。

新闻学专业基础业务知识，你不去钻研它，实际工作也能应付，于是，新闻无"学"的观点曾一度占有市场；钻研了，却又感到是"无底洞"。不学以为满足，越学越知不足。原有知识要更新、充实、发展，新的知识领域亟须开拓。因此,新闻无学之说不是无知,也是偏见。

由于种种原因,目前我国的近100万记者、编辑中,仅有一小部分毕业于大学新闻系或各类专业训练班,受过较系统的专业知识教育,大部分则是"土生土长";分散在各地各单位的数百万通讯员,接受新闻专业知识教育的平均程度就更低一些,基本上靠自己摸索、闯荡。不容否认,他们情况熟悉,经验丰富,也有一定的政策水平,一般能适应新闻工作。但也应看到,由于缺乏系统的专业知识教育,他们当中的许多人业务能力提高到一定水平后,就很难再有提高,突破、飞跃则更属难事。

新闻事业的发展趋势表明,未来的新闻工作者必须经过系统的专业知识学习。西方的许多新闻学专家都强调:未来的记者必须经过大学新闻传播系的专业训练。改革开放以来,随着我国教育事业的发展,我国的新闻教育事业也得到相当程度的发展,新闻工作者队伍青黄不接的严重状况已开始出现转机。但是,目前的新闻教育状况仍然适应不了突飞猛进的新闻事业发展的需要。因此,如何广开门路,以多种形式、途径办学,迅速培养、造就大批合格的新闻人才,特别是制订、落实有效的培训措施,分批培训在职新闻工作者,以提高他们的专业知识素养,仍是一项艰巨而繁重的紧迫任务。

3. 基础知识修养

这主要指文学、史学、哲学、经济学、语言学、心理学、社会学、法学等学科知识。记者工作离不开笔,采访写作离不开调查研究的基本理论方法,因此,文学、语言学、哲学等知识无疑是重要的;记者成天与人打交道,不懂心理学、社会学等知识,就难以开展有效率的活动;经济报道越来越多,经济现象越来越复杂,记者不熟悉经济理论显然不行;史学则能使记者具有远见卓识,对事物增强预见力和判断力。此外,记者对天文、地理、数学、物理、化学、医学等方面知识,也应有一定程度的了解和掌握。对自己负责报道的行业的专门知识,应力求达到"准专家"水平。现代社会越来越欢迎复合型人才,新闻事业亦然。

有些国家的《新闻法》明确规定:从事工业报道的记者,必须具有工程师资格证书;从事农业报道的记者,必须具有农艺师资格证书;体育记者要达到二级运动员水平;卫生记者要具备医师资格证书。著名音乐家贺绿汀也曾指出:"报社最好能有一个真正懂专业的音乐理论编辑。在国外,一些较大的报纸,都有一个比较有权威的音乐理论专业人员,担任写评论及审稿工作,发表具有指导性的谈话、文章。"事实上,编辑记者知识水准的高低和知识面的广与窄，小到关系一篇报道的准确、深浅程度，大到关系自身乃至新闻单位的声誉。原美国《纽约时报》总编辑安德，堪称世界报刊史上罕见的编辑奇才，他广博精深的知识修养，令同行无不叹服，称赞他是集数学家、文学家、史学家、物理学家、地理学家于一身的编辑。1922 年，安德根据埃及古墓上的象形文字，精确地考证出 4 000 年前埃及发生的一起弑君事件，使不少考古学家自愧不如。更为人称道的是，安德曾在科学伟人爱因斯坦的讲稿上发现错误，当时他把这个错误告诉爱因斯坦讲稿的译者亚马当斯教授，回答是："翻译无错，爱因斯坦就是这样讲的。"安德极其肯定地说："那么，就是爱因斯坦错了。"后来求证于爱因斯坦，爱因斯坦回答说："安德是对的，我在黑板上抄写时，把公式抄错了。"

常言道：工欲善其事，必先利其器。记者的"武器"锋利与否，很大程度取决于知识修养。邓拓为《燕山夜话》写了几百篇文章，篇篇都寓思想性于知识性之中，且大都是"倚马可待"，编辑到他家索稿，他当场作文，编辑只要坐个把小时即可取走。他写社论，边写边排，写毕，小样也已排出。邓拓何来这么大的神通？主要是他的知识渊博。他自幼好学，什么书经过他的手都不会轻易放过，并长期坚持做资料积累，23 岁就写成《中国救荒史》，25 岁当《晋察冀日报》社社长，30 岁当《人民日报》社总编辑。他是学部委员、清史专家，又是书法家，既能写诗，又善写散文，新闻"十八般武艺"样样皆通。

毛泽东曾经指出："随着经济建设的高潮的到来，不可避免地将要出现一个文化建设的高潮。"现在看来，这个高潮早已到来，而且，随着改革开放和现代化建设的不断发展，极大地提高全民族科学文化水平的要求将提上一个更高的层次。作为党的新闻工作者，在新的历史时期，应当站在时代的高度来看待自身知识修养的重要性和紧迫性。

第四节　熟练的技能

搞好各方面的修养固然必须，但只可能是一个学者、贤者，如果缺乏技能修养，还不能算是一个合格的记者，从某种意义上说，记者在其他修养完成后，技能修养的好坏往往就是决定一切的了。在数字化时代的今天，这一修养尤为重要。从心理学角度看此问题，道理及答案也是一样，即人的活动是由一系列的动作组成的，活动能否顺利进行和完成，主要依照人对实现这些动作的方式掌握到何种程度为转移，动作方式完善化了，技能修养搞好了，则活动进行得就顺利，就有效率。范长江曾这样概括："一个健全的记者所不可少的技术,在采访方面:流利的谈话、速记、打字、摄影和至少一门外国语。在表达方面:写论说、通讯、特写、译电、翻译和演说。在行动方面:骑马、游泳、骑自行车、开汽车、打枪、驾船、长距离徒步、航海习惯,将来最好能开飞机。”①

记者的技能修养,主要包括下述六项。

1. 掌握用方言和土话交谈的技能

记者工作也属人际交流活动,而此种交流则主要靠语言进行。中国地域之广,民族之多,语言种类之杂,给记者进行的这种人际交流活动增添了极大的难度。譬如,同样一个省份,苏州的记者到了扬州,碰上的采访对象若是一口方言,记者采访就未必顺利;同样,南昌的记者上了井冈山,当地的方言与土话恐怕也难以听懂。所以,一个记者在某地从事新闻工作后,应当尽快熟悉这个地方的方言,并经过反复练习,尽可能达到听懂和能简单会话的程度;对当地一些更难掌握的土话,也应积极主动进行接触,力求达到基本听懂、理解的程度。从这个意义上说,记者应是个大众语言的艺术家。

增强此种技能修养,对顺利进行人际交流、提高采访活动效率十分有利:记者若能听懂采访对象用方言、土语叙述的新闻事实,则能加速自己对事物认识过程的完成;若是听不懂,则思维活动必然受阻,对事物就难以产生认识。再则,在与采访对象交谈时,记者若能不时地说上一句半句当地的方言或土语,则必然活跃访问谈话气氛,加速双方在情感上的交流。1993年7月21日,福建省“闽狮渔2294”号、“闽狮渔2295”号两艘渔船与台湾省渔轮“三鑫财”号在台湾海峡发生渔事纠纷,国务院台湾事务办公室决定派3名红十字会人员及2名记者赴台看望被押的18名大陆渔民。国家为什么选中新华社的范丽青和中新社的郭伟锋两人作为大陆首次访台的记者?除了他们其他方面的条件具备以外,一个是福建人,懂闽南话,一个是广东人,懂客家话,是一个重要条件。顺便提及,在新闻写作中,记者能适当引用一句半句当地读者、听众熟悉、感到亲切的方言和土语,那么,新闻报道无疑会备受欢迎。

2. 掌握用外语采访的技能

随着我国对外交往的日益进展,记者在许多场合接触外国人士的机会,将会日益增多。熟悉一门主要外语,尤其是英语,并能基本用外语直接与采访对象交谈,势必能提高采访活动效率,并常常能捕捉到独家新闻。例如,

---

① 中国人民大学新闻系:《中外记者成才经验谈》,第五部分。

几年前在日本举行的世界羽毛球锦标赛,《新民晚报》派了记者王志灵去报道这次大赛,同时去的还有中央及上海等新闻单位的十余位记者。一天,王志灵路过丹麦队教练员、运动员休息的住地,只见门口竖着一块纸牌,上写“因抗议裁判判罚不公,决定明日罢赛”等字句,侧耳一听,房间里吵吵嚷嚷,均是丹麦队教练、球员的骂声、埋怨声。王志灵当即将其整理成文发回《新民晚报》,成了一篇很有价值的独家新闻。事后,同去的十余位中国记者纷纷询问王志灵,是靠什么手段挖到这一新闻的?原来王志灵是靠懂外语看到、听到这一新闻的。虽然多数记者也曾路过丹麦队住地,看到过这块纸牌,听到吵嚷,但是由于不懂外语,便未能获得任何信息。在'99上海财富论坛上,原定9月28日上午举行的三九集团总裁赵新光与记者见面会因故取消,但仍有不少记者在会议室门口苦等,并为开会时间早已过去但赵总迟迟不露面而议论纷纷。随即去问组织者,组织者惊讶地回答:“此会因故取消的通知不是早就写在门口的告示牌上了吗?”原来通知是用英文写的,这些记者看不懂。因此,在某些需要的场合,记者如果不懂外语,就等于失去听觉或视觉;靠翻译采访,费时费力不说,还无疑等于“在一对恋人谈心时,当中夹着一个陌生人”,十分别扭。

老新闻工作者穆青曾语重心长地指出:“如有条件,我真希望我们的记者,人人都懂外语。”凡志向远大、目光深远的新闻工作者,特别是中青年记者,都应当从现在开始,下决心用几年时间,持之以恒地学习、掌握一门主要外语。值得一提的是,无产阶级新闻事业的奠基人马克思和恩格斯早已为我们做了表率,他们掌握了多国语言,借助这一工具阅读各国书刊,及时了解和掌握各国政治经济和科学研究等方面新动向,从而为他们当时的新闻写作服务。

3. 掌握摄影技能

随着读者看报要求的日益提高,越来越要求版面上出现更多的高质量、高水准的新闻图片,以求图文并茂,满足对美、对艺术的需求。因此,就要求广大新闻工作者努力抓拍有价值、有意义的“瞬间”,让报纸版面呈现更多的可视镜头。更何况新闻图片常常能收“一图胜万言”之效,是新闻报道不可缺少的一个体裁门类。特别是文字记者,要改变长期以来“单打一”的报道手段与方式,迅速掌握一定的摄影技能,以丰富自己的采访成果。上海《解放日报》的俞新宝、《新民晚报》的陈继超,既是摄影记者,文字报道又颇具水平,很受同行及读者称道。广播电视和网络媒体的记者,除了会熟练操作摄像机、录音机、剪辑机和网络操作技术等外,还应会操作制图软件等,要熟练地把握文字、图片、音频、视频各自的特点,又能将它们有效地综合利用。事实上,新闻事业的飞速发展和新闻队伍的青黄不接,迫使每个记者必须一专多能,都要成为“多面手”。可以预言,新闻的“十八般武艺”,谁掌握得多,运用得好,谁就能在日趋激烈的新闻竞争和媒体融合中立于不败之地。

4. 掌握电脑操作技能

随着新闻事业的发展,我国现行的严重影响时效的新闻传播通讯方式将会日益改进,现代化的传播通讯设备将会日益更新。为了建立记者与编辑部之间的“热线”联系,以后记者外出采访,特别是到较远、较偏僻的地区采访,随身的“武装”将日趋齐备,如海事卫星电话、手提电脑等。为此,就要求记者、编辑尽快掌握电脑操作等技能,并熟悉修理这些机件的技能。

5. 掌握驾驶各种交通工具的技能

掌握这方面的技能,是基于两方面的需要:一是凡是有人群或是人烟稀少的地方,都会有新闻发生,也不管路近路远,都需要记者去采访,故记者应当因时因地制宜,掌握使用多种交通工具的技能。二是随着新闻事业的发展,新闻时效的竞争会愈演愈烈,交通工具的不断更新和熟练使用,是争取时效的一种重要手段,有时甚至是决定性因素。若仅仅会骑自行车,则会在未来的激烈竞争中经常败北。香港《文汇报》派往洛杉矶采访奥运会的两位记者张国强、陆汉德,年仅二十来岁,但其工作效率之高令大陆记者自叹弗如。他们不仅能写稿、拍摄与冲洗照片,电脑操作等技能也十分娴熟,既懂英语,又开得一手好车,常常采访完毕,他们已驾车离开去另一处采访或赶回去发稿,大陆记者乘坐的出租车才刚刚赶到。

采访中可能用到的交通工具很多,除自行车外,一般还包括摩托车、小汽车、汽艇、雪橇、直升机等,另外还有马、骆驼等。

华中理工大学新闻系自 1987 年起,率先在国内新闻院系本科生中开设汽车驾驶必修课,这是很有先见之明的举措。复旦大学新闻学院在名誉院长龚学平的倡议下,也随后开设驾驶课。

我国新闻界眼下正在流行一句话,即“记者三件宝,外语、驾驶和电脑”。可以说,掌握这三方面的技能,已成为当代记者的标志之一,也成为我国越来越多记者的共识。现在凡遇国际重大事件或活动派出的中国记者都是单打独斗的,都具备较好的技能综合素质,不仅外语好,还会驾车,会写、会摄影,还能以计算机或是卫星在最短的时间内把新闻发回来。相信用不了几年时间,具有上述技能综合素质的记者会越来越多。

6. 掌握辨向、测时技能

采访中，种种意想不到的情况都可能出现，甚至使记者陷入困境。譬如，在深山老林里行进，突然发现指南针丢了，于是就不辨方向，原地打转；在偏僻地区采访，手表突然停了、坏了，于是就不知时辰，深感不便。记者若是平时能注意培养并掌握这方面的技能，如根据树叶的朝向、星星的位置等辨方向，依据太阳下木棍、身体等物体影子的折射角度测时间，就可能迅速走出困境，如期完成采访任务。例如，在一次边境反击战中，新华社一记者组，有一次深入对方腹地观察，突然发现指南针丢了，脚下是沼泽地，四周都是高大树木，30 米开外，便是对方阵地，且有许多布雷区。该记者组的 4 位记者却十分沉着冷静，根据各人平时掌握的有关知识，最后确定了方向，终于撤回了安全地带。否则，别说是完成采访任务，恐怕命也难保。

记者的技能修养当然远不止上述这些，随着物质基础的不断增强和新闻事业的不断发展，部分技能修养可能随之淡薄，甚至被自动化所替代，但更多的技能修养会不断提出并需要强化，特别是我国记者，对此必须有充分的思想准备。

第五节　诚挚的情感

实践证明，在信息传播的同时，记者与受众的感情也在进行传输。受众在接受信息和阅听新闻作品时，固然要受到理智的指导，同时也要受到情感和心理的支配，通常所说的通情达理、由理导情、情理并举等，都是说的这个道理。因此，新闻作品要产生吸引受众的魅力，除了真新快活强等要求具备及思想深度、生活宽厚度外，还得有感情的浓度。新闻报道只有情理并举，或者情在理之前，才有感召力，才有指导性，才能担负起引导社会舆论的责任。

应当说，记者在采访中的百折不挠和在写作中的精益求精的功力与底蕴，都与情感有关。情感是人们在长期的社会实践活动中逐渐产生的一种主观体验，它同需要、意志、动机、兴趣、理想等密切联系，促进和维系人们进行各类活动。列宁曾经指出："没有'人的情感'，就从来没有、也不可能有人对真理的追求。"[①]因此，加强情感修养对搞好采访写作工作，有着十分直接、重要的意义。也可以这样说，任何成功的新闻报道和传播活动，记者必

---

① 《列宁全集》，第 20 卷，人民出版社 1958 年版，第 255 页。

然经历一个发乎情、止于意、成于思的过程。诚如著名新闻人杨澜所言:“没有热情做不了媒体人。”

1. 情感是融洽采访气氛的桥梁

事实上,采访是人际关系的一种形式,情感则是人际关系的核心心理成分,良好的人际关系则是关系双方的情感共鸣的两心相倾。譬如,去少数民族地区采访,傣家人给你端上蒸蚂蚁,佤族人则送上一碗鼠肉烂饭,这是人家的传统名肴,一般只有贵客才能吃到。记者若不嫌弃,即使不习惯,但也能稍许弄点尝尝,他们则非常高兴,满腔热情地接待你;记者若是嫌弃,死活不肯尝一尝,人家则会认为你看不起他们而冷落你。同样道理,记者去采访一位掏粪工人,不敢同对方握手,去火葬场采访一位焚尸工,不敢喝人家端上来的茶,能撬开对方金口、得到材料才怪呢!有时采访的成功与否,感情融通起着决定性的作用。

碰到接待冷漠、态度生硬的采访对象,造成采访气氛一时沉闷或紧张,记者若是情感修养好,则常常能化生为熟、化冷为热。凭着炽热的情感,记者可以先找新闻人物、报道对象周围的人了解其情况及脾性等,可以闲聊与采访对象共同熟悉并感兴趣的问题,也可以闲扯某一段相同的经历,或可以拉拉同乡、校友、亲友等各种关系,那么,双方之间的桥梁便可能架设。例如《人民日报》老记者纪希晨有次去四川某油区采访。一开始,采油队的负责人十分冷淡,支支吾吾,不愿详细回答问题。纪希晨就琢磨着如何找到一座交流的桥梁。渐渐地他从那位负责人谈话中听出了陕北口音,而纪希晨战争年代曾在那儿生活过。于是,他就突然问那位负责人:“你是哪里人?是陕北绥德的还是米脂的?”这一招果然灵验,闲扯一阵后,对方态度大变,对记者亲热起来,接着,两人又谈起了共同的一段经历,更是朋友加兄弟,那位负责人谈兴大发,记者如愿以偿。

事实上,绝大多数的采访对象是可以接近、交往的,情感上的冷漠、疏离只是暂时的,是可以转化的,关键是看记者能否主动接近和接近是否得法,是否有“逢山开路、遇水搭桥”的本领。人要有乐群性,因为工作的需要,记者平时更得注意培养自己的乐群性。

2. 情感是构成谈话的基本因素

采访中,谈话提问的构成是需要情感的。欲使许多采访对象启开话匣子,是需要记者投入相当情感的,有时一般提问手段不能奏效时,则需要记者采用激问式,即在谈话提问中穿插一定强度的刺激,调动对方的情感,强行撞开缺口后,探得事实的真相。例如,自称“世界政治访问之母”的意大利女记者法拉奇有次采访美国原国务卿基辛格，基辛格老谋深算、不动声色，法拉奇与其进行一番常规周旋后，然后成竹在胸、步步紧逼："我从来没有采访过一个像您这样避而不答问题或对问题不作确切解说的人，没有人像您那样不让别人深入了解自己。"基辛格听后感到十分舒服，洋洋自得。岂料法拉奇在这虚晃一枪后，针对基辛格的个性，突然给予实质性的一击："基辛格博士，您是不是有点腼腆呢？"为了维护自身形象，基辛格不得不答："美国人喜欢牛仔，他单枪匹马地进入城镇、村庄，除了他骑的那匹马以外一无所有……这样令人惊叹的浪漫人物对我正合适，因为单枪匹马一向是我的作风，或者说是我的技能的一部分。"谈吐之间，基辛格有点目空一切、忘乎所以，似乎在他的眼里，整个美国政府只不过是一个受他护送的"车队"。这番谈话公布于众后，白宫哗然，公众也纷纷指责基辛格的狂妄，以致基辛格后悔万分，说他和法拉奇进行了"同报界成员进行过的最糟一次交谈"。

3. 情感是促使记者采访的动力

总的来说，记者的事业心、责任感离不开情感，每采访一个人、一件事，也离不开情感的驱使。譬如，要反映群众疾苦，要有同情感，要采写批评揭露性稿件，得有正义感。抽去感情的因素，采访的动力乃至采访的效果都将不复存在。有些采访甚至是在泪水中进行的。新华社兰考采访小组的记者曾经说过：采访焦裕禄同志的事迹时，我们一次再次地流着眼泪记笔记。大家都说，这是自己采访生活中最动感情的一次，而且感情非常深挚，非常真切。穆青同志事后曾深有体会地说："多少年来，我们深深地体会到，这种和英雄人物思想感情上的息息相通，水乳交融，有时是掺和着血和泪的。它往往产生一种无论如何都抑止不住的冲动和激情，这是一种巨大的力量，甚至简直是一种魔力。它能使你如呆如痴，整天吃不下饭，睡不着觉，周围的一切好像都不存在了一样……这种激情，这种强烈的责任感，像一条无形的鞭子，鞭策着我们去克服一切困难，尽自己最大的努力去把它写好。"①

4. 情感是写作激情的源泉

差不多每个记者都有这样的体会：心情愉悦、情绪饱满时，提起笔来便会文思敏捷、一气呵成；心绪烦闷、萎靡不振时，往往就文思迟钝、生拼硬凑。确实，新闻写作是要动感情的。正如作家黄宗英所说："我写《小木屋》，是含着泪水写成的。"她认为，只有人心与人心的交流，笔下的人物才有血有肉。她采写女林学家徐凤翔，首先是和对方交朋友，关心祖国高山森林的生

① 穆青：《谈谈人物通讯采写中的几个问题》，《新闻战线》，1979年第4期。

态研究,为对方的事业奔走呼吁,还亲自进藏,先后几次到海拔四五千米的山南、藏北地区采访,最后在严重缺氧的环境中流着泪水写稿。这需要多深厚的感情!著名女记者柏生很重视这种情感因素,她指出:"对采访的人和事,自己在感动着,就有写作的冲动,自己的感情也必然带到了笔下。无动于衷的写作,不仅十分困难,也叫人十分苦恼。罗曼·罗兰说:'要散布阳光到别人心中,总得自己心里有。'要使读者感动,自己首先得要有激情。内心无实感,笔下就无实情,当然不会打动读者。"

5. 情感是新闻报道的重要构件

剖析一则新闻作品,情感往往是重要的成分和内容:就题材而言,人情味、情趣性是新闻价值的构成因素之一,其越强,对受众的感染力和引发的共鸣则越强;就表现手法而言,新闻报道的四大表现手法是叙述、议论、描写、抒情,其中,抒情、议论、描写离不开情感,即使是叙述也要"寓情",这是古来有之,否则文章就没有生命。正如清代王夫之在《姜斋诗话》中所说:"情、景名为二,而实不可离。"寓情于景,寓情于事,物中寄情,情景交融,让事与情、景与情始终相随而生,相易而变,受众在接受事实的信息的同时,也在接受感情的信息。如通讯《为了周总理的嘱托》中有一段描述:"如今,这些白杨树已经有碗口粗了。可是,为全村赢得这些荣誉的人,却受到这样的折磨。白杨树在迎风呼号,那是在为老汉呜咽,为这不平而忿怒?!"作者借白杨树的成长景物寓情,将自己对农民科学家吴吉昌的同情淋漓尽致地表达出来。这样的表述,既使报道有了生动感人的意境,又使情感与景物成了一个有机体,成了新闻报道的一个重要成分和内容。

第六节 强健的体魄

在新闻工作者的修养中,强健的体魄是十分重要的,是具有基础性质的。这是因为,新闻工作既是复杂的智力劳动,也常常是强度较高的体力劳动,加上新闻工作者的工作、生活规律更是常常被打破,因此,新闻工作要得以顺利完成的物质基础和保证,就必须有良好的身体素质。

老记者柯夫在《怎样做一个新闻记者》一文中论述记者必备的五个条件时,"坚强的体魄"是其中的一条。聂世琦在《新闻记者的修养》一文中,则把"健全的体格"列为所有修养中的第一条。范长江在《我怎样做新闻记者》一文中,更是把"健康"看成自己成长的"四个经验"中的一个。

现代新闻事业的竞争愈演愈烈,对记者的身体素质要求也就越来越高,躺在病床上，再好的理想也难以实现，再出众的才华也难以施展。在这方面，记者应当注意下述三点。

1. 始终保持乐观、积极的工作和生活态度

记者也常有不顺心甚至遭受委屈的时候，然而，越是在这个当口，记者对工作和生活的态度越要保持乐观、积极，要学会及时排除烦恼和忧愁，否则，长期被不良的情绪缠绕，对健康十分不利。

2. 尽力养成良好、有序的工作和生活习惯

记者的工作与生活有其特殊性，其他行业的工作可以是八小时，但记者工作时间远不止这些时间；别人到了晚上九点、十点钟，可以安然熄灯睡觉，但记者则可能拧开台灯、铺开稿纸赶写报道，有的则可能还在外面紧张地采访。记者是很累的，一时不调整，则可能影响第二天工作的效率；若是长期不注意调整，则一定损害自己的健康。"四十岁是记者的生死关"。中外新闻界有识之士发出的这一忠告和警告，我们再不能看成是危言耸听。《新闻记者》2000 年第 6 期发表的《上海市新闻从业人员健康状况抽样调查报告》中指出：上海市一般职业人群中死亡者的平均年龄为 60. 93 岁，中国科学院在职科学家死亡者的平均年龄为 52. 23 岁，医学上把死于 35—54 岁这个年龄段称之为早死年龄段，而近年上海新闻界在职人员死亡者的平均年龄竟为 45. 7 岁，实在令人震惊！全国新闻界类似的调查统计数据则更是令人坐立不安，据最新报道，2011 年 5 月 18 日至 23 日的短短六天内，我国竟有三位媒体人英年早逝，先是 5 月 18 日央视财经频道资深编辑马云清，因胃癌晚期离世，时年 36 岁；后有《深圳晚报》文艺部记者黄蕾，5 月 22 日因病去世，时年 31 岁；再接着是郑州电视台政法频道记者刘建，5 月 23 日突发心肌梗死离世，时年 28 岁①。因此，记者必须在动荡不定的工作、生活环境中，不断增强自己的适应能力，同时，尽力制定出自己作息时间表。中午，要尽可能争取打个盹，哪怕十来分钟闭闭眼睛也好；晚间，除了必要的采写任务或应酬以外，应当争取早早入睡，那种"宴请天天有，卡拉 OK 三六九，不喝、不唱到下半夜不罢休"的生活方式应当纠正；早上，则争取早些起床，坚持体育锻炼，每个记者都至少有一二项自己爱好的体育锻炼项目，或是跑步、游泳等，或是打打太极拳。

3. 合理安排自己的一日三餐

营养对一个人的健康很重要，其道理无需详述。但是，忽略营养这个健

---

① 《新闻晚报》，2011 年 5 月 26 日。

康要素的记者却不在少数。有些记者早上不睡到“最后一分钟”不起床,顾不上吃什么就往编辑部里赶;中午又常常因为赶稿子,啃个面包了事;晚上有单位宴请了,就猛吃猛喝一场。久而久之,没有不坏身体的。

总之,记者的其他修养和素质是重要的,但若是缺少良好身体素质这个最基础的修养和素质,则一切都无从谈起,每个新闻工作者都必须高度重视这个问题。

第七节 广泛的交往

在平时的采访活动中,记者若是有意识地在社会上编织起广泛的公关网络,同众多采访对象建立起深厚的私人友谊,则采访活动一定会更得心应手,并且常常会有意想不到收获。这是因为,建立起友谊的采访对象会主动积极地帮助记者,一有新闻线索便会及时提供给记者;再则,他们接受记者采访会无拘无束、倾心交谈,记者可以从中获得若干真实的材料。此时,许多有关采访的方法、技巧都显得毫无意义,任何官样文章、虚情假意也都化为泡影。例如,1898 年,美国《俄亥俄州报》记者麦基同一位名叫赫里克的银行家关系甚密,赫里克后来曾任俄亥俄州州长,并任法国大使多年。在这期间,赫里克私下已为麦基提供过无数价值极高的消息。1901 年,当麦金雷总统遇刺送医院抢救而消息又绝对封锁时,赫里克及时把总统秘书打给共和党领袖韩那的电报给麦基看,第二天,麦基就以第一个报道总统伤势严重的新闻而闻名于世。在我国,这类事例也比比皆是。早年的邵飘萍、范长江等,常常能发表些震惊天下的新闻,皆得力于他们平时建立起的关系网络和朋友情谊,从军政要员到和尚、乞丐,各行各业,三教九流,都有他们的朋友。现在也是如此,许多年轻记者都十分重视公关,在采访写作中获益匪浅。只要细心观察分析,每天报纸上、广播电视里最精彩、最有价值的新闻报道,许多是通过种种联系和私人友谊获得的。

记者在同各界朋友的交往中,欲求得对方的信任,应当注意三点。

1. 不要轻易失信

在人与人的交往中,守信是很重要的,这是一个坚实的基础。记者在与朋友的交往中,更应讲究信誉。譬如,对方向你提供了信息,并不在乎你披露消息来源,那么,你尽可以报道。人家同意你报道事实,但不愿意披露消息来源,记者则应尊重双方的意愿。若是朋友向你提供某个消息,仅仅供你作参考,考虑种种因素,请求你记者不要作公开报道,那么,记者就应尊重对方,信守诺言。若是欺骗对方,统统披露,那么,必然会带来不良的结局。特别是政界人士或知识分子,若是记者拿了人家的钱不还或是在报道中批评、侮辱了对方,对方可能还能忍受,事后进行弥补,可能还会恢复关系,但若违背了双方商定的诺言,不顾人家的利益和难堪,擅作报道,则一定引起对方内心深处的反感和厌恶,下决心再也不同记者交往。这是因为,信任产生于友谊之中,但其价值则高于友谊。

2. *不要忽冷忽热*

只要对方真心诚意地帮助记者并确实对新闻报道及新闻事业负责,那么,记者则应主动积极地与对方交往,不断增进友谊,甚至在对方工作上、生活中遇到困难时,应想方设法给以关心和帮助,千万不能时冷时热,搞有事是朋友、无事不相识一套。全国"三八"红旗手、首届全国优秀新闻工作者、范长江新闻奖得主、科技日报高级记者郭梅尼,是很值得称道的一位优秀记者。年轻朋友称她为老师,知识分子将她看成自家人,被她报道过的残疾姑娘曹雁则称郭梅尼为"妈妈",找对象,要郭梅尼作主;结婚了,也先把爱人带到郭梅尼家,与"妈妈"一起先庆贺一番。曹雁动情地对郭梅尼说:"别的记者写完稿子,联系就该结束了,我的稿子已登了几年了,咱们怎么还这么好呢?"答案很清楚,郭梅尼始终以一颗火热的心,与采访对象交朋友,当他们有困难时,总是那么热情、恳切、真诚地帮助他们。

3. *不要夹杂私利*

记者与被采访和报道对象交朋友,纯粹是为了新闻工作,为了共同挚爱的新闻事业。在这一珍贵、纯洁的友谊中,容不得半点庸俗的交易成分,就好比眼睛里容不得一粒灰沙一样,否则,对方就会看轻甚至讨厌记者。极少数记者曾许诺采访对象,决不披露消息提供者姓名,但一转身,为了自己的某种需要,将消息来源披露无遗,令对象哭笑不得,极度尴尬、被动,如此,日后叫人家怎么再敢与记者打交道?有些记者看中对方的地位与手中的权利,动不动就请人家为自己办一些私事,日子一长,又有谁再敢见记者?还是郭梅尼说得好:"我不图万贯家财,也不求高官厚禄,只想积累思想、积累生活、积累知识,成为一个富有的记者。"①

事业在发展,历史在前进,对记者的修养与素质的要求将与日俱增,对此,每个当代新闻工作者都必须有充分的思想准备。

---

① 《新闻爱好者》,1996 年第 8 期,第 7 页。

思考题:

1. 增强记者修养有何现实意义?
2. 思想作风修养与工作作风修养的主要内容是什么?
3. 新闻职业道德的具体范围与内容是什么?
4. 怎样认识“有偿新闻”?
5. 怎样认识知识修养的重要性与必要性?
6. 联系采访实际,简述技能修养有哪些重要性?
7. 怎样看待记者的情感修养?
8. 健康对记者工作有何意义?
9. 记者在同各界朋友的交往中应当注意哪些方面?

图书在版编目(CIP)数据

新闻采访教程/刘海贵著. —2 版. —上海：复旦大学出版社，2011. 10(2020. 5 重印)
(复旦博学·新闻与传播学系列教材)
ISBN 978-7-309-08351-4

Ⅰ. 新… Ⅱ. 刘… Ⅲ. 新闻采访-高等学校-教材 Ⅳ. G212. 1

中国版本图书馆 CIP 数据核字(2011)第 158389 号

新闻采访教程(第二版)
刘海贵　著
责任编辑/章永宏

复旦大学出版社有限公司出版发行
上海市国权路 579 号　邮编：200433
网址：fupnet@fudanpress. com　http://www. fudanpress. com
门市零售：86-21-65102580　团体订购：86-21-65104505
外埠邮购：86-21-65642846　出版部电话：86-21-65642845
宁波市大港印务有限公司

开本 787×960　1/16　印张 16　字数 257 千
2020 年 5 月第 2 版第 9 次印刷
印数 48 001—51 100

ISBN 978-7-309-08351-4/G · 1008
定价：36. 00 元